世界国防科技年度发展报告（2018）

军用建模仿真领域发展报告

JUN YONG JIAN MO FANG ZHEN LING YU FA ZHAN BAO GAO

中国航天科工集团第二研究院二〇八所

北京仿真中心

国防工业出版社

·北京·

图书在版编目（CIP）数据

军用建模仿真领域发展报告/中国航天科工集团第二研究院二〇八所，北京仿真中心编.—北京：国防工业出版社，2019.4

(世界国防科技年度发展报告.2018)

ISBN 978-7-118-11887-2

Ⅰ.①军… Ⅱ.①中…②北… Ⅲ.①军事技术—系统建模—科技发展—研究报告—世界—2018②军事技术—系统仿真—科技发展—研究报告—世界—2018 Ⅳ.①E9

中国版本图书馆 CIP 数据核字（2019）第 127886 号

军用建模仿真领域发展报告

编　　者	中国航天科工集团第二研究院二〇八所 北京仿真中心
责任编辑	汪淳　王鑫
出版发行	国防工业出版社
地　　址	北京市海淀区紫竹院南路 23 号　100048
印　　刷	天津嘉恒印务有限公司
开　　本	710×1000　1/16
印　　张	24½
字　　数	290 千字
版印次	2019 年 4 月第 1 版第 1 次印刷
定　　价	147.00 元

《世界国防科技年度发展报告》
(2018)
编委会

主　　任　刘林山

委　　员（按姓氏笔画排序）

卜爱民	王建明	尹丽波	卢新来
田　军	史文洁	吕　彬	朱德成
刘　建	刘　勇	刘秉瑞	关　松
杨　新	杨志军	李　晨	李天春
李邦清	李向阳	李杏军	李啸龙
肖　琳	吴亚林	吴振锋	何　涛
何文忠	谷满仓	宋朱刚	宋志国
张　宏	张英远	张建民	陈　余
陈　锐	陈永新	陈军文	陈信平
周　彬	赵士录	赵武文	赵相安
赵晓虎	胡仕友	胡跃虎	柴小丽
卿　昱	高　原	景永奇	熊新平
潘启龙	薛勇健	戴全辉	

《军用建模仿真领域发展报告》

编 辑 部

主　　编　张海峰

副 主 编　李　莉　孙　磊

编　　辑

李亚雯　孙　燕　谭立忠　郭彦江

《军用建模仿真领域发展报告》

审稿人员（按姓氏笔画排序）

丁刚毅　王积鹏　方　勇　孔文华
朱一凡　朱文海　孙亚力　杨　明
杨　凯　杨俊陵　杨镜宇　李向阳
吴　勤　张　励　张　策　张海峰
陈　健　施国强　费锦东　卿杜政
郭晓轮　熊新平

撰稿人员（按姓氏笔画排序）

马　萍　马一原　王　强　王艳正
王晓路　孔文华　冯占林　司光亚
曲慧杨　吕西午　刘　阳　孙　磊
杨　明　杨　凯　杨镜宇　李　伟
李　莉　李　景　李　潭　李伯虎
李佳琦　李晓文　李海凤　吴　勤
吴　曦　何晓骁　张　冰　张　阳

张　盈　张　晗　张　霖　张连怡
张增辉　陈　浩　林廷宇　赵宏鸣
侯宝存　施国强　胥秀峰　耿化品
贾长伟　柴旭东　卿杜政　焉　宁
董志明　蔡继红　熊新平

编写说明

科学技术是军事发展中最活跃、最具革命性的因素，每一次重大科技进步和创新都会引起战争形态和作战方式的深刻变革。当前，以人工智能技术、网络信息技术、生物交叉技术、新材料技术等为代表的高新技术群迅猛发展，波及全球、涉及所有军事领域。智者，思于远虑。以美国为代表的西方军事强国着眼争夺未来战场的战略主动权，积极推进高投入、高风险、高回报的前沿科技创新，大力发展能够大幅提升军事能力优势的颠覆性技术。

为帮助广大读者全面、深入了解世界国防科技发展的最新动向，我们以开放、包容、协作、共享的理念，组织国内科技信息研究机构共同开展世界主要国家国防科技发展跟踪研究，并在此基础上共同编撰了《世界国防科技年度发展报告》(2018)。该系列报告由综合动向分析、重要专题分析和附录三部分构成。旨在通过跟踪研究世界军事强国国防科技发展态势，理清发展方向和重点，形成一批具有参考使用价值的研究成果，希冀能为实现创新超越提供有力的科技信息支撑。

由于编写时间仓促，且受信息来源、研究经验和编写能力所限，疏漏和不当之处在所难免，敬请广大读者批评指正。

军事科学院军事科学信息研究中心

2019 年 4 月

前　言

《军用建模仿真领域发展报告》由北京仿真中心和中国航天科工集团第二研究院二〇八所联合优势力量，以"小核心、大外围"的组织方式牵头组织，集合仿真领域多家单位专家共同编撰完成，旨在持续跟踪 2018 年军用建模仿真领域的发展态势，深入分析重点、热点问题，供大家及时、准确、系统、全面地掌握军用建模仿真领域的发展动态。

本书由综合动向分析、重要专题分析和附录三部分组成。综合动向分析部分共有 4 篇综述，系统梳理了 2018 年军用建模仿真领域、系统建模仿真理论与方法、仿真支撑环境与平台技术和仿真应用技术发展动向。重要专题分析部分共有 23 篇研究报告，特邀李伯虎院士撰写"'新一代人工智能+'时代的建模仿真技术发展研究"专题；对装备采办、军事训练与体系作战、仿真试验鉴定等领域进行综述；对 2018 年热点关注领域如战略博弈、人工智能、量子仿真、数字孪生、网电对抗、网络靶场、管理体制变革等方向进行分析研究；同时，新增复杂仿真系统可信度评估和 VV&A、LVC 分布式联合仿真、MSaaS、无人集群作战、SLATE 空战训练、以色列空战训练系统等方向的分析和研讨，分析了仿真技术在战争样式设计、新型武器装备发展、武器装备体系构建、试验鉴定、评估和训练等领域的应用情况。附录部分罗列了 2018 年军用建模仿真领域的重要事件。

本书在系统编撰思想的指导下，在中国航天科工集团第二研究院二〇八所和北京仿真中心通力协作下，集中了北京仿真中心及其航天系统仿真重点实验室和复杂产品智能制造系统技术国家重点实验室、北京市复杂产品先进制造系统工程技术研究中心、国家智能制造工程中心、中国航天科工集团公司第二研究院二部、北京机电工程研究所及其先进制导控制重点实验室、中国电子科学研究院、中国电子科技集团公司第二十八研究所、中国航空工业发展研究中心、中国运载火箭技术研究院、哈尔滨工业大学控制与仿真中心、国防大学联合作战学院、陆军装甲兵学院、北京航空航天大学、东华理工大学、航天云网科技发展有限责任公司等仿真领域多家单位专家共同完成。在此特别感谢熊新平、张海峰、李国雄、朱文海、费锦东、杨凯、卿杜政、施国强、杨俊陵、杨明、郭晓轮、丁刚毅、孔文华、王积鹏、张励、杨镜宇、朱一凡、李向阳、方勇、陈健、张策、孙亚力、吴勤等多位专家对本书编写提出的宝贵意见和建议。

尽管参与编撰的人员付出了辛苦努力，但由于受编写时间、公开信息来源和分析研究能力所限，书中错误和疏漏之处在所难免，敬请广大读者批评指正。

编者

2019 年 3 月

目 录

综合动向分析

2018 年军用建模仿真领域发展综述 ·········· 3
2018 年系统建模仿真理论与方法发展综述 ·········· 19
2018 年仿真支撑环境与平台技术发展综述 ·········· 32
2018 年仿真应用技术发展综述 ·········· 44

重要专题分析

"新一代人工智能 +"时代的建模仿真技术发展研究（院士专稿） ··· 59
军用仿真技术发展现状分析 ·········· 76
智能战略博弈仿真技术研究综述 ·········· 93
复杂仿真系统可信度评估和校核、验证与确认技术综述 ·········· 105
基于 LVC 的分布式联合仿真技术发展研究 ·········· 114
"建模仿真即服务"发展现状研究 ·········· 124
美国和英国优化建模仿真管理体制分析 ·········· 132
基于量子计算机的仿真技术 ·········· 139
应用光子晶体技术的新体制红外场景仿真方法 ·········· 148
数字工程与数字孪生发展综述 ·········· 158

装备采办中仿真技术应用发展综述 …………………………………… 166

美军弹道导弹防御系统建模仿真技术应用研究 ……………………… 175

人工智能在建模仿真中的应用 ………………………………………… 187

仿真试验鉴定技术综述 ………………………………………………… 197

世界各国网络靶场最新进展 …………………………………………… 208

网络空间作战建模仿真研究综述 ……………………………………… 219

美军网络安全仿真和试验能力现状及发展分析 ……………………… 234

军事训练与体系作战仿真技术 ………………………………………… 241

美军安全实况虚拟和构造先进训练环境空战训练系统分析 ………… 260

美军持续性网络训练环境项目最新进展及分析 ……………………… 271

无人集群作战仿真建模研究综述 ……………………………………… 279

以色列自主研发空战训练系统 ………………………………………… 291

虚拟/增强/混合现实技术在美军军事训练领域应用的最新进展 ……… 299

附录

2018 年军用建模仿真领域发展大事记 ………………………………… 309

ZONG HE
DONG XIANG FEN XI

综合动向分析

2018 年军用建模仿真领域发展综述

2018 年，世界主要国家通过完善建模仿真技术理论体系，创新解决问题的方法和手段，加速与多学科交叉融合、尖端及新兴技术的深度融合应用，在基础理论与方法、顶层架构、仿真支撑技术、装备研制、试验鉴定评估、军事演习、作战训练与保障等方面不断探索、创新和实践，并取得重要进展，推动着军用建模仿真技术进一步发展。

一、深化系统建模仿真理论与方法研究，不断创新方法与手段

世界主要国家从优化顶层架构设计与指导出发，在理论上积极探索，在方法上不断创新，持续推进仿真能力创新发展，以应对未来复杂多变的作战环境。

（一）不断优化建模仿真顶层架构，推进仿真能力建设

1. 美国多举措推进仿真能力建设

美国从调整建模仿真领导机构、深入评估建模仿真应用现状、明确重点工作、积极探索仿真未来发展方向等方面，持续推进仿真能力建设。

军用建模仿真领域发展报告

一是调整建模仿真领导机构。2018年，美国国防部继续推进采办与保障副部长办公室以及研究与工程副部长办公室的职能重组。未来国防部的建模仿真管理由采办与保障副部长办公室负责，其主要职责包括：建立国防部建模仿真管理和行政架构，领导建模仿真执行委员会，制定政策、计划、项目方案（包括建模仿真主计划和投资计划），协调一致推进国防部建模仿真事业。

二是深入评估建模仿真应用现状。美国国防部建模仿真协调办公室通过对自身开展差距和需求审查来进一步明确发展方向。美国国防科学委员会成立"博弈、演练、建模仿真"任务小组，研究目前"博弈、演练、建模仿真"实践情况并提出相关建议，以更快的速度和敏捷性作出任务决策。

三是明确重点工作，持续推进仿真能力建设。美国国防部建模仿真协调办公室通过三方面重点推进仿真能力建设：①开发国防建模仿真参考体系架构推进企业级活动；②开发国防部建模仿真指导手册并研究建模仿真框架；③构建虚拟互操作性原型和研究环境的能力原型的国际合作项目，为澳大利亚、加拿大、新西兰、英国和美国国内提供合作的建模仿真框架。美国陆军建模仿真办公室重点推进两个方面建设：一是将建模仿真论坛打造成一项专项活动，以协调军方六大建模仿真领域的共同投资；二是大力推进"单一世界地形"及"合成训练环境"项目，并建设"合成训练环境"国家仿真中心。

四是探索仿真创新发展方向。美国国防高级研究计划局（DARPA）"电子复兴"计划中提出发展硬件仿真，希望通过商业领域使用的新兴系统仿真方案显示出开发新型硬件仿真设备的潜力，使大型系统的设计时间呈指数形式减少。其首届年度峰会举办了硬件仿真专题研讨会，以论坛的形式讨论全系统仿真的新方法，使下一代国防部系统的验证和快速设计成为可能。

2. 英国统一指导建模仿真研究与活动

英国国防部通过发布国防政策指南、建模仿真未来研究成果来指导建模仿真研究与活动。2018 年 8 月，英国国防部发布《国防政策的建模仿真》服务指南，提出了建设方向，明确了治理结构和机制，以解决问题和降低风险。国防建模仿真工具将由英国国防部统一开发，建模活动须在技术管理局的指导下进行，与英国国防仿真中心前沿团队开展合作。5 月，仿真体系架构、互操作性和管理团队向英国国防部提交了关于建模仿真未来的研究成果。该项目旨在实现单一环境的交付，使用者可以从具有互操作性的建模仿真组件和服务中创建能力。其主要成果是发展了"建模仿真即服务"（MSaaS）概念。

3. 北约多场研讨会助推仿真能力发展

北约通过多场研讨会持续推动北约建模仿真发展。2018 年 10 月，北约建模仿真协调办公室与北约建模仿真小组召开 2018 年度研讨会，以"跨国互操作性：军事训练和作战应用的敏捷性、企业级联盟和建模仿真技术开发的创新"为主题，助推北约建模仿真能力发展，以提供具有成本效益和有效的仿真工具。10 月，北约建模仿真卓越中心组织召开自主系统建模仿真会议，致力于推动建模仿真支持自主系统、机器人、操作要求、训练、互操作性以及未来挑战。在 2018 跨军种/工业界训练、仿真与教育会议上，北约建模仿真小组与美国国防部指导的先进分布式学习项目合作演示了基于 4 个主题（高级分布式学习演习；轻量级联合作战训练解决方案；演习、仿真和管理；联盟训练教育企业的创新）的作战联盟战士。

（二）持续推进仿真标准建设，创新仿真发展

2018 年 1 月，仿真互操作标准组织举办的 2018 年冬季仿真创新研讨会主题是"仿真——实现真实的创新",会议探讨了如何在仿真中进行创新以及仿真本身的创新,并支持其实现的标准。5月,发布了《仿真环境的场景开发指南 SISO – GUIDE – 006 – 2018》,目的是提供有关(分布式)仿真环境场景开发的详细信息,以及场景开发过程与总体仿真环境工程流程之间的关系。北约建模仿真小组在联合部队倡议的基础上,4月启动了"北约联盟仿真标准的演进(MSG – 163)"研究,旨在更好利用互操作的仿真系统为教育、训练和演习提供必要的支持,并提供将仿真集成到联邦的开放工具。

(三)深入推进可信度评估和校核、验证与确认(VV&A)技术研究

世界主要国家通过探索复杂仿真系统模型验证新方法,加快建模仿真 VV&A 工具研究与应用,持续推进在优化训练仿真可信度评估方法和开展复杂仿真系统可信度评估方面的研究工作,不断提升复杂仿真系统可信度评估能力。

一是探索复杂仿真系统模型验证新方法。美国桑迪亚国家实验室深入研究实验可信度及其在模型验证和决策中的作用。美国航空航天局(NASA)马歇尔太空飞行中心利用需求传播的不确定性来量化动态模型验证指标问题。国际原子能机构研究人员研究了合规性测试的容器系统有限元模型验证问题。德国结构耐久性和系统可靠性研究所深入分析了硬件在回路测试的最新进展。

二是加快建模仿真 VV&A 工具研究与应用。2018 财年,美国国防部作战试验鉴定局年度报告重点提出在复杂对抗环境、一体化联合作战和友军协同条件下的武器系统的真实性能需使用可信的建模仿真工具。北约 MSG – 163 的集成校核和认证工具将提供新版本的认证过程和工具。北约 MSG – 134 推出新版本的教育训练网络联邦对象模型以及相关的联邦体系架构与联邦对象模型设计,为北约建模仿真可信度水平提供重要支持。

三是提升复杂仿真系统可信度评估能力。美国国防部《作战试验鉴定局2018 财年报告》关注推动作战试验和实弹射击试验建模仿真工具的开发工作，并通过真实系统与环境数据持续进行 VV&A 过程，不断提升模型可信度。NASA 在任务系统中直接使用高逼真度建模仿真来提高性能和安全性，同时降低成本。NASA 还开发了 VV&A（包括不确定性量化）流程，以严格评估仿真模型预测的可信度。美国佛罗里达大学仿真与训练研究所研究了训练仿真和环境评估分类法，并探索了 LVC 演练仿真器的验证方法学问题。

四是加速建模现实行为研究。建模现实行为一直是建模仿真领域重点研究方向，在军事和民用领域具有广泛应用价值。2018 年，美军多家机构加速开展建模现实行为研究。美国导弹防御局使用查尔斯河分析公司 Hap 体系架构来构建人机控制仿真中作战人员推理与性能建模（MORPHIC），以了解人因行为如何影响反导系统性能。美国空军使用该公司网络对手建模仿真工具包 CyMod 构建网络防御工具来建模现实行为，使用概率编程语言 Figaro™ 来构建网络系统的关系模型及其对战略武器的影响，使用博弈论漏洞分析平台（GRAVITY）构建敌方和防御行为模型，以增强系统对网络攻击的弹性。美国空军研究实验室使用 BAE 系统公司开发知识转移、探索和时间仿真的因果建模（CONTEXTS）软件工具，创建作战环境的交互式模型，使军事规划人员能调查冲突的原因并评估潜在的解决方法。

二、与新兴技术持续深度融合的仿真支撑环境与平台技术

（一）为仿真支撑环境与平台发展提供新手段
1. 超强算力研究及应用助推仿真计算发展

2018 年，美国"Summit"重夺世界超算第一，性能超"神威·太湖之

光"60%，各国也积极发展"E级超算"。1月，先锋中心发布公告寻求"通过现代的高性能计算生态系统提高国防部的生产力"解决方案，识别和利用高性能计算软硬件发展趋势的方法，提高研发能力，降低时间成本。7月，美国空军研究实验室与IBM公司联合研制出"蓝渡鸦"类脑超级计算机，开展计算模式和目标识别研究；并评估将类脑计算架构集成到机载传感器中，以利用超级计算能力提高空战效能；还可执行人工智能和机器学习算法，为开展计算神经科学应用提供研发、测试和评估平台。

在量子领域，"量子霸权"争夺依然激烈，量子计算机仿真将成为未来仿真计算发展方向。2018年1月，英特尔公司展示49量子位超导量子芯片；3月，谷歌公司发布72量子位量子处理器"狐尾松"；3月，Rigetti公司公布基于云访问19量子比特芯片。"狐尾松"一个重要特征是进行经典计算机模拟，这是目前验证量子计算机是否正确运行的唯一方法，且在经典计算机上实现加速。量子计算可能正进入追逐"量子霸权"的"十年竞赛"。而量子仿真计算技术研究尚在理论研究阶段，由于其超强的计算能力和安全性，量子计算机一旦应用于仿真，将给仿真科学研究与工程开发带来革命性的变革。

提供更强的态势感知能力和快速对未知敌人响应的能力要求进一步推动了人工智能、边缘计算和其他新兴技术的发展，而云仿真/网格仿真形成的透明的万物互联仿真则是发展热点。边缘计算与仿真结合产生的边缘仿真技术将促进现有仿真平台计算环境变得更强，提供更好的仿真服务。

2. 为仿真支撑环境与平台发展提供新机遇

以美国为首的仿真优势国家通过需求牵引，在与多学科交叉融合、尖端及新兴技术深度融合过程中，仿真平台与新概念、新技术的融合推动其朝着"网络化、虚拟化、智能化、协同化、普适化"目标快速发展，形成智能仿真、数字化沉浸式仿真等发展热点，为仿真环境和平台快速发展带来新机遇。

智能仿真。洛克希德·马丁公司Prepar3D仿真软件的"合成人"功能，为美国空军、海军和海军陆战队训练提供更逼真、更具有不可预测性的博弈对抗环境。欧洲防务局重点研究如何将大数据和人工智能融合到建模仿真场景中以进行决策训练。美国海军陆战队寻求类似IBM"沃森式"机器学习软件、美国陆军"雅典娜"（Athena）训练系统和新一代计算机生成兵力（OneSAF）仿真系统、DARPA"罗盘"（COMPASS）项目等一系列智能仿真系统不断涌现，促使智能仿真飞速发展。

数字化沉浸式仿真。多家公司推出数字化沉浸式仿真工具，如波希米亚互动仿真公司的VBS Blue IG、VT MAK公司的VR-Engage V1.2、罗克韦尔·柯林斯公司下一代飞行员军事训练环境Griffin-2等，加速虚拟/增强/混合现实技术等新兴技术在仿真的应用。雷声公司沉浸式设计中心能评估和创建其产品寿命周期中几乎任何问题的解决方案。美国海军采用增强现实技术和3D数字建模技术等先进设计技术为主要造船项目节省时间和成本。BAE系统公司应用增强现实与人工智能技术研发未来舰载作战系统先进技术方案，提高海军舰艇作战能力，并计划2019年进行作战试验。美国陆军研究实验室研发单用户虚拟现实环境的混合现实战术分析工具包（MRTAK），可作为实验平台，在协作任务规划和执行过程中对沉浸式技术进行评估，并在2018年"全球兵力博览会"上进行了展示。

（二）实况—虚拟—构造综合仿真支撑能力不断升级

通过实况—虚拟—构造（LVC）集成技术将实装、仿真器、虚拟数字系统整合在一起，构建更加逼真、更加复杂的训练和仿真任务环境，能更好地模拟未来战争，应对未来陆、海、空、天、网络联合作战的各种挑战。

在新技术新需求推动下，LVC 体系架构不断拓展，LVC 仿真集成架构（LVC–IA）、实况—虚拟—构造和游戏（LVC–G）与人工智能、虚拟/增强现实等先进技术相融合。美国陆军着力推进"合成训练环境"、持续性网络训练环境、DeepGen 等项目，以此支持士兵作战技能提升。美国空军实况虚拟和构造先进训练环境（SLATE）技术演示活动，解决了训练任务中 LVC 集成的互操作问题和安全问题。2018 年 6 月，DARPA 拒止环境中的协同作战（CODE）项目利用 LVC 联合试验环境，测试系统的自主性，演示了无人集群联合作战任务能力。

三、有效支撑武器装备全生命周期活动

随着武器装备信息化的进一步发展、网络化联合作战能力生成的需要、靶场试验鉴定能力的进一步提升，武器装备体系越来越依赖建模仿真技术全面支撑武器装备全生命周期活动，在应用建模仿真技术过程中不断加速创新，同时实现高效费比。

（一）有效促进美军导弹武器发展，不断增强导弹能力建设

2018 年 3 月，美国导弹防御局与诺斯罗普·格鲁曼系统公司签订合同，利用复杂的建模仿真技术和工具进行弹道导弹防御系统建模。2 月，美国陆军太空和导弹防御司令部授予 Teledyne 技术公司任务订单，用于美军扩展防空仿真系统（EADSIM）建模仿真工具和软件的升级。5 月，美国陆军与火炬技术公司签署合同，用于增强和维护系统仿真以及当前的导弹建模仿真、硬件半实物模型和原型开发。美国海军远程反舰导弹项目使用建模仿真架构评估武器性能，于 5 月验证早期作战能力。8 月，美国陆军验证一体化防空反导作战指挥系统的有效性。

（二）有效降低武器设计制造成本

美国数字制造与设计创新机构与美国陆军岩岛兵工厂合作，将数字化建模仿真技术应用于兵工厂改造，使岩岛兵工厂获得现代化制造企业所需的最新技术和能力。2018年4月，美国海军表示采用增强现实技术和3D数字建模技术等先进设计技术，降低了主要造船项目的成本和时间，这些技术已成为一系列更复杂舰船设计技术的一部分。纽波特纽斯船厂利用数字孪生技术为美国海军"企业"号航空母舰（CVN-80）节省超过15%的成本。8月，美国陆军表示在联合多任务技术演示验证机项目中应用仿真技术降低了项目成本和时间，并将成果应用到未来垂直升降机的数字孪生建模仿真概念。利用增材制造等技术，洛克希德·马丁公司使F-35联合攻击战斗机的全任务仿真器成本降低25%。俄罗斯联合发动机制造集团和萨拉夫工程中心在发动机制造业数字化领域展开合作，主要方向包括研究和优化发动机及其零部件的"数字孪生"。澳大利亚船企利用数字孪生技术推动数字化造船，"更好、更快、更便宜"地完成军舰采办项目。

（三）支撑武器装备试验鉴定评估能力提升

美军为满足不断发展的军事作战需求，应用建模仿真技术不断提高试验鉴定与决策水平，不断提升装备能力评估的全面性和客观性。

美国国防部作战试验鉴定局2017财年、2018财年年度报告都重点关注建模仿真能力建设。2017财年，美国国防部要求未来的试验基础设施不仅聚焦开放空域的试验场，还要融合软件试验台、软/硬件在回路设施、暗室、开放空域仿真器、威胁仿真器、基于效果的建模仿真以及开放空域设施等，采用建模仿真提升作战真实性，并要求采办界和试验界提升目前建模仿真能力。2018财年，美国国防部持续开展联合试验鉴定项目，大力推进建模仿真工具的广泛应用。2019年，美国国防部工作重点是应用可信的建模仿真工具，继续推动作战试验和实弹射击试验建模仿真工具的开发工作，倡议在充分了解建模仿真的优势和局限性基础上开展广泛合作，支撑更加有效的"模型—试验—模型"过程。

2018年6月，美国空军研究实验室利用MacB公司的有效传感器技术评估及使能方法计划任务流程，结合了半实物仿真和人工介入建模仿真，以快速评估先进传感器和电子战技术。7月，DARPA和洛克希德·马丁公司臭鼬工厂完成"体系集成技术与试验"（SoSITE）项目飞行试验，以演示体系方法如何减少数据到决策的时间线。DARPA还开展"分布式作战管理"（DBM）和"跨域海上监视和瞄准系统"（CDMAST）项目，探索空战和海战中的体系集成技术。2月，BAE系统公司披露DBM项目飞行试验情况，验证了作战辅助决策系统在空中编队协同作战中的应用；4月，雷声公司开展第二阶段CDMAST项目研究，对海上分布式作战体系结构进行试验，演示验证作战效能与可靠性。

（四）支撑向全面数字工程转型

2018年6月，美国国防部发布了《数字工程战略》，提出了国防部数字工程倡议的五大战略目标，旨在推进数字工程在装备全生命周期管理的应用，实现美国国防部的数字转型。美国国防部的数字工程战略、数字工程视图、数字工程生态有效促进数字工程贯穿武器系统全生命周期管理。12月，美国国家国防制造和加工中心宣布创建V4协会，旨在通过虚拟验证、确认与可视化为产品开发和制造提供保障。6月，美国海军"虚拟宙斯盾"系统在"阿利·伯克"级驱逐舰上完成首次上舰试验。"虚拟宙斯盾"系统加速了软件研发测试，改变作战系统能力升级模式。10月，谢菲尔德大学先进制造研究中心采用虚拟现实建模技术对波音公司在欧洲建立的首家工厂进行布局规划和离散事件仿真，以确定新工厂的潜力并验证生产力目标。

四、聚焦实战，广泛应用于多项训练与演习

应用建模仿真技术是目前提高军事训练质量和效益的主要途径及重要发展方向。2018 年，世界主要国家在军演与训练中不断加大对仿真训练投资及项目支撑，重点关注支持复杂作战环境的构建及应用，不断探索、实践和验证未来作战能力，促使仿真应用不断向一体化、实战化方向发展。

（一）多国推进仿真系统在军演中的应用

美国"红旗"军演中首次使用诺斯罗普·格鲁曼公司的 LVC 实验集成和作战套件（LEXIOS），该公司在 2018 年四次"红旗"军事训练演习中提供了 LVC 专业支持。2018 年 6 月，美国陆军、空军联合演习中应用逼真的虚拟训练场景来模拟真实的作战场景。

2018 年 4 月，北约"海盗 18"系列演习涉及 6 个国家的 9 个地点和一个与指挥控制系统集成的构造仿真体系架构。联合训练中心开发基于北约 MSaaS 概念的第四代技术平台支持此次演习。"海盗 18"演习架构通过高层体系结构联邦集成多种不同元素，使用了 4 个构造仿真系统：MASA 公司的 SWORD 系统、BAE 系统公司的 C-ITS 的 CATS TYR 系统、VT MAK 公司的 VR-Forces 系统以及北约的综合训练能力（ITC）系统，并采用 4C 策略公司的 Exonaut 演习管理系统进行全局控制。

2018 年 7 月，意大利空军与美国空军、北约合作开展"斯巴达联盟"虚拟飞行训练演习，通过连接两个不同国家的 22 个仿真器，实现了这些仿真器在虚拟冲突中的并行飞行。应用莱昂纳多公司高逼真度智能代理计算机环境（RIACE）系统将不同地点和资产汇集到一个集成的合成环境中。

（二）多国加强仿真训练系统建设

1. 美国加大仿真训练投资并重点支持复杂作战环境构建项目

随着建模仿真技术与新兴技术不断深度融合和实践，美军深刻认识到当前训练设备及相关设施急需更新换代。2018年，美国多个军种授出大额合同以支持未来军事训练。3月，美国陆军合同司令部授出为期7年35亿美元的合同，用于建设训练仿真器和实弹射击靶场，以支持美国陆军在全球300多个地点的战备和训练。8月，美国海军授出最高限额达9.8亿美元合同，以争取竞争未来训练设备和训练系统任务订单。9月，美国空战司令部表示，2020财年预算将为关键训练能力提供额外资金，以支持战备状态并将继续为LVC技术演示提供资金。

在支持复杂作战环境构建方面，美军重点推进"合成训练环境"、持续性网络训练环境（PCTE）、DeepGen等项目，以此支持士兵作战技能的提升。美国陆军应用游戏、云计算、人工智能、虚拟现实和增强现实等新兴技术为多域战训练构建"合成训练环境"项目，以更好地帮助士兵提高技能，并于11月表示，将在2021年达到初始作战能力。美国陆军持续性网络训练环境（PCTE）项目是基于云的训练平台，允许网络任务部队利用当前网络工具套件在模拟的网络环境中进行训练。雷声公司为该项目提供概念验证及沉浸式体验的虚拟现实解决方案。2月，美国陆军研究实验室和北卡罗莱纳州立大学合作开展"DeepGen"项目，以生成运行在VBS3上可定制的虚拟训练场景。

美国海军航空兵面临的未来作战环境愈发复杂，美国海军航空作战中心于2018年3月引入更多仿真器辅助航空兵训练，计划在未来12~16个月内将"联合作战虚拟环境"仿真器与"海军持续训练环境"联结，实现"联合作战虚拟环境"仿真器、F/A-18仿真器、F-35仿真器等联合训练。9月,美国空军授出合同建设"太平洋空军分布式任务作战行动/实况、合成和混合作战训练"环境。12月,美国陆军指挥所"SitaWare总部"任务指挥核心软件集成了行动方案分析决策支持工具"聚焦作战的仿真"(OpSim),旨在构建对用户透明的仿真环境。

2. 英国寻求增强联合火力综合训练系统

2018年2月,英国国防部发布了下一代联合火力综合训练系统(JFST)招标邀请,"将取代目前由分布式合成空地训练系统和基于联合前线空中管制训练与标准单元的沉浸式近距离空中支援仿真器提供的现有训练能力,以及其他过时和不受支持的功能。"

3. 北约加强分布式仿真任务训练后续研究

2018年1月,北约建模仿真小组启动关于分布式仿真任务训练(MTDS)后续活动,旨在为北约及其成员国提供切实可行的多国空中作战能力训练,并讨论了分布式仿真任务训练的愿景。前项研究验证了连接异构作战训练仿真器的技术可行性,以期为多国空中任务演习提供真正的训练价值。后续活动寻求为所有核心空中力量角色提供任务训练、空中和C2系统的作战评估,致力于与真实组件更好的集成和互动。

4. 澳大利亚推进仿真训练系统应用向虚拟化方向演进

2018年9月,澳大利亚国防军宣布波希米亚互动仿真公司VBS3平台支持其三个项目:L200-2作战管理系统、Land 400阶段2(作战侦察车辆)和武器训练仿真系统。11月,莱茵金属公司表示将为Land 400项目、澳大利亚国防军Boxer装甲车项目提供一揽子训练,包括虚拟训练器、射击训练器、嵌入式计算机训练和实装训练系统。

澳大利亚皇家海军关注改进训练成效的技术,包括基于网络的计划、作战管理系统中使用的仿真技术和新兴合成技术。澳大利亚皇家海军使用仿真中心的舰载训练系统训练方式产生了"效率红利"。在海上平台管理和工程控制仿真训练方面，澳大利亚皇家海军舰船使用集成平台管理系统中的仿真模型进行全方位的技术装备故障控制演习，潜艇采用虚拟现实技术Boat 7 训练产品。

（三）虚拟/增强/混合现实技术促使仿真训练水平跨越式提升

美军持续将虚拟/增强/混合现实技术等新兴技术与军事训练进行深度融合，开发新型训练模式，其仿真训练水平得到跨域式提升，有力支撑各军兵种的军事训练与想定。2018 年，军事虚拟训练和仿真峰会主题是"在需要的时候支持作战环境"，从一定侧面反映该技术在军事训练的加速应用。虚拟/增强/混合现实技术的应用助力计算机生成兵力和战场环境仿真水平的快速提升。

《美国空军科学咨询委员会 2019 财年研究》职权范围备忘录中重点强化虚拟/增强现实技术及仿真技术应用：①面向 21 世纪的训练和教育技术：利用增强现实和虚拟现实技术改进空军教育和训练，提高熟练度并降低成本；②将探究如何表征和提高建模、仿真和分析的保真度及可信度，更好理解美国空军投资决策。美国陆军计划 18 个月内完成 HUD 3.0 新型头盔显示器开发测试，HUD 3.0 将能够在佩戴者的视野范围上叠加数字地形、障碍物甚至是虚拟敌军，使部队能够运用更加复杂和具有挑战性的训练场景。美国空军研究实验室将研究虚拟/增强/混合现实技术如何提高维护人员的熟练程度并增强其能力，以可靠地获取维护和维修数据，进行数据可视化。美国海军航空母舰飞行甲板机组人员基于游戏的沉浸式 3D 技术进行计算机仿真训练和演练飞行甲板操作。美国海军水面战中心怀尼米港分部研究评估虚拟/增强现实技术在舰队训练舰船维护全生命周期工程和产品的应用情况，以支持舰队训练和舰船维护工作。波希米亚互动仿真公司利用新兴的增强/虚拟现实技术开发增强现实视觉系统，使学员在高逼真度虚拟环境之中与 T-45 仿真器驾驶舱互动，以此改变飞行员训练方式。

（四）LVC 综合仿真能力建设依旧是军事训练的重点

美军通过军事演习和靶场试验不断改进 LVC 训练和试验环境的建设，未来 LVC 多系统集成形成体系化作战将成为基本形态，在兼顾有效节约经费的同时，提升训练的实战化水平。

2018 年 6 月，美国海军战术作战训练系统增量 Ⅱ 项目完成初始设计审查。该项目将取代美国海军和海军陆战队的训练靶场基础设施，同时提高所有中队和舰队部队的训练效能。新系统支持各种任务和平台的实时作战空战训练，将实况和合成元素融入到 LVC 训练中，还提供与四代机与五代机平台之间的联合和联盟训练的互操作性，使用如 FACE™ 技术标准和软件通信体系结构的行业软件标准。

2016 年 1 月，美国海军建立基于 LVC 仿真训练的防空训练设施，并表示完全的 LVC 事件还是一个现实的技术挑战。2019 年 1 月，美国海军开放在奥兰多美国海军空战中心训练系统分部建立的新设施，允许工业界、政府和学术界的成员全年开展 LVC 训练计划。新设施包含 14 个具有多种功能的工作站，可"复制一个与作战训练网络相连接的真实作战中心"。美国陆军使用其中一个区域开展"合成训练环境"研究，以更好地为战备做准备。

五、结束语

军用仿真技术以其无法替代的特殊能力，为决策者在面对一些重大、棘手问题时提供关键性的见解和创新观点，高效地帮助人们理解事物的本质、进行科学的决策与推断。从 2018 年军用建模仿真技术领域重要进展来看，以美国为代表的仿真技术优势国家，在日益复杂多变的竞争环境下谋求其优势地位的需求牵引下，以应用新兴技术为推动力，主动谋划并加速推进建模仿真技术在军事各领域的发展与应用，使仿真技术加速向数字化、虚拟化、网络化、组件化、智能化、协同化、服务化、普适化方向发展，使仿真应用向一体化、实战化方向发展。

（北京仿真中心航天系统仿真重点实验室　熊新平　孙磊）

（中国航天科工集团第二研究院二〇八所　李莉）

2018 年系统建模仿真理论与方法发展综述

2018 年，世界各国继续积极加快建模仿真技术发展，理论上积极探索，方法上不断创新，不断挖掘建模仿真潜力。以量子计算理论与方法不断取得突破为亮点的高性能仿真计算技术加速发展，云计算、大数据、人工智能等新一代信息技术同建模仿真理论与方法深度融合，进一步提升和释放建模仿真的能力，支撑数字孪生、数字工程、网络靶场等复杂仿真技术应用。建模仿真校核、验证与确认（VV&A）理论与方法等关键技术继续取得较大进步。英、美等国不断完善建模仿真的政策制度框架也值得关注。

一、人工智能与建模仿真深度融合

以深度学习为代表的机器学习研究的兴起，是此轮人工智能技术发展新高潮的典型特征，这使人工智能、大数据、云计算等新一代信息技术同建模仿真进一步融合发展有了共同的基础。基于云计算处理海量数据获取的高水准智能模型，将极大提高复杂系统建模的能力与基于仿真的分析能力。

（一）人工智能在国防建模仿真中的应用日益广泛

2018 年，美国国防部向人工智能、云计算和大数据等支撑技术领域投入数十亿美元，鼓励业界将人工智能纳入现代军事训练与装备仿真中。DARPA 早在 2016 年启动了"可解释人工智能"项目，旨在使人类用户可以理解、信任和有效地管理人工智能系统。2017 年 3 月，DARPA 从学术界和工业界挑选出 13 家研究机构进行资助，研发一套能够解释决策原理和未来行为的人工智能系统。华盛顿大学卡洛斯·古斯特林教授的团队于 2018 年取得突破：可以让人工智能系统阐述其输出结果的基本原理；通过标注图片上最重要的部分来揭示图形识别系统的判断逻辑。但是，人工智能系统决策的核心是高层次模式识别和复杂决策过程，受算法中各类运算的相互影响，而深入理解这些由数学函数和变量构成的复杂运算难度极大。

人工智能技术在武器装备中得到大规模应用，模式识别中的机器视觉可通过光学非接触式感应设备，自动接收并解释真实场景的图像以获得系统控制的信息。例如，DARPA"心眼"项目和"图像感知、解析、利用"项目开发的机器视觉系统，具有"动态信息感知能力"，对动态物体的解构，利用卷积神经网络图像识别技术，将图片中的信息转化成计算机"知识"。在实际作战中，模式识别系统通过观察目标的视频动态信息，借助神经网络、专门的机器视觉硬件，可在复杂的战场环境下自动识别出潜在威胁，为目标打击提供参考信息。

人工智能在指挥、控制、后勤和装备维护系统仿真中的应用前景也十分广阔。美国《国防战略指南》提出，应用人工智能技术可以实时呈现跨域战场态势、快速地提供决策部署并协同调配人员和武器等作战要素，未来理想的指挥控制模式是：从全球的感知单元和武器网络中收集数据并快速形成有用情报，进而在各军种部门之间共享，辅助决策系统将形成作战策略供指挥官参考，在决策选定后由系统生成作战规划并协同调度各军种和武器系统。

DARPA 积极探索先进战略作战推演工具，使其具备一定的精确判断能力，能够防止未来战争中战略性错误和不切实际的装备采办计划。美国海军陆战队寻求利用大数据分析和类似 IBM "沃森"的人工智能平台，将高级分析、可视化、模型和仿真结合起来，创造一个辅助高层领导做出一系列决定的环境。美国国防部还提出了智能后勤运输系统的概念，它是美国"联合整体资产可视化"计划一部分，目标是为作战提供后勤数据集成可视化的访问环境。

2018 年 12 月，美国陆军研究实验室发布白皮书，寻求使用智能自动化来减少设计和运行大规模基于仿真的训练活动所需的人力。美国陆军研究实验室表示希望为"合成训练环境"提供更好的系统集成、智能自动化和改进的用户界面。"合成训练环境"能够将人工智能、数据分析、机器学习、增强现实和分布式计算用于训练仿真。美国陆军研究实验室认为，尽管"合成训练环境"包括用于训练计划、战备、执行和评估活动的管理工具，但举办活动仍然是劳动密集型的。项目负责人必须制定训练目标，创建场景，监督和控制演习，观察和评估受训人员的表现，并提供分析和事后审查。"合成训练环境"将使用人工智能、机器学习和数据科学来加速训练场景的创建，并为涉及步兵、装甲、航空和任务指挥的基于集体仿真训练提供自适应指导、自动化绩效评估、诊断和反馈。

欧洲防务局启动名为"MODIMMET"的大数据与人工智能仿真研究项目，旨在分析在危机期间可能被挖掘或监控的大数据资源，使用深度神经网络来仿真混合战争情况下不同参与者的行为，或者在作战环境中提取异常行为指标，谷歌各种开源数据、卫星图像数据以及传统军事情报等都可作为潜在的大数据资源。此外，深度学习技术的成熟使得基于数据的故障预测方法逐渐形成，它不受模型和专家系统知识局限性的限制，对复杂系统有独特的优势。

（二）人工智能与建模仿真深度融合成未来趋势

未来人工智能、大数据和建模仿真将更加紧密融合，不断提升建模仿真解决问题的能力。重要趋势有：一是模仿大脑的视觉加工能力"胶囊网络"，胶囊网络可将分类误差减少50%，未来在许多问题领域和深层神经网络体系结构中有广泛应用；二是解决标签数据挑战的精益和增强数据学习，通过仿真或插值合成新数据有助于获得更多的数据，从而增强现有数据以改进学习；三是简化模型开发的概率编程语言，概率编程语言能够适应业务领域中常见的不确定和不完全信息，将广泛应用于深入学习等领域；四是处理模型不确定性的混合学习模型，将使从业务问题的多样性扩展到包含不确定性的深度学习成为可能，实现更好的性能和模型的可解释性；五是无需编程的自动机器学习（AutoML）模型创建，使用许多不同的统计和深度学习技术来实现工作流的自动化，使用户在没有深入编程背景的情况下开发机器学习模型；六是理解黑匣子的可解释人工智能，在保持预测精度的同时产生更可解释的模型。

二、仿真服务架构和仿真标准、VV&A 研究持续推进

世界各国为提升建模仿真的互操作性和可重用性，积极开展建模仿真即服务（MSaaS）体系架构研究，继续推动仿真标准、VV&A 研究向前发展，主要进展如下：

综合动向分析

（一）MSaaS 架构研究持续深入

云计算技术和面向服务架构的发展，为进一步利用建模仿真能力满足北约的关键需求提供契机。基于面向服务和通过云计算的服务模型提供建模仿真应用，实现快速、按需部署的可组合仿真环境的新概念 MSaaS 应运而生。2014 年 11 月，北约建模仿真组织成立 MSG－136 "MSaaS 可互操作和可信的仿真环境快速部署" 工作组，于 2017 年 11 月结束其研究工作，成果包括：MSaaS 的作战概念；MSaaS 技术概念，包括参考架构、服务元数据模型和工作流程；北约 MSaaS 治理概念和路线图。为继续相关研究，北约建模仿真组织新成立了 MSG－164 工作组，在 2018—2021 年研究期内继续通过常规演习和专门评估活动对 MSaaS 进行验证，以推动和促进 MSaaS 的战备水平，同时推进增强 MSaaS 效益的关键研究开发活动。

由来自英国系统工程和评估公司、BAE 系统公司、QinetiQ 公司和法国 Thales 集团等专家组成的仿真体系架构、互操作性和管理（AIMS）核心研发团队，过去 4 年开展了研究，2018 年 5 月提交了关键研究成果 MSaaS。MSaaS 提供了一种战略方法，通过使建模仿真资产、数据和服务更方便地被获得，来安全灵活地提供基于仿真的能力。AIMS 团队在英国国防学院演示了 MSaaS 将如何支持未来的训练和联合部队演习活动，还展示了 MSaaS 主要构成部分：仿真资产的注册表和存储库、仿真组合工具以及面向云计算平台的快速部署和执行工具。MSaaS 方法和英国国防部 "国防即平台"（DaaP）等计划是相协调的。

（二）仿真标准制定持续推进

2018 年 1 月，仿真互操作国际组织（SISO）举办的 2018 冬季仿真创新研讨会主题是 "仿真——实现真实的创新"，探讨了如何在仿真中进行创新以及仿真本身的创新，并支持其实现的标准。此次会议议题包括：系统生命周期和技术；服务、流程、工具和数据；建模仿真专业应用。目前，SISO标准制定的焦点包括网络战、医疗、太空和物联网的应用。5月，SISO执行委员会批准了仿真环境场景开发指南（SISO – GUIDE – 006 – 2018）。该指南提供分布式仿真环境场景开发的详细信息，以及场景开发过程与总体仿真环境工程流程之间的关系，概述了可用于场景开发的现有标准和工具。该指南基于分布式仿真工程与执行过程（DSEEP），并为DSEEP增加了特定场景开发的附加信息。

2018年4月，北约建模仿真小组在联合部队倡议的基础上启动了"北约联盟仿真标准的演进"（MSG – 163）研究，旨在更好利用互操作的仿真系统为教育、训练和演习提供必要的支持，并提供将仿真集成到联邦的开放工具。由MSG – 163开发的集成校核和认证工具（IVCT）将提供新版本的认证过程和工具，以及由MSG – 134推出的北约教育训练网络联邦对象模型（NETN FOM）和相关的联邦体系架构与FOM设计（FAFD）的新版本。

（三）提升复杂仿真系统可信度评估能力

2018年，NASA制定了整个机构的安全标准和目标，设定了长期目标和最大可容忍风险水平，作为开发人员评估特定任务类型"安全性"的指导。NASA通过在任务系统中直接使用高逼真度建模仿真来提高性能和安全性，同时降低成本。NASA还开发了VV&A（包括不确定性量化）的流程，以严格评估仿真模型预测的可信度。

美国佛罗里达大学仿真与训练研究所研究了训练仿真和环境评估分类法。该分类法将评估活动与期望的评估结果相结合，并使评估活动与评估目标保持一致，提供训练仿真功效的关键信息。该研究所的研究人员还探索了LVC演练仿真器的验证方法学问题。该研究提出了一种在LVC环境中确认仿真器能力并提供增值强训练的方法学，基于分析、观察和领域问题专家的输入，开发了一种基于协议形式的分布式系统验证辅助工具。

美国桑迪亚国家实验室的校核、验证与研究团队深入研究了实验可信度及其在模型验证和决策中的作用，部分从用于评估计算仿真可信度的现有框架中提取。所提出的框架是一种专家启发工具。

美国阿拉巴马大学亨茨维尔分校为支持导弹防御局对其技术人员进行专业教育的要求，开发了两个为期两天的专业教育短期课程，一是关于蒙特卡罗仿真，二是关于 VV&A。课程材料包括这两部分的一般背景内容和导弹防御局的定制内容。

三、高性能仿真基础设施发展加速

复杂系统仿真对计算基础设施性能提出越来越高的要求，以美国为代表的优势国家通过挖掘传统高性能计算潜力和积极发展量子计算机等方式来应对仿真高性能计算的挑战。

（一）深入挖掘传统高性能计算潜力

2018 年 1 月，美国国防部先锋中心发布公告，寻求"通过现代高性能计算生态系统提高国防部生产力"的解决方案。先锋中心是国防部高性能计算现代化项目的一部分，它评估了早期的高性能计算技术，并为政府研究人员提供先进的高性能计算工具。该公告寻求识别和利用高性能计算软硬件发展趋势，以提高研发能力、降低时间成本。先锋中心特别关注新型高性能计算体系架构、软件、网络和系统方法，以及开发或更新原有软件的方法，并通过现代浏览器和设备提供安全高性能计算接入或访问方式。美国空军预计授出一份或多份合同，最高限额为 4800 万美元。

（二）全球量子计算竞争日趋激烈

2018年1月，英特尔公司宣布成功研制49量子位测试芯片，标志着从架构、算法再到控制电路等完整量子计算系统研究上的"一个重要里程碑"。3月，谷歌宣布推出一款72量子比特的通用量子计算机"狐尾松"（Bristlecone），实现了1%的低错误率，与9量子比特的量子计算机持平，号称"为构建大型量子计算机提供了极具说服力的原理证明"。此外，英国在光子仿真器方面处于领先地位。英国专门设立了国家量子技术计划，聚焦于支持建立从基础物理研究到产品的有效通道。

（三）量子仿真计算应用前景广阔

2018年5月，美国波士顿咨询公司发布报告预测，到2030年，制药行业的量子仿真计算市场规模将达200亿美元，而在化学、材料等科技密集型产业中的市场规模将达70亿美元。信息技术公司埃森哲与量子计算软件公司1Qbit合作为制药公司Biogen提供该领域首个由量子仿真计算驱动的分子比较应用，极大地提升分子设计的效率，从而加速复杂疾病的新药发现进程，如阿尔茨海默和帕金森等神经系统疾病。

《国防建模仿真——应用、方法、技术》杂志提前上线的2019年第一期"量子信息、量子通信和量子密钥分配系统的建模仿真"专刊指出，量子信息科学结合量子、材料、计算机、信息和工程科学等领域进展，实现了多项革命性突破，还利用量子特性，掌握了超越旧有极限的新技术。"面向包含量子密钥分配系统的天基量子通信协议性能预估模型"文中提出了预估天基光学量子通信协议性能的模型，主要考量基于轨道选择和大气条件的光信道传播效应。"面向量子密钥分发系统仿真的量子光学建模"文中介绍了用于量子密钥分配系统的量子交换特性建模的仿真框架研究背景、开发和实现方法，支持对由非理想组件构建的真实世界系统建模。"推动量子密钥分发系统后处理功能建模的模块化仿真框架"文中描述了基于模块的量子密钥分配系统仿真框架开发方法，可用于量子密钥分配系统后处理功能建模。

四、世界各国积极加快网络靶场建设与应用

近年来，网络靶场已成为世界各国军方网络战建模仿真理论和方法研究的重要支撑平台，通过不断加强应用分类、国际合作和人才培养等方面工作，不断提升网络靶场能力和水平。

（一）不断完善网络靶场应用分类

美国将网络空间靶场分为 3 类：模拟类、仿真类、临时类。模拟类靶场部署容易，安装和维护费用较低，但是有研究指出，其测试结果准确性存疑；仿真类靶场要求能对硬件进行重新配置，可根据测试需要，采用不同的拓扑结构，使用真实的计算机、操作系统、应用软件、有限的资源，能反映真实环境，但硬件投入比模拟类要高得多；临时类使用实际的生产资源，在规模、费用和保真度方面都有优势，缺点是不够正规，如重复测试中的控制性较差，可能对实际网络造成不利影响。

（二）深化国际合作拓展网络靶场规模

美国国防部作战试验与鉴定办公室主任罗伯特·贝勒在 2018 年 1 月末向美国国会提交的报告表示，该办公室正与美国和韩国军队合作"开发网络靶场环境"，提供网络作战训练。2018 年 6 月，欧洲防务局的 6 个成员国（奥地利、比利时、爱沙尼亚、芬兰、德国和拉脱维亚）签署了关于汇集和分享各自网络射程能力的谅解备忘录，这是欧洲防务局网络靶场联盟项目的第一个重要成果。9 月，由芬兰领导的项目第二阶段在赫尔辛基会议上拉

开序幕，目标是使欧盟 11 个成员国建立一个兴趣小组、进行网络防御训练和专家交流，并改善这个高要求领域的资源和实践共享等。9 月，新加坡宣布，东盟—新加坡网络安全卓越中心将建立一个网络靶场训练中心，为所有东盟成员国提供虚拟的网络防卫训练和演习。

（三）利用网络靶场训练网络战急需人才

美国密歇根国防中心建立了美国最大的非机密网络靶场，将作为训练安全人才的国家中心，举办活动、演习和训练课程。密歇根网络靶场提供网络演习、产品测试、数字取证以及基于国家网络安全教育计划框架的 40 多项专业认证。澳大利亚国防部授予防务承包商 Elbit 系统公司一份为期 3 年的合同，通过提供临时网络靶场、网络设计和构建、网络靶场训练等开展国防部人员网络安全训练。

（四）军工企业积极参与网络靶场建设

2018 年 1 月，美国洛克希德·马丁公司宣布，将为美军国家网络靶场进行一系列例行维护和能力提升项目，旨在使其具备测试和验证更先进网络战技术的能力。该公司将对国家网络靶场的现有能力进行深度升级和大幅扩展，能够演示和研究目前最具破坏性的网络病毒以及隐蔽性最强的恶意代码，同时将其传播有效控制在靶场范围内，避免向公用或军用网络泄露。此外，国家网络靶场还将具备测试和评估更多复杂的网络攻防技术的能力，包括恶意软件、木马程序、主被动防御手段等。

五、数字孪生与数字工程成为仿真深度应用的重要战略方向

近年来，数字孪生日益成为建模仿真服务不断增长的军事需求的重要形式。美国空军早在 2011 年制定的未来 30 年长期愿景时就采纳了数字孪生

概念，并在2013年发布的"全球地平线"顶层科技规划文件中，将数字孪生视为"改变游戏规则"的颠覆性机遇之一。洛克希德·马丁公司将数字孪生列为未来国防和航天工业六大顶尖技术之首。Gartner更是连续4年（2016—2019年）将数字孪生列为当年十大战略科技发展趋势之一，并预计到2020年将有超过200亿个连接的传感器和终端，而数字孪生将存在于潜在的数十亿美元的设备中。到2021年，一半的大型工业公司将使用数字孪生，从而使这些组织的效率提高10%。与此同时，美军越来越认识到仅以数字孪生无法应对面临的复杂挑战与需求，而实施数字工程将成为美军迎接数字时代、完成数字转型的关键。为进一步推动数字工程实施，美国国防部于6月发布《数字工程战略》，推动数字工程进一步落地生根。

（一）数字孪生工具平台日益多样化

2018年6月，加拿大软件开发商Maplesoft公司发布了高级系统级建模仿真工具MapleSim的新版本，可以从更多的软件工具中导入模型或进行模型交换。9月，美国微软公司推出名为"Azure Digital Twins"的物联网应用服务。允许客户和合作伙伴为任何物理环境创建详尽的数字模型，并能利用高级分析功能理解过去和预测未来，在预测性维护、能源管理和更多应用场景中大有用武之地。10月，全球领先的建筑和工程软件解决方案提供商Bentley公司宣布推出iTwin Services，即面向基础设施工程（工程数字孪生模型）和资产（性能数字孪生模型）的数字孪生模型云服务，并与西门子公司携手推出数字孪生模型云服务Plant Sight。英国谢菲尔德大学先进制造研究中心智能制造团队采用虚拟现实建模技术对波音公司在欧洲建立的首家工厂进行布局规划和离散事件仿真，以确定新工厂的潜力并验证生产力目标。该中心还继续开展数字孪生仿真技术与人工智能技术相结合的研究，以便在更短时间内解决更复杂的现实问题，所开发的技术适用于航空航天、汽车、国防、医疗等多个行业。12 月，美国国家国防制造和加工中心宣布创建 V4 协会，旨在通过虚拟验证、确认与可视化为产品开发和制造提供保障。

（二）美军确立以数字模型为核心的数字工程战略

美军认为，传统的建模仿真、基于仿真的采办、基于模型的系统工程已不能应对未来的各种挑战，决定从 2015 年起实施数字工程转型。数字工程是一种集成的数字化方法，使用装备系统的可信数据源和模型源作为寿命周期中的连续统一体，支撑从概念到报废处理的所有活动。2018 年 6 月，美国国防部研究与工程副部长迈克尔·格里芬签发《国防部数字工程战略》，强调武器系统和组件的数字表示，要求把数字虚拟实体作为国防采办利益相关方之间沟通的技术工具，用于国防系统的设计和维持。该战略的主要做法如下：

1. 明确国防采办数字工程制度化的五大战略目标

五大战略目标包括：建立开发、集成和使用模型的正式流程，以为各团体和项目的决策提供信息输入；提供一个持久、权威的事实来源；注入能够提升工程实践的技术创新；建立一个保障基础设施和环境，能使不同部门开展活动、协作和沟通；改造文化和人员，以适应和支持全生命周期的数字工程。

2. 构建以数据流转为核心的数字工程架构

在装备采办全生命周期的基础上，美国国防部系统工程部门建立了由模型视图、数据视图、文档视图、采办视图构成的数字工程架构。以数据视图对于不同阶段标准化数据流转的规范为核心，推动传统采办模式向数字工程的迁移。

3. 打造全面支撑国防采办的数字工程生态系统

数字工程生态系统主要由技术数据管理、工程知识管理和系统工程技术评估三个相互嵌套的群落构成。技术数据管理位于最底层，包括对工程标准、需求数据、设计与制造数据、测试数据、供应数据、作战数据、维护数据、工程能力数据库的管理。工程知识管理位于中间地带，包括对多域、多机理、多层级真实与虚拟组件的集成，对各种系统分析工具的集成，它们利用工程数据对系统采办与维持提供支撑，完成对收益、不确定性和风险的概率分析，以及对总拥有成本（系统全生命周期成本）的均衡分析。系统工程技术评估位于顶部，开展成本分析、需求论证、费用进度与性能的综合平衡，提供对各阶段采办里程碑的决策支持。

4. 设计2020年前完成数字转型重构的路线图

美国国防部数字工程路线图给出了数字工程推进的7个成熟度等级：一是启动阶段，2015年8月成立数字工程工作组；二是知晓阶段，通过系统工程副助理国防部长办公室网站、系统工程年会、基于模型企业峰会等促进各级组织对数字工程的认知；三是理解阶段，2016年11月制定数字工程教育与训练课程，为各层级相关人员理解数字工程转型提供支持；四是初始使用阶段，即执行示范项目，如数字线索与飞行器机体数字孪生计划、工程弹性系统计划、计算研究与工程采办工具与环境项目；五是内部消化阶段，即制定指令、政策和指南以促进实例化使用；六是适应阶段，即在工程和采办实践中推广已成型的主要做法，完成采办政策和指南的更新，开始在项目中对数字工程应用实施评价；七是制度化阶段，即保证转型的持续性，2019年12月开始在采办流程中植入数字工程。

（哈尔滨工业大学控制与仿真中心　杨明　马萍　张冰）

2018 年仿真支撑环境与平台技术发展综述

2018 年，以美国为代表的仿真技术先进国家，在基于模型的系统工程、数字孪生、数字工程等新概念和新应用模式牵引以及云计算、量子、人工智能、大数据等新技术的推动下，仿真支撑环境与平台技术不断发展，LVC 集成仿真的研究和应用重视程度越来越高，支持战略推演、多域作战仿真、系统工程的仿真支撑环境和平台成为新热点，诸多领域均取得了重要进展。

一、仿真平台与新概念、新技术的深度融合，推动其朝着"网络化、虚拟化、智能化、协同化、普适化"目标快速发展，并带来广阔的发展新机遇

2018 年 10 月，Gartner 公布了 2019 年十大战略技术趋势的预测，智能、数字、网格三大领域仍是未来技术持续创新的战略要地，沉浸技术、量子计算也占据显要位置，这些战略技术与仿真技术的结合，将融合真实物理世界和虚拟仿真世界，催生出仿真新方法、新功能和新业态，推动仿真环境和平台快速发展。

（一）智能仿真：更聪明、更自动、更高效的仿真

2018年3月，微软宣布其研发的机器翻译系统首次在通用新闻的汉译英上达到了人类专业水平，代表了人工智能技术和应用上的重大突破。

2018年，人工智能在仿真领域中的应用更加广泛深入，投资巨大。8月，智能系统解决方案开发商查尔斯河分析公司与美国导弹防御局签订了一份为期两年价值100万美元的合同，研究作战人员推理与性能建模（MORPHIC）方法，在控制仿真中实现了对人类行为建模，以评估在复杂情况下人类行为如何影响反导系统性能。10月，洛克希德·马丁公司为美国空军、海军和海军陆战队推出的Prepar3D仿真软件包，集成了SimDirector工具并提供人工智能模块，可生成所谓的"合成人"，从而为部队训练提供更逼真、更不可预测的博弈对抗环境；美国海军陆战队发布公告，寻求使用类似IBM"沃森式"机器学习软件，将高级分析、可视化、模型和模拟结合，创造一个能够让指挥官做出一系列决策的知识网络，并在沉浸式环境中规划未来作战；美国陆军正在研制一款智能兵棋推演平台"雅典娜"（Athena），与"沃森"构建知识网络的方式不同，它具有自学习、捕捉经验、发现创新的能力。在该系统使用中，系统会提醒参与者防御形势、不同战术任务的定义以及相关历史示例，并会自动搜集数据，给参与者的表现评级，同时搜集的数据也将有助于构建更大的关于美国军事人员如何战斗的数据库。此外，该推演平台还可应用于训练无人机，它提出了可进行快速训练的人工智能算法，可满足美国空军日益增长的蜂群无人机群和"忠实僚机"项目的智能化指挥需求。

（二）数字化沉浸式仿真：融合现实与虚拟、超越实体的仿真

2018年，美军持续推动虚拟/增强/混合现实技术在模拟仿真训练领域的应用，助力计算机生成兵力和战场环境仿真水平的快速提升。4月，美国

波希米亚互动仿真公司推出了符合通用图像接口标准的 3D 全球图像生成器 VBS Blue IG，将视频游戏技术与其军事客户的需求相结合，生成巨大而逼真的沉浸式 3D 虚拟环境，用于教练辅助设施、桌面模拟游戏，它既可独立运行又可通过开放标准与第三方计算机生成兵力软件和其他仿真器实现完全互操作，该系统还支持使用 Terra Tools 通过批处理模式快速生成详细的地形图。5 月，VT MAK 公司发布新版 VR–Engage V1.2，支持飞行员、驾驶员、炮手、指挥官的作战训练，并增加了新功能，包括 VR–Engage 工作站的远程角色分配、与模拟控制面板和可视界面交互的能力、改进的武器姿态显示和扩展的飞行仿真能力，以提供更具沉浸感的模拟训练能力。8 月，美国人工智能和语音功能虚拟角色扮演提供商 ASTi 公司，发布其 Voisus 模拟无线电通信系统产品。该产品已为美国陆军 Stryker 虚拟训练系统提供可互操作的语音通信和合成 3D 声音，形成高逼真度仿真效果。11 月，罗克韦尔·柯林斯宣布推出其下一代飞行员军事训练环境 Griffin–2，它支持飞行员在 360°视觉仿真的穹顶环境中进行训练，显著改善场景逼真度，可以更好地识别目标和细节，从而实现更有效的训练。据该公司称，Griffin–2 可用于 F–35、F–16、欧洲"台风"战机等型号的训练。

（三）云仿真/网格仿真：透明的万物互联仿真

2016 年 2 月，北约基于"云计算"思想，提出"建模仿真即服务"（MSaaS）新概念，它将面向服务的架构和云计算的优点引入建模仿真领域，提高了互操作性、可组合性、可重用性，并降低建模仿真的成本，已逐渐被认为是可快速部署、可互操作和可信的仿真环境。2018 年 5 月，英国 SEA 公司领导的仿真架构、互操作性和管理团队向英国国防部提交了关于 MSaaS 研究成果，演示了如何利用 MSaaS 支持未来的训练和联合部队演习活动。该团队演示了该概念的关键要素，包括仿真资产的注册和存储库、仿真组合工具以及使用云计算技术的快速部署和执行，验证了 MSaaS 方法完全符合未来建模仿真服务交付的方向和英国国防部倡议的关键举措，为补充和增强英国国防仿真中心的服务能力提供发展方向。

Gartner 公布的 2019 年十大战略技术，其中"网格"是指数以亿计的物联网设备（手机、穿戴式设备、语音助理等）连接起来的网络基础。随着信息技术发展，集中式大数据处理已经不能高效地处理物联网中网络边缘仿真设备所产生的数据，需要新的计算模型支持现有仿真资源和处理的优化。边缘计算是在靠近物或数据源头的网络边缘侧，融合网络、计算、存储、应用核心能力的开放平台，就近提供边缘服务，满足行业数字化在敏捷连接、实时业务、数据优化、应用智能等方面的关键需求。边缘计算与仿真的结合产生的边缘仿真技术将使现有仿真平台计算环境变得更强，提供更好的仿真服务。

（四）量子仿真：未来的仿真发展方向

量子计算机具有指数级的运算速度，因此，基于量子计算机的仿真能够解决以往无法解决的大量工程和科学研究中的难题。2018 年 3 月，谷歌公司量子人工智能实验室宣布，研制出新型"狐尾松"量子处理器，"为构建更大规模的量子计算机"提供了"强有力的原理验证"。该处理器的特点是含有 72 量子位和较低的错误率。量子计算机仿真是以量子信息理论为基础、量子计算机为工具，根据研究目标，建立并运行量子计算模型，并对系统进行建模仿真的过程。量子仿真计算技术研究尚在理论研究阶段，但由于其超强的计算能力和安全性，一旦应用于仿真，将给仿真科学研究与工程开发带来革命性的变革。

二、高度重视基于 LVC 的测试与训练，体系架构不断扩展、应用水平快速提升

经过十余年的发展，以美国为代表的发达国家已越来越认识到 LVC 集成技术在仿真与训练领域的重要性。通过 LVC 集成技术将实装、仿真器、虚拟数字系统整合在一起，构建更加逼真、更加复杂的训练和仿真任务环境，才能更好地模拟未来战争，应对未来陆、海、空、天、网络联合作战所面临的各种挑战。

2018 年，美军及其盟国在 LVC 项目方面的资金投入加速增长。3 月，美国陆军与 CALIBER 系统公司、科学应用国际公司等 7 家承包商签订了一份价值 5.54 亿美元、为期 5 年的合同，完成美国陆军企业级训练支持系统（TSS – E）开发、交付与实施，为遍布美国本土与海外的现役、预备役及国民警卫队士兵、部队、指挥和执行任务装置提供网络化、集成与互操作的训练支持能力，提供基于 LVC 的游戏训练、任务人员训练以及技术支持。该项目将在 5 个主要任务领域提供广泛的训练服务和解决方案，包括可持续发展项目、作战训练中心支持、复杂综合性任务以及陆军的 LVC 仿真集成架构（LVC – IA）支持、士兵训练支持和训练发展支持等。2 月下旬，英国国防部发布了其下一代联合火力综合训练系统（JFST）的招标邀请，该项目预计 2700 万 ~1.1 亿美元之间，明确要求支持 LVC 仿真，并具有可扩展性。

在新技术新需求推动下，LVC 体系架构不断拓展，如 LVC – IA 目标是适应陆军训练需求，为士兵、部队、指挥和执行任务装置提供网络化、集成与互操作的训练支持能力；实况虚拟构造和游戏（LVC – G）融合人工智能、虚拟现实和增强现实等先进技术，将 LVC 和游戏整合到共同的训练环

境中，使陆军更容易管理陆、海、空、天和网络领域的集体训练。美国空军正在探索安全实况虚拟和构造先进训练环境（SLATE），以提出通用解决方案，解决训练任务中 LVC 集成带来的互操作问题和安全问题。2018 年 6 月至 9 月中旬，美国空军在内华达州的内利斯空军基地举行了为期 4 个月的 SLATE 先进技术演示活动，展示了实况美国空军 F－15E 和美国海军 F/A－18/F 飞机的连接，以及与虚拟 F－16、F/A－18 仿真器的互联互操作，实现在高度安全的虚拟环境中构建计算机生成兵力。同时，LVC 集成仿真中间件持续升级、集成适配标准持续完善，典型的如美国空军起草的仿真器通用体系架构要求和标准（SCARS）正式颁布，将美国军方"四大军种仿真器必须联网，为未来战斗做好准备"的要求推进到实施阶段。

在 LVC 技术应用方面，LVC 在训练和仿真领域的应用持续深化，效果突出，同时其应用逐渐拓展至测试与评估领域。美国海军空战中心飞机分部的测试和评估团队利用创建的 LVC 环境，在 2018 年 4 月成功完成了 P－8A 海上巡逻机任务系统的测试和评估，首次将整个 P－8A 沉浸在这种动态 LVC 环境中，以测试其平台上的任务系统，这是有史以来第一次通过 LVC 手段完成动态敌我识别问答机工作验证。另一个例证是 2018 年 11 月，DARPA 在 LVC 环境中开展为期 3 周的"拒止环境中协同作战"（CODE）项目系列试验，由 6 架真实和 24 架虚拟无人机共同演示验证了装有 CODE 的无人机系统能够在"反介入/区域拒止"环境中适应环境变化并做出恰当的响应。

三、货架仿真平台技术性能持续提升，战略推演仿真平台成为发展新热点

2018 年，货架仿真平台软件吸取新技术新成果，不断推出新版本，增

强功能、提升性能。Teledyne 技术公司的子公司 Teledyne Brown 工程公司于 2018 年 2 月赢得了美国陆军太空和导弹防御司令部 4570 万美元任务订单，用于扩展防空仿真系统（EADSIM）升级，该软件由作战指挥员、训练师和分析人员使用，提供了一个单一的、集成的、模块化的、可扩展与可重构的空中、空间和导弹作战仿真能力，以仿真评估当前与未来的防御系统在全面作战环境下的性能和有效性。5 月，波希米亚互动仿真公司发布了两款软件开发工具包，VBS3 和 VBS Blue IG，并且从 VBS3 开始，将 Pitch Talk 集成到 VBS 中。运用云计算、人工智能、虚拟现实、增强现实技术，VBS 在人工智能行为编辑、人工智能车辆路径搜索、无线电和语音通信模拟、虚拟现实/增强现实训练模式支持等方面有很大进展。12 月，美国陆军选择 Riptide 软件公司作为新一代计算机生成兵力系统（OneSAF）主要承包商，并授予一份为期 6 年价值 1.03 亿美元的合同。OneSAF 仿真产品具有从火力单元到营连级别的所有战斗和非战斗单元的建模能力，提供虚拟的用户操作界面，支持从概念建模、体系结构设计到软件开发和集成测试的全过程，以降低仿真系统全生命周期维护和开发成本。

2018 年，战略推演仿真成为研究新热点。DARPA 正在积极探索一种先进战略作战推演工具，该工具具备一定的精确判断能力，能够用来防止未来战争中战略性错误和不切实际的装备采办计划，以避免灾难性后果的发生。DARPA 所设想的作战推演与常规作战推演正好相反，大多数常规作战推演是针对一个特定的作战计划，模拟作战效果，并针对方案的弱点和风险项进行改进，而 DARPA 想要的是一个预定的作战结果，寻求达成结果的手段，更像是研究开发一种基于人工智能的决策支持手段，通过引入人工智能和社会科学的成果，考虑不同经贸关系、外交关系、军事布局、军事行动、基础设施等各种因素对实现各种战略目标的影响。2018 年初，DAR-

PA 公布了一份"需求清单",以了解工业界和学术界是否能够提供有效的解决方案,帮助美国军方解决这一问题,创造一个有效的战略仿真推演系统。

四、仿真平台在武器系统全生命周期的支撑作用越来越凸显,衍生发展数字工程、数字孪生等新兴应用模式

仿真平台作为促进仿真"更好、更快、更经济"发展的关键使能技术,在武器系统论证、设计、研制、鉴定评估和使用维护全生命周期过程中发挥的作用日渐突出,是推动基于仿真的采办、基于模型的系统工程等概念落地的关键基础设施。随着美军实施数字工程转型,对仿真平台的发展和应用提供了更广阔的空间。

2018年2月,美国国防部增设研究与工程副部长,重新设计国防部研究—工程—采办—维护流程,突出技术创新与管理创新。2018年6月,美国国防部研究与工程副部长迈克尔·格里芬签发《国防部数字工程战略》,强调武器系统和组件的数字表示,要求把数字虚拟实体作为国防采办利益相关方之间沟通的技术工具,用于国防系统的设计和维持。新发布的《国防部数字工程战略》明确了数字工程的战略目标,并要求各军种在2018年度内完成相应数字工程执行计划的制定。作为一种集成的数字化方法,数字工程使用装备系统的可信数据源和模型源作为全生命周期中的连续统一的基础资源库,支撑从概念到报废处理的所有活动。美军推进数字工程旨在将以往线性、以文档为中心的采办流程转变为动态、以数字模型为中心的数字工程生态系统。该生态系统主要由技术数据管理、工程知识管理和技术评估三个相互嵌套的群落构成,数字系统模型、数字线索和数字孪生是纵向贯穿数字工程生态系统的纽带，提供了端到端集成、权威性、系统全生命周期的数字表示。美国国防部计划2020年前完成数字转型重构的路线图，并给出了数字工程推进的7个成熟度等级。

数字孪生作为沟通虚拟世界和物理世界的有效方法，连续4年（2016—2019年）成为Gartner推荐的战略技术之一，通过数字孪生技术的使用，将大幅推动国防产品在设计、生产、维护及维修等环节的变革。2018年9月，微软公司在"2018年度Ignite大会"开幕式上，宣布推出名为Azure数字孪生的物联网应用服务，用以构建一个可以随时与物理世界同步更新的定制化数字方案，并能利用高级分析功能理解过去和预测未来。据估计，到2020年全球互联传感器与端点将超过200亿，数字孪生将服务于数十亿个实物。未来物理世界中的实物都将可以使用数字孪生技术进行复制。从根本上讲，数字孪生是以数字化的形式对某一物理实体创建虚拟模型，来模拟其在现实环境中的行为，以对过去和目前的行为或流程进行动态呈现，有效反映系统运行情况，从而对不可预测的情况进行更加真实和全面的检测。数字孪生本质上是一种建模仿真技术的应用延伸，数字孪生的出现和发展对建模仿真技术提出了越来越高的需求，仿真技术已不再是简单地解决特定工程问题的计算机工具，而将作为一个核心功能嵌入到产品的整个生命周期中。

五、新型作战概念演练牵引仿真平台新需求，电子战测试环境性能得到跨越式发展

美军依托试验资源管理中心，不断发展其联合任务环境试验能力（JMETC），以实现地域上分布的试验靶场、训练基地、实验室以及演习部

队互联。截至 2016 财年，JMETC 已连通了 115 个政府与工业客户站点，支持了 70 余项分布式 LVC 试验和训练活动，推动研、试、训、评一体化联合任务环境仿真水平不断提升，拓展其向网电、多域战、社会系统等领域的应用，推进仿真平台的发展和能力的提升。

在网电对抗方面，2018 年 1 月，雷声公司演示了概念验证的网络训练系统——持续性网络训练环境（PCTE），在其最新版本中，佩戴虚拟现实护目镜的用户可以访问和定制网络作战中心，同时，在任务演练区域可以看到不同的网络工具和技术对网络的影响，旨在让美国军方领导和士兵更易理解如何部署网络能力和防御数字攻击。雷声公司希望通过演示，展示其在网络对抗仿真领域的能力，以竞争美国陆军牵头采办、总合同价值高达 7.5 亿美元的国防部网络使命任务部队的训练靶场。6 月，美国 SCALA-BLE 公司发布 EXata 6.2 新版本。该版本增强了现有网电模型库，增加了网络攻击模型和流量建模工具，这些更新为网络攻击和网络建模、仿真、测试和分析提供了提高生产率和增强方法的途径。该软件在 10 月美国空军太空司令部举行的"施里弗演习 2018"中发挥重要作用。该演习设想在 2028 年，位于美军印太司令部辖区的某个与美国太空与网络实力相当的大国，试图利用太空与网络开展行动来实现其战略目标，挑战美国民用与军用太空系统及能力的全频谱作战威胁场景。

在多域战方面，2018 年 11 月，洛克希德·马丁公司阐述了其可在未来多域作战中支持军队跨域无缝对接的技术，以及针对多域战的技术解决方案，以回应美国空军作战司令部和陆军作战司令部正在联合制定的多域战作战理论和作战条令。自 2017 年 4 月以来，洛克希德·马丁公司基于其研制的多域战推演平台，与美国空军和陆军多次举办桌面推演，重点聚焦整合空中、太空和网络领域的指挥控制任务规划过程，以达到理解概念以及找到技术解决途径。通过这些兵棋推演活动，验证新一代多域战（2.0）概念。同时，该公司及其军事合作伙伴在多域战通用方法、同步跨域效果、组织分布式规划团队、使用工具和决策辅助工具进行可视化和动态集成规划等方面积累了经验，为跨域无缝连接系统的实现打下基础。

2018年5月，在仿真测试评估方面，诺斯罗普·格鲁曼公司宣布为加利福尼亚州海军空战中心武器部门提供其最先进的电子战测试环境，可精确模拟真实作战电子环境，用于评估F-35战斗机在真实作战任务下的表现。该测试环境由战斗电磁环境仿真器、信号测量系统和其他激励器组成，各部分由同步控制系统协调控制。其中，测试环境的核心是战斗电磁环境仿真器，它能模拟多个同时发射的射频信号以及各类静态和动态平台的特征，高逼真度模拟战争状态，使用先进脉冲式高速直接数字合成器技术来生成逼真的电子战任务场景；信号测量系统能提供宽带信号的测量、记录和分析功能，用于验证测试环境以及评估待测系统的性能；同步控制系统提供多频谱测试场景的集成工具，包括威胁雷达、通信信号、雷达和光电/红外特征，并控制所有激励器的执行，以确保测试环境的一致性。

六、结束语

2018年，纵观国外仿真支撑环境与平台技术的发展，有三个特点值得重视：一是基于LVC仿真与训练的重视程度越来越高，投资巨大，衍生出LVC-IA、LVC-G、SLATE等扩展架构，应用领域也不断拓展，LVC仿真支撑平台发展前景广阔；二是国家层面倡导面向武器系统全生命周期的数字工程、数字孪生等新兴采办模式，建模仿真作为数字化核心技术，在新模式中的支撑作用越来越凸显，推动相关仿真工程支撑平台技术的快速发展应用;三是充分利用人工智能、云计算、大数据等新兴战略技术的新概念、新方法和新成果,布局 MsaaS 等新一代仿真支撑平台体系结构,牵引出仿真支撑环境和平台新需求和新能力,持续提升仿真资源互操作、可重用和可组合能力。总之,仿真支撑平台作为仿真关键使能技术,它的发展必将继续推动建模仿真技术在军事领域更深、更广和更好的应用。

(北京仿真中心航天系统仿真重点实验室
卿杜政 蔡继红 张晗 张连怡 杨凯)

2018 年仿真应用技术发展综述

2018 年,随着美国等西方发达国家新国家安全战略的提出,现代产业对新技术的引进速度不断加快,推进研发过程向快速部署模式转变,仿真技术与人工智能、机器学习、增强现实/虚拟现实/混合现实技术、增材制造等新兴技术正在实现深度融合,仿真技术在装备研制、试验鉴定评估、作战训练、军事演习等领域的应用不断取得新突破,持续支撑网络战、电子战、多域战、城市战以及无人系统蜂群作战等新型作战概念"落地"。

一、数字孪生从概念走向现实,采办过程加速向"全面数字工程"转型

(一)数字孪生应用探索不断深入

美国空军早在 2011 年制定未来 30 年的长期愿景时就采纳了数字孪生概念,并在 2013 年发布的"全球地平线"顶层科技规划文件中,将数字孪生视为"改变游戏规则"的颠覆性机遇之一。2018 年,数字孪生技术的应用

得到不断深入。例如：2018年2月，美国海军测试宙斯盾"虚拟双机"作战系统，在巡洋舰或驱逐舰上完成了对新升级系统的测试，而没有对舰船的实际作战系统和操作能力产生干扰；美国空军与波音公司合作构建了F-15C机身数字孪生模型，开发了分析框架，实现了多尺度仿真和结构完整性诊断，以及残余应力、结构几何、载荷与边界条件、有限元分析网络尺寸和材料微结构不确定性的管理与预测；英国谢菲尔德大学先进制造研究中心智能制造团队采用虚拟现实建模技术对波音公司在欧洲建立的首家工厂进行布局规划和离散事件仿真，以确定新工厂的潜力并验证生产力目标；12月，美国国家国防制造和加工中心宣布创建V4协会，旨在通过虚拟验证、确认和可视化为产品开发与制造提供保障；俄罗斯联合发动机制造集团和萨拉夫工程中心在发动机制造业数字化领域展开合作，主要方向包括研究和优化发动机及其零部件的数字孪生。

（二）美军采办过程加速向全面数字工程转型

近年来，美军越来越认识到实施数字工程将成为美军迎接数字时代、完成数字转型的关键。2018年6月，美国国防部发布全面的《数字工程战略》，强调武器系统和组件的数字表示，要求把数字虚拟实体作为国防采办利益相关方之间沟通的技术工具，用于国防系统的设计和维持。该战略明确了国防采办数字工程制度化的五大战略目标：一是建立开发、集成和使用模型的正式流程，以为各团体和项目的决策提供信息输入；二是提供一个持久、权威的事实来源；三是注入能够提升工程实践的技术创新；四是建立一个保障基础设施和环境，能使不同部门开展活动、协作和沟通；五是改造文化和人员，以适应和支持全生命周期的数字工程。

二、半实物仿真技术取得新进展，新型仿真设施推进高超声速装备的研发

（一）提出了"分布式实时协同仿真即服务"的概念及面向发动机、物联网等领域的半实物仿真方案

2018年2月，德国亚琛大学提出了"分布式实时协同仿真"的概念，用于大型电力网络的仿真，以解决网络节点动态、不确定变化情况下的边界能力验证问题；4月，加拿大多伦多大学完成了一维动力模型的开发与校准，成功应用于活塞式发动机的半实物仿真；3月，德国帕德博恩大学提出了一种针对大型车联网的半实物仿真集成测试方案，用于快速原型车辆电子控制器的验证；5月，德国凯撒斯劳滕工业大学提出了一种面向物联网的半实物仿真集成方案，实现了不同通信系统、领域、平台和协议间的互操作性验证；4月，韩国延世大学完成了用于演示多航天飞行器邻近操作的半实物试验床开发，实现多航天器邻近操作时自主导航、制导与控制算法的验证。

（二）新型试验设施的建设不断推进高超声速装备研制进度

NASA完成了一种新型倾转旋翼试验台的建设，即一种全尺寸旋翼螺旋桨试验系统，用于检验旋翼螺旋桨在更高速度和功率状态下的性能，并且于2018年8月创造了一项达到505.2千米/小时的纪录，目前为这一尺寸的螺旋桨在任何风洞中达到的最高试验速度，并完成了控制变化、电机功率检测、温度和振动效应等试验，收集的数据包括35组空速加旋翼风速角的数据，以及从直立（直升机模式）到平直模式（飞机模式）模拟从垂直起飞到高速平飞转换的飞行状态等数据。

美国圣母大学建成全美最大的马赫数 6 的高超声速静音风洞设施,该大型静音风洞的喷管直径达到了 24 英寸(约 0.6 米),是美国此前最大的高超声速静音风洞的 2.5 倍,最大限度地减少了传统高马赫数风洞中存在的声学干扰。该设施质量接近 5 吨,用于预测和控制高超声速边界层转捩等研究,支撑设计未来高性能高超声速飞行器研发。此外,针对未来高超声速飞机发展,美国正在对普渡大学马赫数 8 的高超声速静风洞和圣母大学马赫数 10 的高超声速静风洞建设开展论证。

三、新技术的融合促进环境仿真服务精细化,新型数字仿真/人在回路仿真设施促使装备能力不断升级

(一)云计算/增强现实等技术的深度融合,不断提升环境仿真的精度和服务能力

波希米亚互动仿真公司发布了最新版 VBS Blue IG,其是一种基于云计算的 3D 仿真器,与通用图像接口标准兼容,具备 3D 全球图像生成能力,具有地球特有的圆形程序渲染和编辑功能,可以摄取任何地形数据类型,从而实现超高速地形生成,适用于来自陆地、空中和海洋的所有适用用例,包括多通道 IG 配置以及基于虚拟现实的训练应用程序等。

美国陆军研究实验室利用 Lattice–Boltzmann 方法开发了一种计算机模型,可有效地模拟复杂环境中大气湍流的行为,包括城市、森林、沙漠和山区。士兵可以使用计算机提前预测天气模式,并更准确地评估战场上飞机的飞行条件。

美国哈里斯公司正在开发一种高光谱传感器战场视觉增强技术,可以让人在普通颜色之外,看到每个物体或材料发出的独特电磁能特征。这种

由高光谱传感器实现的新型成像可以帮助士兵在严苛的环境或距离条件下识别物体，可为态势感知提供更精细的战场视图，并采用人工智能、机器学习和其他复杂的处理技术，确保战场影像准确度。

（二）建立数字仿真／人在回路／电子战仿真等试验设施，积极推进武器装备系统能力的不断升级

2017年5月，美国国防部发布的2018财年国防预算申请中，用于导弹防御的预算申请为99亿美元，其中导弹防御局预算申请为79亿美元，同比分别增长8.7%和5.1%。2018年，完成了对"宙斯盾"系统的建模仿真和地面试验后，导弹防御局和作战司令部掌握了"宙斯盾"系统的作战能力基线。建设的设施主要包括：一是为机载先进传感器、杀伤器模块化开发的体系架构试验床；二是事前和事后性能预测和评估等数字仿真和人在回路试验设施；三是跟踪、识别和传感器数据融合算法。

2018年6月，诺斯罗普·格鲁曼公司为美国海军提供先进的F-35电子战仿真能力，即在复杂电磁频谱环境下执行任务的测试环境。该环境由诺斯罗普·格鲁曼公司的作战电磁环境仿真器、信号测量系统、其他激励器、同步控制器系统等组成，提供在现实任务场景中评估F-35所需的测试控制能力。环境的核心是作战电磁环境仿真器，它可模拟多个同时发射的射频发射器以及静态和动态平台属性，实现对真实战争状态的模拟。其中：作战电磁环境仿真器先进的脉冲生成高速直接数字合成器技术用于生成逼真的电子战任务场景；信号测量系统提供宽带信号测量、记录和分析功能，用于验证测试环境和评估待测系统的性能；同步控制器系统提供了一个集成多光谱测试场景的工具，包括威胁雷达、通信信号、雷达和光电／红外信号。同步控制器系统还通过所有刺激器来管理场景的执行，以确保一致的多光谱测试环境。

综合动向分析

四、仿真技术在武器装备作战试验鉴定中得到全面深入应用，网络/太空等新型作战空间的仿真能力显著提高

（一）积极推动仿真技术在作战试验鉴定中的全面深入应用

2018年5月，美国空军第53联队司令官登普西将军针对"多域战"提出一种实施一体化试验鉴定的"Deep–End"理论，重点强调以下三点：一是交付能力的综合方法；二是按照希望的最终状态度量性能，而非规范符合性；三是借助大数据仓库的一体化试验管理策略。基于此理论重新定义的试验方法，是一种一体化/混合试验方法，支持针对多重目标收集彼此的数据，可暴露更多、更复杂的多域环境，要求作战试验人员持续早期参与，有助于更早实现预期的最终性能，指出以"联合试验鉴定方法"（即能力试验方法）和"联合任务环境试验能力"为代表的能力试验与分布式试验，是适应未来信息化战争的一体化联合作战及多域战等新型作战样式的试验与鉴定最佳方法，其核心理念是"像作战一样进行试验和训练"，实现更完善的基于能力的一体化试验鉴定，将是武器装备体系试验与鉴定的未来发展方向。

2018年12月，发布的《作战试验鉴定2018年年度报告》显示，2018年美国国防部进一步加大了建模仿真设施建设的投入。一方面，持续开展建模仿真数据与真实系统/真实环境性能数据的比对，以加强模型的VV&A；另一方面，进一步实施"向左移"策略，将建模仿真工作前置，促进"模型—试验—模型"迭代改进机制高效运行。2019年，将继续挖掘基于仿真的试验鉴定潜力，聚焦"软件密集型系统试验、在系统研发早期开展作战试验鉴定、前沿技术试验鉴定、改善试验环境以及试验鉴定队伍建设"等

五方面工作。

（二）完善太空/网络空间仿真测试条件，不断提升仿真分析与评估能力

2016 年，DARPA 启动了"霍尔马克计划"，旨在开发创新的太空评估和分析测试平台，用于实现实时太空指挥控制。该计划分三个阶段实施：第一阶段创建软件测试平台和"太空企业级分析能力"，并通过初步集成一些工具来形成太空企业级指挥与控制的功能基线；第二阶段通过进一步的系统研发和工具集成，形成更强大的基线；第三阶段形成成熟的基线，提供更多功能，并解决迁移问题。2018 年，完成了第一阶段的部分工作。一是完成了"Hallmark 软件测试平台"的开发，其为"太空评估与分析能力"测试平台的主干，部署于北弗吉尼亚，执行试验和基于作战想定的演习，支持太空指挥与控制相关软件和决策支持程序的研发、集成、建模仿真和实际测试，最终促进将技术快速集成到未来太空指挥与控制系统；二是完成了"Hallmark 工具、能力和评估方法"部分的开发，可将 11 家机构负责研发的独立模块化软件工具集成到测试平台。

2018 年，美国空军与兰德公司开展合作研究，探索如何采用与评估动能效果类似的方式，来确定非动能打击效果的特征，以便更好地定义和审视空军在当前与未来战争中的作战态势。由于网络或电子干扰等非动能武器很难直观地展现其效果，使得计划制定和运用的效果难以预测。雷声公司已开发出一套仿真分析评估工具，用于帮助指挥官制定作战概念，提高使用新兴技术的信心。美国导弹防御局探索了该工具的多种用途，如制定体系集成/接口需求、评估可选的体系结构和作战概念、兵棋推演及作战司令官计划制定等。尽管这些新兴能力没有"爱国者"导弹那样经过验证的数据记录，但这些能力的评估工作已迈出了第一步。

五、开放式 LVC 仿真体系架构及集成方案不断涌现，增强现实/虚拟现实/混合现实技术推动模拟训练水平跨越提升

（一）不断完善实况虚拟构造仿真集成架构（LVC-IA），实现信息化装备和仿真资源的深度融合

一是探索开放式 LVC 仿真架构。2017 年 6 月，北约建模仿真卓越中心成功构建由来自 11 个国家/组织的多个仿真系统组成的复杂 LVC 仿真联邦，广泛开展互操作性方面的探索、实验、审查、演习。随着 LVC 训练和仿真环境面临的网络安全威胁和风险日益上升，需要采取减少攻击面、建立信任以降低风险、快速识别并降低风险等措施，降低 LVC 训练中发生意外事故的概率。2018 年 10 月，美国国防部指出应在安全的信息技术架构上构建 LVC 环境，最大限度地降低网络安全风险并确保完成任务。

二是多家公司提出了一流的 LVC 仿真集成方案。2018 年 2 月，全球仿真领先软件公司 CAE 联合罗克韦尔·柯林斯公司合作推出了能够满足 F-35 等第五代飞机研制和飞行训练需要的 LVC 分布式仿真平台解决方案；3 月，立方全球防务公司提出了 NextTraining 战略，将实况—虚拟—构造仿真和游戏（LVC-G）仿真进行集成，用于支持美国陆军的任务训练复杂能力支持（MTCCS）项目；2018 年，诺斯罗普·格鲁曼公司在 4 次"红旗"军事训练演习中应用"实况—虚拟—构造实验集成和作战套件"（LEXIOS），并提供 LVC 专业支持。

三是积极利用 LVC 仿真提升战备能力。2018 年，美国空军研究实验室完成了一项安全的实况虚拟和构造训练环境（SLATE）演示，提高了空军第四代和第五代战机训练质量；美国空军国民警卫队制定了一项旨在支持

正规训练的业务基础设施计划，目的是为联合作战人员提供相关的训练机会，支持通过（空中储备组件网络）和其他分布式训练业务中心相连的网络进行频繁、小规模、高逼真度的训练活动；美国海军空战中心飞机分部测试和评估团队首次将整个 P-8A 沉浸在动态 LVC 环境中，并成功完成了 P-8A 海上巡逻机任务系统的测试和评估，计划时间从 6 个月减少到不到 4 周，成本从 1200 万美元减少到 80 万美元，试验数据量从原先的 4 小时增加到约 15 小时；2018 年 11 月，美国海军开设一个新设施，支持工业界、政府和学术界的成员全年开展 LVC 训练计划。

四是 LVC-G 促进综合训练环境的建立。2018 年 5 月，美国陆军发布了建立统一的虚拟训练架构体系计划草案，以实现士兵随时随地进行逼真的作战训练，并改善整个陆军环境下的训练管理，计划将当前的实况—虚拟—构造和游戏（LVC-G）训练环境整合到一个共同的环境中，使美国陆军更容易管理陆、海、空、天和网络领域的集体训练，并将通过国防部信息网络遍及全军。美国陆军正在寻求非专有的、开放的接口以及数据模型，以促进内部组件和外部服务之间的互操作。

五是采用新技术降低训练模拟器的成本。2018 年 11 月，洛克希德·马丁公司在国家训练和仿真协会的跨军种/工业部门训练模拟和教育年度会议上宣布，将利用增材制造等技术降低 F-35 联合攻击战斗机全任务训练模拟器的价格，2019 年训练模拟器的成本已经降低了 25%。模拟器驾驶舱的 3D 打印将所需部件从 800 个减少到 5 个，预计未来 5 年内将节省 1100 万美元。此外，自动化技术在 F-35 训练模拟器生产线上的应用也为降低制造成本发挥了重要作用。2019 年，该公司将投入 3000 万美元用于研究降低模拟器维护成本的方法，并将利用基于新兴威胁的新虚拟训练环境对模拟器进行升级；将对模拟器增加新的功能，包括初始分布式任务训练、功能和

Block 4 训练系统升级等，实现在模拟环境中将 F-35 与 F-22 或其他第四代战斗机联系起来，开展联合作战训练。

（二）虚拟/增强/混合现实等技术在模拟训练领域得到广泛应用

一是雷声公司为 DARPA 提供虚拟现实控制无人机群。2018 年，雷声 BBN 技术公司创建了一个虚拟现实界面，支持单个用户控制大量廉价的无人驾驶机，已经完成了多达 50 架无人机的测试。无人机通过便携式计算机的 Wi-Fi 与"群体战术家"进行通信，战术家通过 HTC Vive 和一对控制器与环境进行交互。

二是 L3 链路训练和仿真公司推出了 Blue Boxer™ 扩展现实（BBXR）可部署训练系统，作为其军用航空训练平台系列的最新解决方案。BBXR 便携式训练系统利用混合虚拟现实、高精度手部跟踪与物理仪表板的准确触觉来实现对飞机飞行特性和作战飞行程序的仿真，将物理和虚拟任务设备的功能与训练进行结合，实现在模拟环境中的演练或作战。BBXR 支持单个或多个实体以各种技能飞行，从基本熟练到战术作战，包括任务规划、起飞、编队和不同级别的复杂空对空任务。它提供无限的可扩展性，可以将多个飞行员联网，在世界任何地方进行综合或联合训练。

六、基于云计算和大数据的智能仿真技术不断升温，频繁举行仿真推演和军事演习实现新作战概念的"落地"

（一）加快军用云仿真平台布局，人工智能/大数据与仿真紧密融合、应用潜力得到不断挖掘

一是北约建模仿真组织 2017 年底成立 MSG-164 工作组，研讨快速部署可互操作和可信的仿真环境，并提出了 MSaaS 作战概念文档和治理概念草案，在 2018—2021 年研究期内通过常规演习和专门评估活动对 MSaaS 进行验证，以推动和促进 MSaaS 战备水平。

二是美国国防部发布《2018 年人工智能发展战略规划》，希望通过推动国防部加速融入人工智能、大数据及机器学习等关键技术，将大量数据快速转换为具有实际价值的情报及思路；美国海军陆战队寻求利用大数据分析和类似 IBM "沃森"的人工智能平台，将高级分析、可视化、模型和仿真结合起来，创造一个辅助高层领导做出一系列决定的环境；欧洲防务局启动名为"MODIMMET"的大数据与人工智能仿真研究项目，旨在使用深度神经网络来仿真混合战争情况下不同参与者的行为。

三是美国"数据中心海军战术云"融合了大数据技术和高级分析技术，旨在提供前所未有的数据访问能力和更强的计算能力，以实现更大范围的指挥控制优化；"军事云 2.0"将军用网络与商业"云"基础设施连接起来，有效支撑军用仿真与数据分析工作。

（二）积极探索利用仿真技术手段，支撑新作战战略和概念的细化完善

一是开展基于仿真的体系集成试验和兵棋推演，完成"多域作战"概念的验证评估。2018 年 7 月，DARPA 与洛克希德·马丁公司在美国海军空战中心完成"体系集成技术与试验"（SoSITE）项目多域组网飞行试验，实现了地面站、地面驾驶舱仿真器、C-12 指挥机、试飞飞机间异构系统的集成，演示验证了"空中分布式作战"理念；11 月，美国空军为探索"多域作战"概念，改进对空中、太空和网络作战部队的指挥控制，实现更为动态和敏捷的作战指挥，开展了杜利特尔系列仿真演习，洛克希德·马丁公司为此进行多次兵棋推演，研究如何跨域指挥控制，提高空中、太空和网络领域的协同作战；英国皇家"勇士鹰"演习举行了多场兵棋推演，汇集了英国皇家空军、陆军、海军、联合部队指挥部、国防情报部门的军事人才，重点关注 2030 年的战争，验证空陆与海空一体化、复杂战场上的多域（空间与网络）整合。

二是持续提升网络电磁战仿真能力。DARPA 于 2017 年 4 月宣布，下一代电磁频谱仿真器"罗马竞技场"正式投入使用，为电磁频谱军民应用测试仿真提供有力支撑；同时积极推动"认知电子战"技术开发、试验和验证，有望在 10 年内实现自主对抗敌方系统能力；美国陆军网络司令部 2018 年 10 月发布项目指南，希望整合其目前分散于各处的网络训练设施，使美军网络战单位可从 7 个不同地点登录并参与类型广泛的网络攻防演练；2018 年 4 月举行的"网络风暴Ⅵ"演习，重点演练了关键制造业和运输业关键基础设施遭受攻击后应急处置方案。北约连续举办代号为"锁定盾牌"网络防御演习。

三是通过兵棋推演提升多域指挥与控制能力。2018 年 8 月，洛克希德·马丁公司举行了第四次兵棋推演，由空、天、网络各界专家组成综合团队，通过指控与控制单元共同工作，代表"太平洋"国家利益，进行任务计划，并产生动能和非动能效果。此次推演验证"任务软件基线、网络攻击仿真器、iSpace 指挥控制系统、多域同步效果工具、空中任务命令管理系统"等，这几个系统能够从遍布世界的传感器中融入数据，实现与部队快速通信，增强各指挥与控制系统之间信息共享及互操作的能力，提高规划和决策速度。

七、总结

纵观军用仿真应用发展现状及趋势，军用仿真技术注重需求牵引、新兴技术运用、体系配套、跨域联合、滚动发展。以美国为例，其大多数作战仿真系统都是以国防部或各军兵种提出的军事需求为依据进行建设的，在建设过程中积极采用新兴技术提升仿真技术水平。2018年，在网络战、电子战、多域战以及无人系统蜂群作战的军事需求牵引以及人工智能、机器学习、虚拟/增强/混合现实技术、增材制造等新兴技术的推进下，国外军用仿真技术在以下方面取得重大进展：①面向新战略新概念的作战推演；②大数据/人工智能等新兴技术与仿真的深度融合；③面向跨域的开放式仿真集成体系架构；④太空网络电磁战仿真能力；⑤虚拟现实/增强现实技术在军事训练领域广泛应用。

（北京机电工程研究所　李海凤　孔文华）

重要专题分析

ZHONGYAO ZHUANTI FENXI

"新一代人工智能+"时代的建模仿真技术发展研究

当前，一场新技术革命和新产业变革正在全球进行，一个"新一代人工智能+"时代正在到来。本文首先对飞速发展中的"新一代人工智能+"时代进行了解读，然后提出面向"新一代人工智能+"时代的建模仿真技术的含义，并探讨了"新一代人工智能+"时代对建模仿真技术提出的新挑战，之后提出了面向"新一代人工智能+"时代的建模仿真技术的研究内容，综述了国内外在智能系统建模理论与方法、智能仿真支撑系统技术以及智能仿真系统应用工程技术等方面的研究进展，最后给出了"新一代人工智能+"时代建模仿真技术发展的建议。

一、飞速发展中的"新一代人工智能+"时代

（一）新一代人工智能解读

人工智能发轫于1956年在美国达特茅斯学院举行的"人工智能夏季研讨会"，在20世纪50年代末和80年代初先后步入两次发展高峰，但因为技

术瓶颈、应用成本等局限性而均落入低谷。经过 60 多年的演进，当前在新一代信息技术引领下，特别是在移动互联网、大数据、超级计算、传感网、脑科学等新理论新技术以及经济社会发展强烈需求的共同驱动下，数据快速积累，运算能力大幅提升，算法模型持续演进，行业应用快速兴起，人工智能正进入新的发展阶段，新一代人工智能正应运而生。新一代人工智能可解读如下：

新一代人工智能可初步定义为"基于新的信息环境、新技术和新的发展目标的人工智能"，其中新的信息环境包括新互联网、移动设备、网络社区、传感器网络等；新技术包括大数据、高性能计算技术、新的模型与算法等；新的发展目标则包括由从宏观到微观的智能化新领域，包括智能城市、数字经济、智能制造、智能医疗等。

新一代人工智能的技术特征包括：数据驱动下深度强化学习智能，基于网络的群体智能，人机和脑机交互的技术导向混合智能，跨媒体推理智能以及自主智能无人系统。

新一代人工智能主要围绕模拟、延伸和扩展人的能力开展各类研究，包括：学习能力（如机器学习）；语言能力（如自然语言处理）；感知能力（如图像识别）；推理能力（如自动推理）；记忆能力（如知识表示）；规划能力（如自动规划）；执行能力（如机器人）等。

新一代人工智能技术正在向强人工智能、通用人工智能以及超人工智能等方向发展。

（二）"新一代人工智能+"时代解读

面对全球"创新、绿色、开放、共享、个性"的发展需求，基于新互联网技术、新信息通信技术、新人工智能技术、新能源技术、新材料技术、新生物技术等技术的飞速发展，特别是在新一代人工智能技术引领下，将新一代人工智能技术与新互联网技术（物联网、车联网、移动互联网、卫星网、天地一体化网、未来互联网等）、新信息通信技术（云计算、大数据、5G、高性能计算、建模/仿真、量子计算、区块链技术等）及国民经济、国计民生和国家安全等领域专业技术的深度融合，正引发国民经济、国计民生和国家安全等领域新模式、新手段和新生态系统的重大变革——"新一代人工智能+"时代正在到来。

二、"新一代人工智能+"时代建模仿真技术的挑战与内涵

（一）"新一代人工智能+"时代对建模仿真技术提出的新挑战

"新一代人工智能+"时代下，国民经济、国计民生、国家安全等领域的各类系统将呈现为一类新型人工智能系统，它是以新型互联网络及其组合为基础，借助新兴的信息通信科学技术、新一代智能科学技术及应用领域（国民经济、国计民生、国家安全等领域）专业新技术等三类新技术深度融合的数字化、网络化、云化、智能化技术为新手段，将信息（网络）空间与物理空间中的人/机/物/环境/信息智能地连接在一起的、提供智能资源与智能能力随时随地按需服务的一类新型智能服务互联系统。其系统特征是对全系统及全生命周期活动中人、机、物、环境、信息自主智能地感知、互联、协同、学习、分析、认知、决策、控制与执行；其实施内容是促使全系统及全生命周期活动中的人、技术/设备、管理、数据、材料、资金（六要素）及人流、技术流、管理流、数据流、物流、资金流（六流）集成优化，进而形成数字化、网络化、云化、智能化的产品、设备/系统和全生命周期活动；其目标是实现"创新、绿色、开放、共享、个性"的人类社会。

军用建模仿真领域发展报告

建模仿真技术作为认识世界和改造世界的"第三范式",其模式、手段和业态也必须随之发生重大变革。新型人工智能系统的发展对现有系统建模理论与方法、仿真支撑系统技术以及仿真系统应用工程技术都提出了新的挑战。

(1) 对建模理论与方法的挑战。主要分两个方面:一是对象认知建模(即一次建模)的挑战,针对对象的复杂组成、复杂环境和复杂交互关系,提出新认知系统建模方法,需要充分结合基于深度学习、大规模机器学习、分布式图计算存储、搜索引擎等新方法,解决建模对象的系统知识融合、知识推理和知识赋能等建模技术的挑战;二是对象机理建模(即二次建模)的挑战,针对复杂对象系统中存在连续、离散、定性/决策、优化等复杂行为,研究建模对象产生的全系统、全生命周期、各类机理的演化模型,研究突破模型行为描述语言易于使用、可视化编辑、动态解析等技术挑战。

(2) 对仿真支撑系统技术的挑战。主要包括以下六类技术:一是基于大数据机器学习的仿真试验设计方法研究,复杂大系统具有仿真试验因子众多、指标多、计算量大、运行周期长等特点,运用大数据和机器学习等方法,从已有的仿真试验因子中挖掘和学习关联关系等特点,解决找出满足仿真试验性能、准确性等方面约束的试验因子的技术挑战;二是高效能并行仿真引擎技术,运行于高效能仿真支撑平台的仿真引擎主要是针对复杂系统仿真的特点和需求,充分挖掘仿真系统的并行性在软件平台方面进行针对性设计和实现,解决高效能仿真引擎的高并发、高吞吐、高并行、高可靠性以及高效调用并行算法库等方面的技术挑战;三是研究基于跨媒体智能的可视化技术,主要是面向各类新型人工智能系统中虚拟场景计算和虚实融合应用,解决基于人工智能技术提供智能化、高性能、用户友好的可视化应用的技术问题；四是人工智能云/边缘仿真技术，由于新型人工智能系统的人、机、物、环境具有分布、异构特性，需要将各类资源和能力进行虚拟化、服务化，解决用户能按需获取各类资源和能力服务，进而开展数学、人在回路、硬件在回路/嵌入式仿真等各类仿真活动；五是智能化虚拟样机工程，包括支持各类新型人工智能系统中复杂对象多学科虚拟样机异构集成、并行仿真优化，解决全系统、全生命周期中人/组织、经营管理和技术，信息流、知识流、控制流、服务流集成优化；六是智能化仿真资源管理，基于大数据智能化仿真资源管理服务核心是仿真数据资源，对仿真资源的治理、整合是它持续的目标。如果对数据资源的管理能够达到一目了然，那么在它们基础上进行各种仿真试验和分析评估开发效率将大幅提高。

（3）对仿真系统应用工程技术的挑战。主要包括以下两类技术：一是智能仿真模型 VV&A 方法，包括对实现复杂仿真试验设计和复杂仿真系统智能化 VV&A 和可信度评估技术的学习推理方法的泛化能力，具有智能、高效的特点；二是大数据智能 VV&A 分析与评估管理技术，探索支持海量模型、海量任务及多用户并发访问仿真评估应用的需求，需要考虑大数据接入与存储管理、大数据云化、大数据分析与决策及大数据可视化与结果评估等应用模式与技术的研究。

特别指出，除了上述仿真理论、方法、技术挑战外，智能化高效能仿真计算机系统也面临三方面的挑战：①高性能高效能高通量仿真能力。将人工智能技术特别是深度学习等应用到仿真中，面临数据体量巨大、数据产生速度快、数据种类多、数据价值密度低等问题，解决这些问题，需要智能化仿真计算机具有高计算能力；高效、高带宽、低延迟的同步、通信网络能力；高性能、高容量、高可伸缩性的并行输入/输出（I/O）系统；

友好的复杂系统模型开发环境；多尺度、多学科异构系统的协同运行；低功耗；高可靠性；高可用性等。②仿真计算机与信息物理系统（CPS）接口技术。随着数据量和数据节点的不断增加，支撑平台接入的 CPS 规模不断增大，平台面临的负担也日益增加。对于获取数据产生的延迟对于时延敏感性实例来说是一个值得关注的问题。③基于大数据与人工智能算法的高效能仿真专用加速部件。主要面向深度学习类算法，采用大数据和人工智能专件智能处理的分布式并行加速处理技术，开发紧密耦合高性能计算系统协同优化的人工智能处理一体机。

（二）"新一代人工智能+"时代建模仿真技术内涵

"新一代人工智能+"时代建模仿真技术是指现代建模仿真技术与新型人工智能科学技术、新一代信息通信技术以及各类应用领域专业技术进行深度融合，以各类大数据资源、高性能计算能力、智能模型/算法为基础，以提升新型人工智能系统建模、优化运行及结果分析/处理等整体智能化水平为目标的一类建模仿真技术。

三、"新一代人工智能+"时代的建模仿真技术研究内容

随着新型人工智能技术的不断发展，作者团队提出了"新一代人工智能+"时代建模仿真技术，主要包括"新一代人工智能+"时代下的系统建模理论与方法、仿真支撑系统技术以及仿真系统应用工程技术等。

（一）"新一代人工智能+"时代的建模理论与方法

"新一代人工智能+"时代的建模理论与方法主要包括认识建模理论与方法和机理建模理论与方法，如图 1 所示。

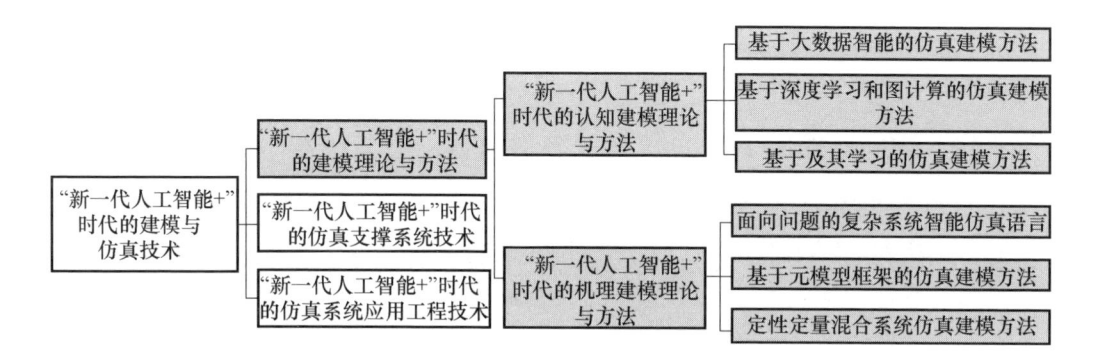

图 1 "新一代人工智能+"时代的建模理论与方法

"新一代人工智能+"时代的认知建模理论与方法主要包括：

（1）基于大数据智能的建模方法。新型人工智能系统由于其机理的高度复杂性，往往难以通过机理（解析方式）建立其系统原理模型，而需通过大量试验和应用数据对其内部机理进行模拟与仿真。基于大数据智能的建模方法是利用海量观测与应用数据实现对不明确机理的智能系统进行实体对齐、属性归一、冲突解决、知识补齐等仿真建模知识融合的一类方法。其主要研究方向包括基于数据的模型匹配、基于数据的实体匹配、概率生成模型和基于数据聚类分析的建模等。

（2）基于深度学习和图计算的仿真建模方法。新型人工智能系统环境下，可采集利用的数据呈爆炸式增长，同时基于深度学习的 GCN、DeepPath（RL）、KBGAN 等深度神经网络算法和关系挖掘、中心度分析、群体分析的图计算算法为面向新一代人工智能系统的知识推理建模仿真的发展与应用提供强有力的支撑。

（3）基于机器学习的建模仿真方法。机器学习方法已形成庞大的谱系，主要研究利用新型人工智能系统中机器学习方法进行仿真建模，在建模智能搜索问答式查询、图谱查询、可视化分析等各阶段综合应用先进的机器学习方法，是一种知识赋能的仿真建模方法。

"新一代人工智能+"时代的机理建模理论与方法主要包括：

（1）面向问题的复杂系统智能仿真语言。它是一种面向复杂系统建模仿真问题的高性能仿真软件系统。主要特点包括：①模型描述部分：由仿真语言的符号、语句、语法规则组成的模型描述形式与被研究系统模型的原始形式十分近似；②实验描述部分：由类似宏指令的实验操作语句和一些有序控制语句组成；③具有丰富的参数化、组件化的仿真运行算法库、函数库及模型库。它能使系统研究人员专注于复杂系统仿真问题本身，大大减少了建模仿真和高性能计算技术相关的软件编制和调试工作。基于该仿真语言能进一步开发面向各类专用领域（如军事体系对抗、多学科虚拟样机仿真等领域）的高级仿真语言。其主要研究内容涉及智能仿真语言体系结构，仿真语言中模型与实验的描述语言规范，建立基于高效能仿真计算机的仿真语言智能编译、执行框架等。

（2）基于元模型框架的仿真建模方法，服务于仿真建模知识融合。即研究通过元模型的顶层抽象，将多学科、异构、涌现的复杂系统进行一体化仿真建模的方法。主要包括：基于元建模的多学科统一建模方法，即研究复杂系统中连续、离散、定性、定量等多学科模型的统一建模方法；基于元建模的复杂自适应系统建模方法，即研究复杂自适应系统中各种类型系统组分间感知、决策、交互的一体化仿真建模方法。

（3）定性定量混合系统的仿真建模方法，服务于仿真建模知识推理。定性定量混合建模包括：定性定量统一建模方法，即研究包括系统顶层描述和面向子领域描述的建模理论和方法；定量定性交互接口建模，即研究将定量定性交互数据转化为定性模型与定量模型所要求的结构和格式；定量定性时间推进机制，即研究定量定性模型的时间协调推进机制。

（二）"新一代人工智能+"时代的仿真支撑系统技术

"新一代人工智能+"时代的仿真支撑系统技术如图2所示，主要包括：

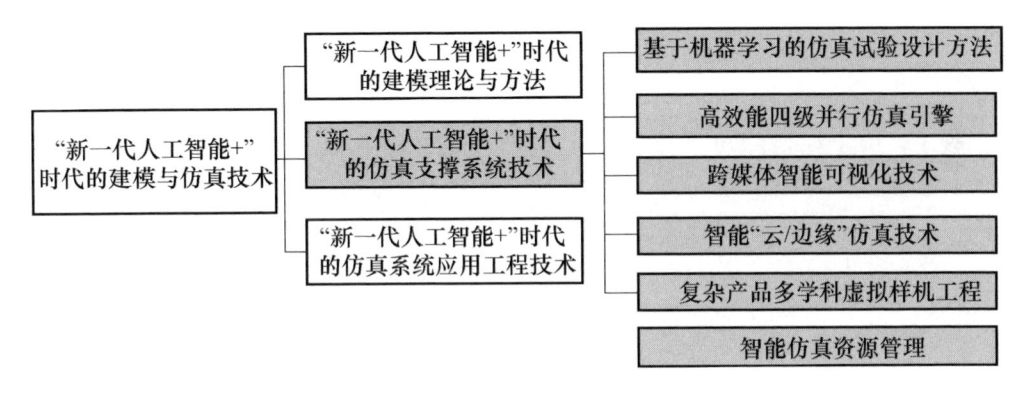

图2 "新一代人工智能+"时代的仿真支撑系统技术

（1）基于机器学习的仿真试验设计方法。复杂大系统具有试验因子众多、指标多、计算量大、运行周期长等特点。采用机器学习和数据挖掘等方法从已有的大数据中挖掘试验因子和指标间隐藏的关联关系，筛选出与指标关联性相对较大的试验因子；或者使用机器学习方法，如排序学习方法，以预测多个仿真参数设置的相对优劣为核心思想，对仿真任务的参数空间搜索进行优化，研究目标是大幅减少仿真的参数空间遍历任务数量，并提升参数空间搜索的准确性，从而大幅改善复杂仿真任务的响应时间，通过该技术的研究，形成面向大规模高性能仿真的试验配置选定。

（2）高效能四级并行仿真引擎。复杂系统仿真是面向典型复杂产品设计与制造、体系对抗模拟分析等用于对复杂系统运行状态和演化规律的分析和评估而构建的系统仿真技术。真实环境的复杂性和仿真精度要求及规模的增大使得现有计算机无法独立完成如此庞大的仿真任务，这就需要高性能平行计算平台的支撑。为充分利用超级并行 CPU + GPU 计算环境来加速新型人工智能系统仿真问题求解，研究高效能四级并行仿真方法，包括大规模仿真问题的作业级并行方法、仿真系统内成员间的任务级并行方法、联邦成员内部的模型级并行方法和基于复杂模型解算的线程级并行方法。

（3）跨媒体智能可视化技术。主要包括基于 GPU 群组的并行可视化系统技术和虚实融合技术。前者又涉及大规模虚拟场景的数据组织、调度技术，基于多机、多核技术的两级并行绘制技术，复杂环境中的不定形物高效可视化技术和实时动态全局光照技术等。

（4）智能"云/边缘"仿真。"云+边缘"是一种基于泛在网络（包括互联网、物联网、窄带物联网、车联网、移动互联网、卫星网、天地一体化网、未来互联网等）、服务化、网络化的高性能智能仿真新模式。它以应用领域的需求为背景，基于云计算理念，融合发展了现有网络化建模仿真技术，引入边缘计算等新兴信息计算，开展基于智慧云仿真/边缘仿真模式的仿真资源/能力接入。云计算、物联网、面向服务、智能科学、高效能计算、大数据等新兴信息技术和应用领域专业技术三类技术，将各类仿真资源和能力虚拟化、服务化，构成智能仿真资源和能力的服务云池，并进行协调优化的管理和经营，使用户通过网络、终端及云仿真平台就能随时按需获取（高性能仿真）资源与能力服务，以完成其智能仿真全生命周期的各类活动。

（5）复杂产品多学科虚拟样机工程。它是一类以虚拟样机为核心，以建模仿真为手段，基于集成化的支撑环境，优化组织复杂产品研制全系统、全生命周期中人、组织、经营管理、技术、数据等"五要素",以及信息流、知识流、控制流、服务流等"四流"的系统工程。其主要研究内容涉及虚拟样机工程多阶段统一建模方法、综合决策和仿真评估技术、综合管理和预测方法及多学科虚拟样机工程平台等。

(6)智能仿真资源管理。仿真资源开发管理由智能仿真资源库管理系统构成,针对仿真资源的治理和整合方面开展了基于大数据智能化仿真资源管理服务研究,针对仿真资源数据的特征,结合分布式文件系统,实现包含仿真资源获取、存储和组织功能、快速数据预处理功能和仿真数据智能化分析功能,需要针对不同用户角色进行仿真资源调度流程的自动化和模板化,满足用户信息安全和用户位置透明的要求,实现用户资源的持久化,资源智能化调度,智能的匹配资源需求,形成智能化仿真资源管理。

(三)"新一代人工智能+"时代的仿真系统应用工程技术

"新一代人工智能+"时代的仿真系统应用工程技术如图3所示,主要包括:

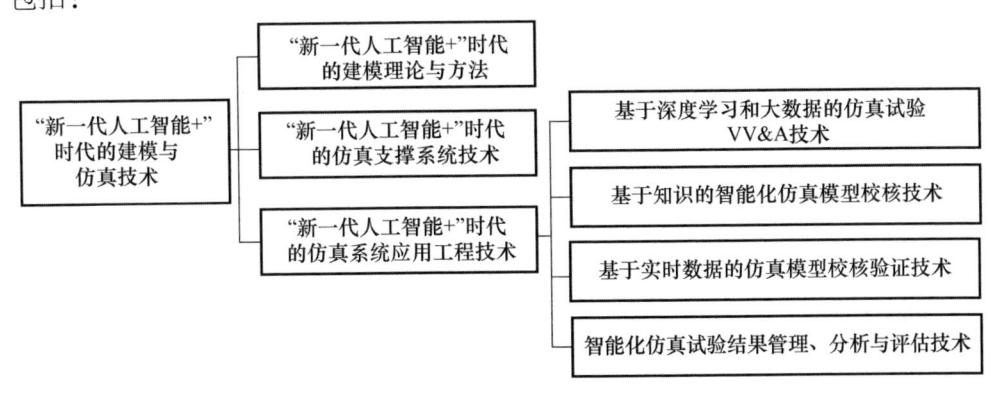

图3 "新一代人工智能+"时代的仿真系统应用工程技术

（1）基于深度学习和大数据的仿真试验 VV&A 技术。研究基于人工智能的仿真 VV&A 方法，主要包括全生命周期 VV&A、全系统 VV&A、层次化 VV&A、全员 VV&A 和管理全方位 VV&A 等技术。研究高效柔性的性能/效能仿真 VV&A 技术、网络化多人协同的 VV&A 技术、图形化和一体化的仿真 VV&A 技术。

（2）基于知识的智能化仿真模型校核技术。基于关联测度的复杂模型认知方法，基于信息关联认知图、模式图以及关联规则挖掘等构建仿真模型校核知识库；建立基于知识的复杂模型校核验证指标体系，将耦合因素和耦合度纳入到校核验证指标体系，更加真实和全面地进行复杂仿真系统模型校核验证；基于复杂测度和 DS 证据理论的复杂仿真模型定量/定性评估方法进行仿真模型校核验证。

（3）基于实时数据的仿真模型校核验证技术。研究在不影响仿真系统运行正确性的前提下，收集仿真模型的关键事件信息，用于验证模型属性的正确性；研究基于测试技术和模型检测技术的混成验证方法，对仿真系统属性进行快速验证。

（4）智能仿真实验结果管理、分析与评估技术。主要包括仿真实验数据采集技术、数据存储管理、仿真实验数据分析处理技术、仿真实验数据可视化技术、大数据标准与质量体系及大数据安全技术等智能化仿真评估技术和 Benchmark 技术（含两类用户、三类仿真）等。

四、"新一代人工智能+"时代国内外仿真支撑系统初步发展

（一）国内研究进展

近年来，国内在仿真支撑系统技术领域发展迅速，从早期的银河系列

仿真机，到 CISE++、COSIM、XSIM 等仿真支撑软件等，为"新一代人工智能+"时代仿真支撑系统发展打下良好基础。尤其值得一提的是本团队基于上述论述，研究开发了新型智能化高效能仿真计算机系统，它是融合了新兴计算机科学技术（如云计算、物联网、大数据、服务计算、边缘计算等）、现代建模仿真技术、超级计算机系统技术等三类技术，以优化"系统建模、仿真运行及结果分析/处理"等整体性能为目标的智能化高效能仿真计算机系统，也是本团队在"新一代人工智能+"时代仿真支撑系统的初步研究成果。

作者团队一直致力于智能化高效能仿真计算机方面的研究，智能化高效能仿真计算机体系结构如图 4 所示。高性能智能仿真计算机系统 I 型，完成了仿真计算机系统硬件平台的构建和支撑软件的集成；研制成先进的用于复杂系统建模仿真的、面向两类用户/三类仿真的、高效能硬软一体化的综合仿真支撑台，完成 10 个具有不同功能、面向不同应用领域的仿真支撑产品原型系统，完成的研究内容包括：复杂系统高效能智能化仿真语言环境；高效能云仿真平台；基于组件的仿真建模环境；高性能并行离散事件仿真引擎；并行/分布式仿真运行控制；支持三级并行的仿真算法库；高效能可视化系统；仿真试验设计与数据分析系统；高效能仿真VV&A 系统；仿真支撑平台综合集成门户系统。在总体功能指标方面，面向高端仿真用户和海量用户群以及三类仿真（虚拟、构造、实装）应用，可支持建模与仿真的全生命周期活动。具体指标包括：具有良好的开放性、可重用性、可组合性和可扩展性；满足高性能仿真能力，单机柜峰值速度不小于 20 万亿次/秒，采用自主可控的众核或多核芯片，可扩展至 100 万亿次/秒；层次式、多粒度、组件式面向复杂系统的高性能建模仿真语言；具有初始块/模型块/有序实验块，支持连续/离散/定性系统综合仿真，提供文本、图形等多种输入方式；支持面向过程语言加并行支撑软件的复杂系统高性能建模仿真模式；提供基于组件的一体化并行 CISE 仿真引擎（CISE ++）；高性能三级（作业级、成员级、模型级）并行计算能力。

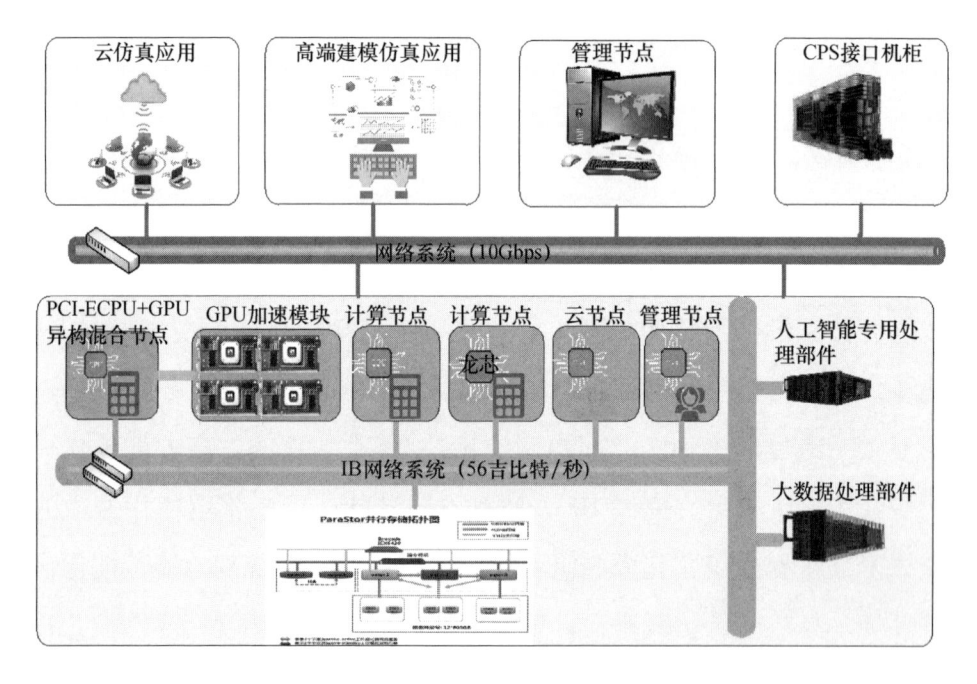

图4 智能化高效能仿真计算机体系结构

除了上述研究成果外，作者团队正在研制高性能智能仿真计算机系统 II 型，重点以自主可控的面向高端仿真用户和海量用户群（两类用户）、虚拟/构造/实装（三类）仿真以及支撑大数据仿真、智能仿真的高效能仿真计算机系统为目标，以重点应用领域仿真（复杂体系对抗仿真、智能化军事训练仿真、基于大数据的深度学习仿真、嵌入式仿真、智能云制造/仿真等）应用为牵引，突破面向复杂系统的高效能仿真支撑平台体系结构技术、基于大数据与人工智能算法的仿真专用加速部件技术、面向复杂高性能仿真的人工智能算法、智能化高性能复杂系统仿真语言技术、高效能四级并行仿真引擎技术、智能化仿真资源库综合管理技术、支持智慧云/边缘计算的云仿真技术、基于深度学习和大数据技术的仿真试验评估等 8 类关键技术，完成面向复杂大系统、智能制造的高效能仿真计算机的研制和应用验证，支持适应"互联网＋人工智能时代＋"的仿真新模式、新手段和新业态。

（二）国外研究进展

2018 年 10 月，Gartner 公布了 2019 年十大战略技术趋势的预测，智能、数字、网格三大领域仍是未来技术持续创新战略的关键部分，与"新一代人工智能＋"时代基础关键技术不谋而合，牵引了"新一代人工智能＋"时代仿真支撑系统在国外的快速发展。

超级计算机的超强计算力是"新一代人工智能＋"时代仿真支撑系统的核心基础之一，也是国家科技实力的综合体现。从早期 IBM 公司和洛斯—阿拉莫斯国家实验室共同研制的"走鹃"（Roadrunner）超级计算机，主要用于模拟核爆炸和核弹头的仿真性能评估，其浮点运算能力达 1000万亿次/秒，到 2018 年美国"Summit"重夺世界超算第一，性能超中国"神威·太湖之光"60%，以及美国空军研究实验室与 IBM 公司联合研制用于开展超级计算机模式和目标识别研究的"蓝渡鸦"类脑超级计算机等，各国都在积极发展和应用"E 级超算"能力。在英国，曼彻斯特大学宣布开启了新的 SpiNNaker 超级计算机项目，该计算机的灵感来自人脑的运作，主要针对三个研究领域：神经科学、机器人和计算机科学。研究人员表示，该机器的大规模并行计算平台使其适合推进这些领域，其最终目标是在一台计算机中实现构建用于实时大脑建模应用程序的 100 万个核心。

近年来，美国国防部向人工智能、云计算和大数据等支撑技术领域投入数十亿美元，成立了国防部联合人工智能中心，鼓励业界将人工智能等新技术纳入现代军事训练与装备仿真中。比较著名的有 DARPA 研制部署的 X 数据（XDATA）和洞察系统（Insight）等大数据支持项目，用于提升美军在大数据背景下"从数据到决策"的能力；洛克希德·马丁公司为美国空军、海军和海军陆战队推出的 Prepar3D 仿真软件包，集成了 SimDirector 工具提供的人工智能模块，可生成所谓的"合成人"，从而为部队训练提供更逼真、更具有不可预测性的博弈对抗环境；美国陆军在研的"雅典娜"（Athena）智能兵棋推演平台，用于智能化指挥，具有自学习、捕捉经验、发现创新的能力。

五、发展"新一代人工智能+"时代的建模仿真技术的建议

通过"新一代人工智能+"时代的建模仿真技术的研究和初步实践，提出以下三点建议：

（1）"新一代人工智能+"时代的建模仿真技术是"新互联网+大数据+人工智能+"时代的一种建模仿真新模式、新手段和新业态，随着时代需求和技术的发展，要持续地研究建模仿真的模式、手段和业态的新发展。

（2）"新一代人工智能+"时代的建模仿真技术正在发展中，其发展需要"技术、应用、产业"的协调发展。其发展路线应是持续坚持和发展"创新驱动"及"建模仿真技术、信息通信技术、新一代人工智能技术与应用领域技术的深度融合"。

（3）"新一代人工智能+"时代的建模仿真技术的发展与实践还需要全

国、全球的合作与交流，同时又要充分重视各国、各领域及各系统的特色和特点。

(北京电子工程总体研究所复杂产品智能制造技术国家重点实验室、北京仿真中心航天系统仿真重点实验室、北京航空航天大学　李伯虎院士)

(航天云网科技发展有限责任公司　柴旭东　侯宝存　刘阳)

(北京航空航天大学　张霖)

(东华理工大学　李潭)

(北京仿真中心航天系统仿真重点实验室　卿杜政　张晗)

(北京电子工程总体研究所复杂产品智能制造技术国家重点实验室、北京仿真中心北京市复杂产品先进制造系统工程技术研究中心　林廷宇)

注：本文是对作者团队在"系统仿真学报"第30卷第2期发表文章"面向新型人工智能系统的建模仿真技术初步研究"的进一步解读和拓展。

军用仿真技术发展现状分析

世界各国均认识到仿真技术在各领域特别是军事领域的巨大作用,因此非常重视军用仿真建设,将军用仿真领域的竞争视为现代化战争的"超前智能较量",并把建模仿真看作是"军队和经费效率的倍增器"和影响国家安全及繁荣的关键技术之一。美国、澳大利亚、北约等一直在大力发展军用仿真技术,推广仿真技术应用,推出仿真管理措施和政策。军用仿真系统成为研究未来战争、设计未来装备、支撑战法评估、训法创新和装备论证的有效手段,并贯穿于武器装备的体系规划、发展论证、工程研制、试验鉴定与评估、作战使用研究、综合保障直至报废的全生命周期。

特别是近年来,在大数据、云计算、虚拟/增强现实、人工智能、物联网等新兴技术的推动下,仿真建模概念理论推陈出新,仿真能力不断提升,仿真技术的军事应用持续深化,为世界各国现阶段的军事转型提供了强力支撑。

一、仿真建模技术

(一)仿真建模顶层架构

近年来,军用仿真建模顶层架构得到不断优化。仿真互操作标准化组织（SISO）2011年发布了《2011—2015年战略发展规划》，相继发布了核心制造数据 UML 模型标准、商用货架仿真软件互操作参考模型标准、用于仿真互操作的枚举报告规范、联邦工程协议模板；2016年重点推进高层体系结构新标准、人类行为标识语言、应用于建模仿真的下一代技术、支持采办活动的建模仿真标准配置、城市作战先进训练技术与真实仿真标准架构、网关描述语言、网关过滤语言、联合战役管理语言、仿真参考标识语言等系列标准的制定和审批，促进各类关键问题的解决，加快建模仿真产业发展。IEEE 从2011年起相继发布了《分布式仿真工程和执行过程（DSEEP）惯例（IEEE 1730-2010）》和《分布式仿真工程与执行过程多体系结构覆盖的操作规范建议（IEEE 1730.1TM）》，为建立和执行分布式仿真环境的通用过程提供重要基础。2016年5月，美国国防部建模仿真协调办公室公布"建模仿真参考架构"（DMSRA）1.0版，从仿真开发、全局标准和指导方法三个方面帮助建模仿真活动充分利用国防部信息技术、企业服务和云计算、面向服务架构等技术和服务的优势，持续推进云和面向服务架构在国防部建模仿真事业中的全局应用，解决组合性和校核、验证与确认（VV&A）等长期性的技术问题；2017年，建立了国防建模仿真目录支持可视化、资源共享及重用，补充了国防企业元数据卡建造资源（EM-BR）工具并发布 EMBR 2.0版本，提供更多的增强功能便于用户灵活管理资源。2016年，美国海军建模仿真管理办公室针对海军部的模型、仿真和数据，建立了一套共同的标准和最佳应用案例，明确了支持的协议、技术与进程，为国防部和建模仿真产业群提供了建模仿真标准开发与推广的新机会。2018年，美国国防部建模仿真协调办公室和美国陆军建模仿真办公室主持开展了多项重点工作：一是通过对自身进行差距和需求审查来提高其能力水平；二是推进新型国防建模仿真参考体系架构的开发；三是完成

军用建模仿真领域发展报告

国防部建模仿真指导手册的开发;四是通过构建虚拟互操作性原型和研究环境(VIPRE)能力原型的国际合作项目,为澳大利亚、加拿大、新西兰、英国和美国国内提供合作的建模仿真框架。目前,正在大力推进"单一世界地形"及"合成训练环境"项目以及"合成训练环境"国家仿真中心建设。

仿真新概念、新理论、新方法得到持续的推动应用。2012年7月,北约研究与技术组织MSG-058任务组向北约军事委员会提交了"用于军用建模仿真的概念建模"报告,推动"概念模型"成为SISO组织标准;2016年2月,北约基于"云计算"的主题思想,提出了"建模仿真即服务"(MSaaS)新概念以有效解决成本与可接入性问题,并推动在北约及同盟国家范围内广泛应用建模仿真;2017年,召开了北约科技组织/北约建模仿真组MSG-136 MSaaS会议,定义MSaaS为向用户提供的建模仿真应用程序需求、功能需求和相关数据需求的一种方法,起草完成了MSaaS作战概念文档和治理概念(AMSP-02)的第一个完整草案,提出了"MSaaS生态系统"的概念,对采用"数据作为服务"呈现方式的仿真和训练、试验和评估以及基于仿真的采办等产生了重大影响;2018年10月,北约建模仿真协调办公室与北约建模仿真小组召开年度研讨会,以"跨国互操作性:军事训练和作战应用的敏捷性、企业级联盟和建模仿真技术开发的创新"为主题,聚焦具有更高成本效益和有效的仿真工具开发,助推北约建模仿真能力的发展。在跨军种/工业界训练、仿真与教育会议上,北约建模仿真小组与美国国防部指导的先进分布式学习项目共享展位,合作演示作战联盟战士。2018年4月,北约建模仿真小组在"联合部队倡议"的基础上,启动了MSG-163"北约联盟仿真标准演进"研究,目标是将教育、训练、演习和评估方案与尖端技术实现全面结合,实现盟军在作战和合作伙伴上的高水平互联互操作，确保盟军在未来的战备合作。

（二）仿真校核、验证与确认

近年来，美国等西方国家强力推行 VV&A 应用，不断提高仿真可信度。2011 年，美国国防部建模仿真协调办公室发布新版 VV&A 指南，全面制定了仿真可信度评估的政策和实施建议。2013 年 10 月，SISO 发布《模型、仿真和数据校核验证通用指南（草案）》，为 VV&A 提供更加通用的方法；美国国防部建模仿真协调办公室已建立了建模仿真目录和资源库，包括美国陆军、海军、空军等 10 个子节点，实现了国防部仿真资源统一管理与全局共享，可为整个国防领域提供可重用的权威数据源；国外综合环境数据表示与交换规范已服务于仿真市场，已初步成为国际信息技术标准。2015 年，SISO 正式通过校核和验证的通用方法（GM – VV），用于建立、管理和引导建模仿真系统的校核和验证。2016 年，美国海军建模仿真办公室对美国国防部 VV&A 政策（DoDI 5000.61）进行了全面修订，更新了建模仿真 VV&A 分工和职责，要求 VV&A 活动需要与建模仿真及其相关数据的重要性、风险、影响相适应，强调与建模仿真全生命周期管理紧密结合，并根据相关标准记录完整的文档，增加了网络作战建模仿真 VV&A 工作内容以及实施流程和文档编制流程；美国空军发布新的空军指令 16 – 1001，包含 VV&A 的工作内容，替代了 1996 年 6 月 1 日发布的 AFI16 – 1001 版本，指导空军建立建模仿真 VV&A 活动的政策、程序和职责。2017 年，美国作战试验鉴定局在《试验鉴定主计划》和《试验计划》中详细阐述建模仿真的验证与确认工作，指出建模仿真采集的数据应该与作战试验或实弹射击试验采集的数据一样可信，开展了基于稀疏数据的多尺度验证和不确定性量化问题研究，获得了初步应用。2018 年，NASA 制定了整个机构的安全标准和目标，设定了长期目标和最大可容忍风险水平，作为开发人员评估特定任务类型"安全性"的指导。一是通过在任务系统中直接使用高逼真度建模仿真来提高性能和安全性，降低成本；二是开发了 VV&A（包括不确定性量化）的流程，规范仿真模型可信度的预测与评估；美国佛罗里达大学仿真与训练研究所提出了一种在 LVC 环境中确认仿真器能力并提供增强训练的方法学，基于分析、观察和领域问题专家的输入，完成了基于协议形式的分布式系统验证辅助工具开发；美国桑迪亚国家实验室对实验可信度及其在模型验证和决策中的作用进行了较深入研究，基于现有仿真可信度评估框架开发出一种专家启发工具；NASA 马歇尔太空飞行中心完成了利用需求传播的不确定性对动态模型的验证研究，给出了重型火箭的动力学模型置信度及成功概率的量化结果；北约建模仿真 MSG-163 工作组完成了集成校核和认证工具的开发，为仿真可信度评估提供新版本的认证过程和工具。

二、仿真系统与支撑技术

（一）仿真体系结构

近年来，美军已基本实现了仿真体系结构的演进，以满足不断发展的军事作战仿真需求。从可扩展建模仿真框架 XMSF、C^{4}ISR 仿真体系结构框架，到 MATREX 结构框架、TENA 试验训练使能体系结构和 LVC-IA，用于支持多精度模型库以及仿真和工具集成、试验/训练的靶场设施和仿真之间高效互操作、跨小组/领域的 LVC 仿真互操作需求和能力分析，并于 2012 年启动"LVC 未来"研究计划，探索 2025 年前 LVC 技术发展对建模仿真活动的影响。2017 年，美国空军推出了仿真器通用架构要求和标准（SCARS）的征询方案，旨在开发能适应并响应动态网络安全环境的训练体系结构。

2018年，基于LVC仿真与训练的重视程度越来越高，投资巨大，衍生出LVC–IA、LVC–G、SLATE等扩展架构。其中，LVC–IA面向美国陆军训练需求，为士兵、部队、指挥和执行任务装置提供网络化、集成和互操作的训练支持能力；LVC–G融合了人工智能、虚拟现实和增强现实等先进技术，将LVC和游戏整合到共同的训练环境中，使军队更容易管理陆、海、空、天和网络领域的集体训练；美国空军对SLATE开展了探索研究，并提出了训练任务中因LVC集成带来的互操作和安全等问题的通用解决方案。

（二）实用型仿真平台工具

以美国为代表的仿真强国开发了许多高性能、自主可控的仿真平台工具产品，如用于满足"阿尔伯特项目""海下战争实验场"等分析仿真需求的SP tempest并行计算机系统，以及GTW、SPEEDES、WarpIV、Maisie、PARSEC、POSE、SIMKIT、Musik等并行仿真支撑环境。近年来，随着云计算、量子计算等信息技术的发展，仿真支撑技术得到长足进步。2014年，美国ANSYS公司基于计算群的并行计算、网格计算，推出的Workbench仿真平台包含高性能计算功能和并行可扩展性，提升了复杂仿真求解能力；2016年，美国麻省理工学院计算机科学和人工智能实验室的研究小组开发出具备自主处理切换能力的新编程语言，采用这种语言编写的仿真程序运行速度比现有编程语言编写的仿真程序快几十甚至几百倍，且只需要以往十分之一的代码量。该语言实现了精简代码和高效性能之间的完美平衡。美国国防部试验资源管理中心推动"大数据"技术在试验与评价中的应用，建立了知识管理和大数据分析软件架构框架，指导国防部在该领域的投资及集成工作，资助完成了联合攻击战斗机作战试验。2017年，IBM公司推出全球首个商业"通用"量子计算服务IBM Q，成功利用一台超级计算机模拟了56量子比特的量子计算机，推进量子计算在美国"军事云"的仿真应用，为美军取得非对称优势提供强大算力保障。2018年，成熟仿真平台不断吸收新技术成果，功能性能不断提升。例如：Teledyne 技术公司子公司 Teledyne Brown 工程公司赢得了美国陆军太空和导弹防御司令部 4570 万美元任务订单，用于完善扩展防空仿真系统（EADSIM）；波希米亚互动仿真公司发布了两款软件开发工具包（VBS3 和 VBS Blue IG），用于人工智能行为编辑、人工智能车辆路径搜索、无线电和语音通信模拟。

三、仿真应用技术

（一）虚拟样机与虚拟采办技术

基于模型的系统工程方法（MBSE）得到广泛推广应用，"数字孪生"从概念走向现实。2011年，NASA 提出基于模型的系统工程方法，在船舶、航空等领域得到推广应用，代表系统工程未来发展方向。2017年，美国海军建立了基于云平台的虚拟创新和研发实验室，在远程服务器上建立虚拟机器，最终用户在他们的桌面上通过一个小型、安全、廉价的通用访问卡启用其设备（称为零客户端），帮助工作人员和个人研发者开展技术创新方面的研究；洛克希德·马丁公司首次将数字孪生技术运用到深空探测技术上，通过数字孪生技术，宇航员将能够实时获得地面人员的指令数据、模拟数据和解决方案，以便能够更加有效地执行数以百计的操作任务。2018年2月，美国海军测试宙斯盾"虚拟双机"作战系统，在巡洋舰或驱逐舰上完成了对新升级系统的测试，而没有对舰船的实际作战系统和操作能力产生干扰。美国空军与波音公司合作构建了 F-15C 机身数字孪生模型，开发了分析框架，实现了多尺度仿真和结构完整性诊断以及残余应力、结构几何、载荷与边界条件、有限元分析网络尺寸以及材料微结构不确定性的管理与预测。12 月，美国国家国防制造和加工中心创建 V4 协会，旨在通过虚拟验证、确认和可视化为产品开发和制造提供保障。俄罗斯联合发动机制造集团和萨拉夫工程中心在发动机制造业数字化领域展开合作，主要方向包括研究和优化发动机及其零部件的数字孪生。

美国国防部全面规划装备采办领域建模仿真技术的发展，加速向全面数字工程转型。美国陆军开展了十字军计划、阿帕奇计划、未来侦察兵系统计划和近战战术训练器计划；美国海军基于仿真的采办开展了联合歼击机、LPD-17、DD21 和先进两栖战车等项目；洛克希德·马丁公司开发的协同真人临境实验室，使用虚拟现实技术来提高太空系统开发的经济性和效率，计划用于美国空军下一代 GPS Ⅲ 和 NASA 的猎户座乘员搜索飞行器。近年来，美军越来越认识到实施数字工程将成为美军迎接数字时代、完成数字转型的关键。2018 年 6 月，美国国防部发布《数字工程战略》，强调武器系统和组件的数字表示，要求把数字虚拟实体作为国防采办利益相关方之间沟通的技术工具，用于国防系统的设计和维持，并明确了国防采办数字工程制度化的五大战略目标。

（二）半实物仿真技术

美国陆军高级仿真中心、海军空战中心仿真实验室、Eglin 空军基地测试研究中心等已建成了规模最大、技术最先进的全波段红外成像制导、全频段射频制导、射频/红外复合制导、射频/红外/激光三模共孔径复合制导等半实物仿真系统，完成了动能杀伤飞行器 KKV、"爱国者"及改进型导弹等半实物仿真试验验证。近年来，导航制导控制仿真评估能力取得新进展。2016 年，NASA 建立了先进的导航半实物仿真试验系统，具备 X 射线导航、脉冲星/伽玛射线导航、光学自主导航、星际飞行器间通信等仿真能力。2017 年，美国 Kent 光电有限公司成功研制了一种用于测试评估

军用建模仿真领域发展报告

单光子发射偏振成像传感器性能的多谱段偏振场景模拟器,可以产生短波红外波段内的多谱段或超谱段视频图像,空间分辨率 512×512,并可在可控的带宽内实现空域、频域和6个偏振方向的调制;美国圣巴巴拉红外公司成功研发了一种新型超大规模($>2K\times2K$)、超高温(模拟最高温度1500开以上)红外电阻阵场景投影器,支持多个芯片进行无缝粘接,形成以512为单位的任意 $N\times M$ 大小的超大型面阵。2018年,加拿大多伦多大学完成了一维动力模型的开发与校准,成功应用于活塞式发动机的半实物仿真;韩国延世大学完成了一种用于演示多航天飞行器邻近操作的半实物试验床开发,实现了多航天器邻近操作时自主导航、制导与控制算法的验证。

面向分布式系统、多实体协同系统的半实物仿真技术取得突破。2017年,NASA格林研究中心采用网络在回路仿真技术,即使用真实网络协议(EADIN Lite)协同商用航空推进系统仿真40k软件模块(C–MAPSS40k)实现,完成了数字控制网络对发动机分布式控制系统的影响评估;欧共体提出了用于多混杂实体协同的分布式仿真构架KASSANDRA,开发了可供真实实体使用的通信中间件作为使能各种不同仿真工具集成的基本通信机制,真实实体以一种无缝的方式与仿真实体结合在一起,实现对系统性能更准确的评估,该机制已在欧共体的PLANET工程中得到了应用验证。2018年,德国亚琛大学提出了"分布式实时协同仿真即服务"的概念,用于大型电力网络的仿真,以解决网络、节点动态、不确定变化情况下的边界能力验证问题;德国帕德博恩大学提出了一种针对大型车联网的半实物仿真集成测试方案,用于快速原型车辆电子控制器的验证;德国凯撒斯劳滕工业大学提出了一种面向物联网的半实物仿真集成方案,实现了不同通信系统、领域、平台和协议间的互操作性验证。

（三）战场环境仿真技术

近年来，虚拟现实/增强现实/混合现实技术全面助力计算机生成兵力能力的提升以及战场环境仿真水平的快速提高。VT MAK 公司发布 VR - Engage 1.0 多角色虚拟仿真器，可作为角色扮演站、教练辅助设施、桌面模拟游戏，甚至进行虚拟现实头盔体验，可独立运行，并通过开放标准与第三方计算机生成兵力软件和其他仿真器实现完全互操作。罗克韦尔·柯林斯公司推出聚结混合现实系统，实现了真实世界与合成环境的无缝增强，提供了沉浸式和强吸引力的训练场景，系统总延迟低，可避免眩晕感；Sim-Centric 技术公司发布了新版的 VBS3 FiresFST 呼叫和近距离空中支援训练仿真系统，可提供高度现实、复杂和灵活的攻击性支持场景；TerraSim 公司发布了新的 TerraTools VBS 捆绑包，通过批处理模式管理器和分布式处理技术，来处理多个地形单元，大大缩短了生成大区域、多地图 VBS 环境所需的时间；波希米亚互动仿真公司最新版 VBS Blue IG 是一种基于云计算的 3D 仿真器，与通用图像接口标准兼容，具备 3D 全球图像生成能力，具有地球特有的圆形程序渲染和编辑功能，可以摄取任何地形数据类型，从而实现超高速地形生成，适用于来自陆地、空中和海洋的所有适用用例，包括多通道 IG 配置以及基于虚拟现实的训练应用程序等；美国哈里斯公司正在开发一种高光谱传感器战场视觉增强技术，可以让人在普通颜色之外，看到每个物体或材料发出的独特电磁能特征，帮助士兵在严苛的环境或距离条件下识别物体，可为态势感知提供更精细的战场视图，并采用人工智能、机器学习和其他复杂的处理技术确保战场影像准确度；Presagis™ 推出了 VELOCITY，可自动生成大型综合训练环境。通过采用和集成三维视觉效果、游戏、地理信息系统和建筑设计领域的最佳工具，能够分析和转换海量的地理空间数据，生成大而逼真的沉浸式 3D 虚拟环境，应用于广泛的仿真和游戏平台。

（四）仿真试验鉴定评估技术

近年来，美军提出"仿真试验与鉴定过程"概念，长期推行仿真试验与鉴定的一体化，在进行武器装备鉴定定型的同时，同步规划仿真试验与真实飞行鉴定定型试验。美国第四代攻击机F-35、陆军未来作战系统、海军DDG1000、CVN-21等武器系统研制项目中大量地采用复杂系统仿真技术，全面支持系统的开发测试、实弹测试评估和作战测试。2015年，美军推出了"向左转"战略，将鉴定评估进程推进到工程与制造开发阶段，主要采取仿真试验手段。2017年，美国和日本开展第一次SM-3 Block ⅡA拦截测试中，约翰·霍普金斯大学应用物理实验室提供的高逼真度建模仿真发挥了关键作用，为测试的规划、安全运行和性能预测提供了支撑；美国陆军和导弹防御局开展了"爱国者"与"宙斯盾"硬件在回路试验，验证了"爱国者"与"宙斯盾"弹道导弹防御系统的互操作性，为综合主试验计划的地面试验计划设定提供了支持。2018年，美国空军第53联队司令官登普西将军针对"多域战"提出一种实施一体化试验鉴定的"Deep-End"理论。基于此理论重新定义了一种一体化/混合试验方法，要求作战试验人员的持续早期参与，指出以"联合试验鉴定方法"（即能力试验方法）和"联合任务环境试验能力"为代表的能力试验和分布式试验是适应未来信息化战争的一体化联合作战和多域战等新型作战样式的试验与鉴定最佳方法，其核心理念是"像作战一样进行试验和训练"，实现更完善的基于能力的一体化试验鉴定；美国国防部发布的《作战试验鉴定2018年年度报告》显示，2018年美国国防部进一步加大了建模仿真设施建设的投入。一方面，持续开展建模仿真数据与真实系统/真实环境性能数据的比对，以加强模型VV&A；另一方面，进一步实施"向左移"策略，将建模仿真工作前置，促进"模型—试验—模型"迭代改进机制高效运行。2019 年，将继续挖掘基于仿真的试验鉴定潜力，聚焦"软件密集型系统试验、在系统研发早期开展作战试验鉴定、前沿技术试验鉴定、改善试验环境以及试验鉴定队伍建设"等五大方面工作。

（五）太空/网络安全空间仿真技术

2011 年，美国国防部发布了"网电作战研究与网络分析"（CORONA）框架，初步建成国家级网络靶场。同时，美国空军网络模拟器深入发展，已演变成一个基于开放体系结构的可互操作网络环境。2016 年，DARPA 启动了"霍尔马克计划"，旨在开发创新的太空评估和分析测试平台，用于实现实时太空指挥控制。2017 年，美国国防部作战试验鉴定局在《2016 财年年度报告》中建议，充分运用仿真能力、形成封闭环境和建设网络靶场以模拟真实的网络攻击，使用网络靶场或实验室开展对抗性网络安全作战试验；DARPA 研发了太空作战虚拟实验室（称为霍尔马克测试平台）。2018 年，美国空军与兰德公司开展合作研究，探索如何采用与评估动能效果类似的方式，来确定非动能打击效果的特征，以便更好地定义和审视空军在当前和未来战争中的作战态势；雷声公司已开发出一套仿真分析评估工具，用于帮助指挥官制定作战概念，提高使用新兴技术的信心。美国导弹防御局探索了该工具的多种用途，如制定体系集成/接口需求、评估可选的体系结构和作战概念、兵棋推演及作战司令官计划制定等。尽管这些新兴能力没有"爱国者"导弹那样经过验证的数据记录，但这些能力的评估工作已迈出了第一步。

（六）指挥控制仿真技术

近年来，美军建立了多个任务控制和规划仿真系统，并完成了相应能力的演示验证。2016 年，美国海军 MQ–25 项目利用模拟试验验证未来的任务控制系统,采用典型舰载设备和模拟飞行器对航母舰载任务控制系统如何控制信息并将其传输至未来无人机进行了演示验证;美国"深绿"计划将仿真嵌入指挥控制系统,利用仿真支持军事行动,使适用能力由单级适用向全谱适用转变。2017 年,美国陆军将增强现实技术用于增强士兵任务规划技能,基于三维交互式地图和模型的增强现实任务规划,改进士兵个体和团队整体的认知表现,达到了优化任务规划输出、增强任务效率的效果。2018 年,波音公司提出了以提供逼真的创新指挥训练为目标的 Tapestry 解决方案,支持战备指挥官、工作人员和旅级以上的部队进行全球范围的全频作战训练。

(七) 训练仿真技术

近年来,美军完成各种不同的装备训练和战术训练仿真系统的代际升级,基于 LVC 的一体化训练水平显著提升。2015 年,加拿大皇家空军发布长期仿真战略,预计投资数十亿美元,提升 CH149、CP140、CC177、CC150、CH148 等直升机/运输机/监测飞机的训练能力;意大利 Alenia Aermacci 公司成功开发了 M‐345 陆基训练演示验证装置。2016 年,洛克希德·马丁公司加拿大分部针对维修或操作复杂设备的人员,开展了无实物的可视化交互仿真训练。2017 年,美军进行基于脑机接口的飞行仿真控制试验研究,脑机接口系统包含可植入到设定目标运动皮层中的 2 组 96 个微电子阵列,完成了脑机接口系统在飞行仿真器环境中对飞机的控制灵活性验证;第一台 KC‐135 仿真器已授权在美国空军分布式训练中心网络上运行,实现了与其他机动空军平台的联网和在一个安全、分级网络上的基于 LVC 训练;罗克韦尔·柯林斯公司向美国海军提供 E‐2D 战术训练仿真器,实现了与其他训练仿真器的连接,并支持 LVC 环境中的高逼真度训练。2018 年,全球仿真领先软件公司 CAE 联合罗克韦尔·柯林斯公司合作推出了能够满足 F-35 等第五代飞机研制和飞行训练需要的 LVC 分布式仿真平台解决方案；美国海军空战中心飞机分部的测试和评估团队首次将整个 P-8A 沉浸在动态 LVC 环境中，并成功完成了 P-8A 海上巡逻机任务系统的测试和评估；洛克希德·马丁公司利用增材制造等技术使 F-35 训练仿真器的成本降低了 25%。

近年来，虚拟现实/增强现实/混合现实等技术在仿真训练得到广泛应用。例如：雷声 BBN 技术公司创建了一个虚拟现实界面，支持单个用户控制大量廉价的无人驾驶机，已经完成了多达 50 架无人机的测试；L3 链路训练和仿真公司推出了 Blue Boxer™ 扩展现实可部署训练系统，作为其军用航空训练平台系列的最新解决方案，利用混合虚拟现实、高精度手部跟踪和物理仪表板的准确触觉来实现对飞机飞行特性和作战飞行程序的仿真，将物理和虚拟任务设备的功能与训练进行结合，实现在模拟环境中的演练或作战。

（八）战术作战仿真技术

近年来，以美国为代表的西方国家战术作战仿真系统实现了升级换代，满足了不同的战术仿真训练需求。2016 年，Teledyn Brow 公司开发的 EAD-SIM（扩展防空仿真系统）是一个集分析、训练、作战规划于一体的多功能任务级仿真系统，适用于信息化条件下的空战和防空反导作战分析、装备论证以及虚拟演习训练。2017 年，泰勒斯公司和合作伙伴 RUAG 防务公司对法国陆军战术作战仿真系统进行了升级，使联合任务部队训练条件非常接近实战的条件，有效地开展了城市战斗训练和开阔地形训练。2018 年，立方全球防务公司提出了 NextTraining 战略，将 LVC-G 仿真进行集成，用于支持美国陆军的任务训练复杂能力支持项目；美国空军研究实验室完成了 SLATE 演示，提高了空军第四代和第五代战机训练质量；美国陆军发布了建立统一的虚拟训练架构体系计划草案,以实现士兵随时随地进行逼真的作战训练,并改善整个陆军训练管理。

(九) 联合作战仿真推演技术

近年来,美军完成了不同条件下的作战演习和兵棋推演,有力地支撑了新作战概念和作战理论的分析决策。2016 年,开展了第 10 次"施里弗"太空战系列军演,该演习目标:一是明确增强太空弹性的方法;二是探索如何为作战人员提供联合作战的最佳效果,并检验如何在多域冲突中运用未来能力保护美国的太空安全。2017 年,美国首场"红旗"演习中演示了网络化的情报监侦能力,显示出美国空军领导层对网络化的重视和支持;美国空军举办了两次"太空旗帜"演习,将指挥太空及网络系统的方式与提供全球作战效能真正结合起来,训练作战人员在太空领域的作战、解决问题和处理潜在冲突的能力;美国陆军举行了"网络探索–2017"演习,验证了装备系统原型在陆军中应用的情况,加速了陆军采办最新网络/电磁行动装备的进程,使创新解决方案更快地进入了陆军能力体系;美国战略司令部与国际伙伴举行第四次太空态势感知演习——"全球哨兵2017",测试了一个全面集成的"联合太空作战中心",检验联合的一体化指挥与控制的价值;美国空军航天司令部完成第 11 次"施里弗"演习,想定了不同作战环境下全谱威胁,包括对军民领导人、太空系统指挥官及其能力的威胁,探讨与太空系统和各军种相关的多机构一体化行动,以及多域指挥控制问题。2018 年,DARPA 与洛克希德·马丁公司在美国海军空战中心完成"体系集成技术与试验"(SoSITE)项目多域组网飞行试验,演示验证了"空中分布式作战"理念;美国空军为探索"多域作战"概念,开展了杜利特尔系列仿真演习,洛克希德·马丁公司为此进行多次兵棋推演,研究如何跨域指挥控制,提高空中、太空和网络领域的协同作战;英国皇家"勇士鹰"

演习举行了多场兵棋推演,重点关注 2030 年的战争,用以验证空陆与海空一体化、复杂战场上的多域(空间与网络)整合。

四、结论

纵观国外军用仿真技术发展及应用现状,可以得到如下结论:

(1) 加强与前沿技术的深度融合,是仿真技术应用领域拓展、保持仿真技术先进性的重要保障。美国国防部"2013—2017 年科技发展五年计划"提出的未来重点关注的几大颠覆性建模仿真基础研究领域有超大规模复杂结构材料建模与设计方法、量子仿真、合成生物学中的路径复杂性建模仿真、人类社会行为预测数学模型、沉浸式训练与任务演习、虚拟/增强/混合现实、大数据仿真和人脑认知仿真。近年来,国外紧密关注云计算/边缘计算/智能计算等信息技术对仿真技术的影响,开展基于云计算/边缘计算模式的 MSaaS 体系架构研究,为未来面向物联网、区块链等仿真技术研究奠定基础。

(2) 开发实用型仿真平台工具产品,是提高仿真效率、发挥仿真效用的倍增器。以美国为代表的仿真强国开发了许多高性能、自主可控的仿真平台工具产品。近年来,推出了仿真器通用架构(SCARS)标准,建立了多混杂实体协同系统半实物仿真框架以及分布式实时仿真即服务的架构,开展了基于量子计算的高性能仿真计算平台研究。

(3) 聚焦仿真应用重点领域,是提升仿真技术战略地位、彰显仿真技术能效的有效途径。装备采办领域,重点加强基于模型的系统工程研究,推动数字孪生、虚拟孪生技术在装备研制全生命周期的普及应用,促进装备研发模式的转变;作战仿真领域,全力聚焦太空/网络安全空间等新型作战空间的新概念/新理论仿真方法的创新,打造太空/网络安全空间联合试验靶场等战役级全球集成作战仿真能力,提升应对多域战、混合电子战、光学战和进攻性蜂群使能战术等新作战概念、新战术理论的决策分析能力;训练仿真领域,重点推进虚拟/增强/混合现实技术在计算机生成兵力、战场环境仿真和装备仿真训练领域的普及应用,支撑武器装备在联合体系作战条件下战斗力生成能力的快速提升。

(北京机电工程研究所先进制导控制实验室

孔文华　李景　耿化品)

智能战略博弈仿真技术研究综述

战略对国家、民族的生存发展有重大影响。战略的困惑是最大的困惑，战略的失误是最大的失误，战略的创新是最大的创新。作为最为宏观、最为顶层的问题，战略问题涵盖政治、经济、军事、社会等多个领域，贯穿物理、网络和认知等多个空间，是一个典型的复杂问题，具有互动博弈的特点。战争对弈的是人而不是机器，互动进程中不确定因素大量存在，而最难确定的就是人的行为，博弈结果不仅取决于自身的策略选择，还取决于对方的策略选择，在做出自己选择时必须考虑其他方的选择，冷战期间美军的"遏制战略"、20世纪80年代后美军的"竞争战略"、当前美军的"第三次抵消战略"的形成都是基于战略博弈的基本考虑，充分考虑对手和环境等因素、当时的军备谈判、弹道导弹合约以及美国战略防御计划的实施等，大多通过战略博弈推演后实施。

一、战略博弈系统概述

战略博弈的出现要从20世纪50年代美苏争霸算起，从产生到现在仅

60余年。为了对抗苏联，美国必须在战略上思考该如何发展核力量？重点发展什么方向？制定什么样的策略？在净评估办公室的推动下，着力打造战略博弈推演系统。2015年，美国陆军大学颁布了战略推演手册，进一步规范了战略博弈推演的流程、方法和组织形式以及主要的战略推演角色。其旗下的战略领导和发展中心每年都组织热点地区的战略推演，2015年组织了一次非保密的战略对抗研讨"太平洋选择"，就以中国为对手，研究美国在西太平洋的陆军力量如何依托其海外基地遏制所谓"一带一路"国家战略背景下的军事行动。这些战略博弈推演大多采用对抗式研讨（Seminar Gaming）方法，依托人机结合研讨推演系统开展。

（一）对抗式研讨战略博弈方法

对抗式研讨可以追溯到20世纪50年代，美国麻省理工学院的L·布隆菲尔德首先提出采用政治—军事对抗模拟方法来研究战略问题。20世纪80年代初期，美国约翰·霍普金斯大学应用物理研究所的作战分析实验室在协助美国海军分析未来10~20年航空母舰作战集群的发展需求时，首次使用"Seminar Gaming"一词，并规范了其使用方法。近年来，美国举行一系列战略问题推演都是基于对抗式研讨进行的，诸如关于太空作战的"施里弗"，关于网络电磁空间的"网络风暴""网络冲击波"，关于石油能源的"石油冲击波"，关于经济安全的"经济大战"以及关于恐怖袭击的"生化危机"等推演。对抗式研讨就是把圆桌会议式的讨论与计算机模拟结合起来，通过讨论来形成设想，通过讨论来分析问题、解决问题。目前主要有以下三种组织方法：

一是政治—军事对抗模拟。20世纪50年代中期，在赫伯特·戈德哈默和汉斯·斯派尔的指导下，美国兰德公司首次提出了政治—军事对抗模拟方法。兰德公司于1955年2月至1956年3月连续组织了4次政治—军事对抗演习，模拟了当时的苏联、美国和西欧的关系。这种演习方式被认为能够描述国际矛盾的复杂性，能对特定危机的处理提供洞察力，也能为参与者提供重要的教育体验，是其他常规战略分析方法的有益补充。因此，美国在参联会办公室下专门设置了研究分析与对抗局，由该局的政治军事部专门负责这类演习，其中包括美国国防大学的政治—军事模拟。美国国防大学的政治—军事模拟主要由美军参谋长联席会议和美国国防大学组织实施，参加人员扩大到与演习相关的政府、机构等人员，包括各军兵种、国防部、中央情报局、国家安全委员会、新闻署以及其他学术团体。政治—军事对抗模拟没有事先指令，早先主要采用人工方式，后来随着计算机技术的发展开始采用计算机建立支持这种模拟的系统。这样一种自由推演的模拟，有助于形成新思想及解决问题的新办法。除了假设的背景情况以及要讨论的问题之外，模拟的方向和结局由模拟人员自己决定。它不是作战模拟，重点不是部署和调动军事力量，而是要包括整个政治、经济、军事、外交等行动的各个方面。美国国防大学同类的演习还包括危机决策推演。

二是"自由式对抗研讨"（Free Gaming）。自由式对抗是由兰德公司在研讨会中引入的对抗机制，类似自由式兵棋推演。自由式对抗成员小组由一个控制小组、若干角色小组组成。其中，白方职责是对推演过程进行控制，角色小组扮演了各个对局方决策者进行决策。自由式对抗采取回合制，每一回合分为角色决策时间段和推演时间段。这种对抗方式能够让参与人员较自由地进行对抗，并激发出决策创新。

三是"日后"（The Day After）模拟。"日后"模拟是兰德公司20世纪90年代提出的一种典型的战略决策想定作业方法，属于一种多态势想定作业。最初是为分析政策中存在的问题而提供的一种研究分析方法，但这种方法也非常适合于战略模拟训练，已被多国的战略训练机构所采用。它提供的机制使得受训者能够在假想威胁的环境中研究分析复杂的决策问题，锻炼实现政策的目的和目标的能力。

（二）人机结合研讨推演系统

为了组织好对抗式研讨，需要开发"人机结合"的研讨推演系统，比较有名的是兰德战略评估系统（Rand Strategy Assessment System，RSAS）。兰德战略评估系统由兰德公司于1983年开始研制，持续开发到1990年，代表了这一时期战略训练模拟系统的最高水平。在历经10年的开发过程中，该系统已逐步推广到美国军内外有关单位使用，特别是在美国国防大学等院校开展的战略模拟训练中得到广泛应用。RASA的主要研制思路是，将政治—军事对抗模拟方法与广泛用于国防建设各个领域的作战模拟系统加以综合集成，建立一个新一代的高层次计算机作战模拟系统。该系统首次集成了反映美国、苏联及其他国家高层领导的政治决策模型，用以评估政治态势，确定国家目标与相应的战略，并建立全球范围内的作战指导原则。除此之外，还有以下一些系统。

1. 战争分析实验室演习系统（The Warfare Analysis Laboratory Exercise，WALEXs）

自20世纪90年代起，约翰·霍普金斯大学应用物理实验室的战争分析实验室一直致力于打造满足未来军事需求和使命的分析平台。其开发研制的研讨支持系统（ESS）支持多个研讨室同时展开研讨，各研讨室支持音视频互联、分析结果数据共享，可以通过国防保密网访问国防部、参联会和各军种的模型库，其推演活动从准备开始到总结完成通常持续几个月，是一个复杂的过程，主要包括目标制定、演习设计、演习准备、战争分析实验室演习、分析总结5个步骤。经过20多年的使用，WALEXs已经成功应用于陆军、空军、海军、联合作战以及军事战略规划等领域。

2. 新信息技术工具群（New Information Technology Tools）

美国海军战争学院研发了名为新信息技术工具群的新一代协同指挥控制决策支持系统，为指挥员提供了一系列可更加有效实现信息共享、知识管理、协作协同的工具集合，提供了一种面向网络中心战的基于 Web 的指挥决策环境。该系统平台在 GLOBAL Wargame 2000 演习中进行了检验与评估，主要集成了包括文本文档、知识墙、电子邮件、兵棋信息栅格系统、信息工作空间、文本通信工具、语音通信工具、视频会议、CAESAR II/EB 分析工具等在内的多个工具与系统。通过这些工具，联合作战指挥员可以通过各种方式进行语音、视频、文本交流，共享与访问各类文档与数据信息，完成联合作战计划与协同，实现对 13 个作战领域（地面作战控制与近距空中支援、情报、传感探测、监视、信息作战等）的知识有效集成与显示，共享态势感知与交换通用作战视图，访问各类分析模型与工具。

3. 先进概念小组（Advanced Concept Group，ACG）

自"9·11事件"后，美国桑迪亚国家实验室成立了先进概念小组，旨在应对国家安全与反恐。先进概念小组不同于其他部门，它由一位实验室副主席牵头，打破了传统的专业划分，小组成员的技术背景多种多样，并通过实验室的非正式伙伴、大学或其他咨询人员所带来的各方专业知识使得小组的整体知识得到巩固和增强，组织形式非常灵活。先进概念小组的设立被认为其本身就是一种合作问题求解的实验，目标就是要利用这个多元技术小组的集体知识和创造力来解决关乎国家安全的未来问题。先进概念小组通过现实数据与假象事件数据的交互分析来预防恐怖事件的发生，其本质是建设一个综合集成反恐研讨厅体系，并特别强调了人机结合。

4. 21 世纪联合指挥决策支持系统（Joint Command Decision Support for the 21st Century，JCDS 21）

加拿大国防研发局于 2006 年起开始研发 21 世纪联合指挥决策支持系统，2007 年 2 月召开系统设计讨论会，2008 年递交了项目合同报告。该系统主要用于军事行动，可使决策者在军兵种联合、跨部门、跨国家、公众框架下进行决策，能在联合网络使能的协作环境下取得决策优势，并增强作战效能。目前，该系统已应用于消防和空军作战等领域。

5. 集成组织共同决策的活体仿真系统（In Vivo Simulation of Meta–Organizational Shared Decision Making）

该系统是加拿大国防研发局委托渥太华大学开发的在研项目，主要用于解决国家重大突发性事件的多组织间的决策问题，这些突发事件涉及到包括军事在内的众多国家安全、能源部门。系统采用定性与定量相结合的方法，既有定性的访谈和分析，也有对重大事件共同决策的定量仿真和评估。目前该项目完成了 5 项工作：共同决策框架下的综合案例研究、活体演习和仿真的实验性计划开发、用活体仿真测试共同决策框架、建模通信和决策功能、开发用户友好的知识工具。

（三）2018 年美军战略推演活动现状

2018 年以来，随着美国将国防战略转为"大国竞争"，美国国防部更加注重博弈推演在美军转型和战略选择中的支撑作用。美国国防部认为，面对不确定的未来，美军在战略层面更加需要采用科学的研究范式，战略推演活动呈现出井喷发展。美国陆军战争学院发布战略网络空间作战指导，通过基于研讨的对抗推演探索和促进决策，在网络战略层面发现的想法、问题和见解可能对美国军事政策、规划和决策产生深远的影响。美国空军研究实验室使用两款商业兵棋"战争计划"和"现代空中力量"来推演多域战作战概念,探索了美军区域拒止战略能力短板问题。2018年10月,美国空军太空司令部举办了第12届"施里弗"战略推演,通过推演模拟在10年左右时间里可能成为真实威胁的太空和网络空间的战略问题,如参与国卫星遭受电子干扰和攻击等,并探索如何进行应对。来自美国超过27个机构以及英国、法国、德国、澳大利亚、加拿大、新西兰和日本约350名军事和文职专家参加了此次推演。

二、智能战略博弈发展趋势

当前,全世界都进入了智能技术大发展的阶段。作为领先者的美国甚至将其作为"第三次抵消战略"的关键支撑,DARPA先后启动"机器阅读及推理技术""透视"(Insight)研究计划、"大数据"(XDATA)计划、"深度学习"研究计划等大量基础技术研究项目,探索发展从文本、图像、声音、视频、传感器等不同类型多源数据中自主地获取、处理信息、提取关键特征、挖掘关联关系的相关技术,为智能化态势理解认知及战略决策奠定基础。其与战略博弈相结合形成智能博弈系统具有以下特点:

一是将大数据融入建模仿真、机器智能、复杂系统等多学科领域的技术方法,拓展和增加战略态势认知能力。大数据技术为拓展和提升智能态势认知能力提供新机遇,对战略态势的认知就越具主观性,态势可量化的程度就越低,研究难度越大,离实现应用目标差距也越大。认识到现有技术方面在态势认知问题研究能力上的局限性,将大数据融入建模仿真、机器智能、复杂系统等多学科领域的技术方法,来拓展和增加态势认知能力,成为多个研究领域的热点方向。目前,已有许多国家都在积极开展共生仿真相关的应用研究。共生仿真系统不仅能通过执行假设分析试验来控制实际系统，而且能从实际系统接收数据并做出响应，具有高度适应性。在军事领域有代表性的是瑞典无人机路径规划、美国军方各种作战决策支持系统，以及美国国家科学基金会资助的各种应用研究项目等。此外，DARPA还谋划布局一系列应用项目，利用大数据与其他基础性技术融合、完善，推动复杂系统预测和认知能力的提升。例如，"对抗环境中目标识别与适应"（TRACE）计划尝试利用基于大数据的机器智能算法解决对抗条件下态势目标的自主认知，帮助指挥员快速定位、识别目标并判断其威胁程度；"人机协作"（半人马）（TEAM-US）计划尝试将人与机器深度融合为共生的有机整体，让机器的精准和人类的可塑性完美结合，并利用机器的速度和力量让人类做出最佳判断，从而提升认知速度和精度，快速做出决策和实施行动。

二是通过"深度学习"将多种智能技术进行融合运用将成为突破决策认知瓶颈的重要途径。美军在大数据和新型计算平台的支撑下，仅用了短短 10 年，就已在视觉与语音识别理解、自然语言处理等感知智能的诸多领域达到甚至超过人类水平，代表性的工作有谷歌图片标注、Skype 语音实时翻译等。特别是谷歌的 AlphaGo 战胜人类围棋大师证明了机器智能在认知智能方面取得重大进展。DeepMind 正在准备攻克"星际争霸Ⅱ"，星际争霸是一款即时战略游戏，可以多人对战，在特定的地图上采集资源、生产兵力，并摧毁对手的所有建筑而取得胜利，实际上是一种真实战场的高度简化：不确定条件、不完全信息、多兵种行动、实时对抗。2018 年 12 月 19 日发布了一系列测试比赛录像，AlphaStar 在与队友达里奥·温施进行了一场成功的基准测试后，以 5∶0 比分击败了世界上最强大的职业星际争霸玩家之一。DARPA 谋划布局了一系列面向实际作战任务背景的应用项目。例如："灵眼"（Mind's Eye）计划用于探索一种能够根据视觉信息进行态势认知和推理的监视系统;"对抗环境中的目标识别与适应"(TRACE)计划尝试利用机器学习、迁移学习等机器智能算法解决对抗条件下战场态势目标的自主认知,帮助指挥员快速定位、识别目标并判断其威胁程度。

三是通过多方多角色博弈推演来集智聚力,配合机器学习将会促进战略博弈生态良性成长。在接近实际的决策环境中,将情报专家、分析人员和决策者无缝地集成到博弈系统之中,自然地获取信息,感受决策时间压力、承担决策的后果,最大限度地发挥决策者的主观能动性,产生刺激创新。同时,静态情况下,战略决策者和研究人员难以体验到对抗博弈过程的紧迫感、危机感和战略格局的动态演化细节,通过多方多角色自由对抗博弈模拟,激发出更多的创新性思维,并发现许多在静态条件下难以发现的问题。在2018年的兵棋推演连接大会上,兰德公司的Elizabeth M. Bartels做了"为国家安全政策分析构建更好的推演"大会报告,提出在分析类和创新类推演中,对抗和角色扮演能够促使对弈方激发灵感,创出奇招。此外,可以适时接入各类仿真和模型系统,特别是大型仿真系统,为静态研讨和动态推演提供定量支撑。在"实践出真知,工具也成长"的理念下,可以通过一个不断成长的对抗式战略研讨环境工具,通过应用的积累促使系统成长,通过不断的数据积累、模型增加、知识增加、案例增加、经验增加,逐步形成知识体系,形成一个开放的、能够自我完善、逐步增长、不断成长的机制,将使得系统在应用中不断学习和积累,越来越有效。系统的生命在于应用,应用的积累促使系统的成长,通过建立一个开放的决策者沉浸在环的战略博弈环境,设计逐步增长的知识积累和学习机制,自动收集数据、案例、方案等,成为后续分析的依据和知识学习的样本。通过应用可以不断扩大,形成一个智能化"大容器";通过应用沉淀各种数据、积累各种案例、获取各种知识;通过人在回路的强化学习等机器学习算法，不断学习知识和经验，提升战略博弈能力。

目前，认知智能的研究与进步进入了快速上升期，可以预见，未来在更复杂问题的智能认知方面将会迎来突破和爆发式发展。从以 AlphaGo 为代表的认知智能进展来看，将传统的机器学习、遗传模糊决策、小样本分析和深度神经网络进行有机结合，是未来利用人工智能解决复杂战争问题甚至战略问题的必然趋势，也必将给军事领域或者更高层次的国家决策提供前所未有的智能辅助能力。

三、智能战略博弈关键技术展望

（一）基于生成对抗网络的决策序列样本生成技术

战略博弈分析中对参与各方决策措施的深入分析至关重要，是了解各方真实的利益诉求、常用博弈策略以及潜在决策行动的基础。一方面，由于现实世界中时间不可逆性质，某一特定历史事件主题下可被观察的各方决策序列数据非常稀少；另一方面，基于专家研讨推演的模拟决策序列数据生成，由于需要大量人工参与，生成模拟数据成本和质量难以控制。因此，如何借助计算机模拟快速生成符合现实世界各方决策行为的决策样本序列成为影响战略趋势预测效果的关键性问题。基于生成对抗网络的决策序列样本生成技术以历史战略情报事件集和专家模拟研讨推演数据为基础，通过构造面向离散决策序列样本生成器网络和判别器网络，以对抗学习方式不断优化两个网络，实现离散决策样本序列的高效生成。

生成对抗网络的网络结构如图 1 所示。图中，左侧为生成对抗网络的步骤 1，即根据真实样本和伪造样本训练判别器网络，判别器网络用生成对抗网络实现；右侧为生成对抗网络的步骤 2，根据判别器网络回传的判别概率通过强化学习更新生成器网络，生成器网络用长短期记忆（LSTM）实现。

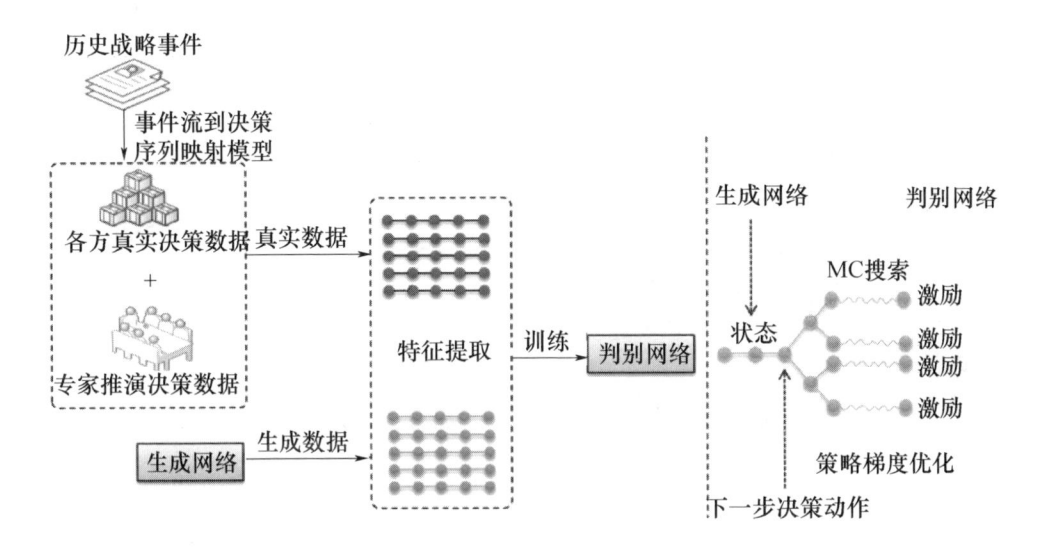

图 1　生成对抗网络决策序列样本生成

（二）基于强化学习的多维目标战略预测技术

针对形势发展过程中局部形势的结果不能很好作为最终回报的情况，我们采取强化学习对趋势预测进行建模，利用趋势预测的最终回报优化决策过程。在态势预测任务中，态势和行为都难以用有限空间进行表示，可采取基于策略学习的强化学习模型（图2）。

四、结束语

未来，智能战略博弈仿真可能聚焦两个方面的关键创新：一是"基于对抗"的战略博弈模式，以真实决策者为主导，集成专家智慧和基于大数据、人工智能的情报事件认知分析，多方多角色的对抗激发创造性，在战略博弈的过程中进行战略形势研判与趋势预测；二是"虚实结合"的人机

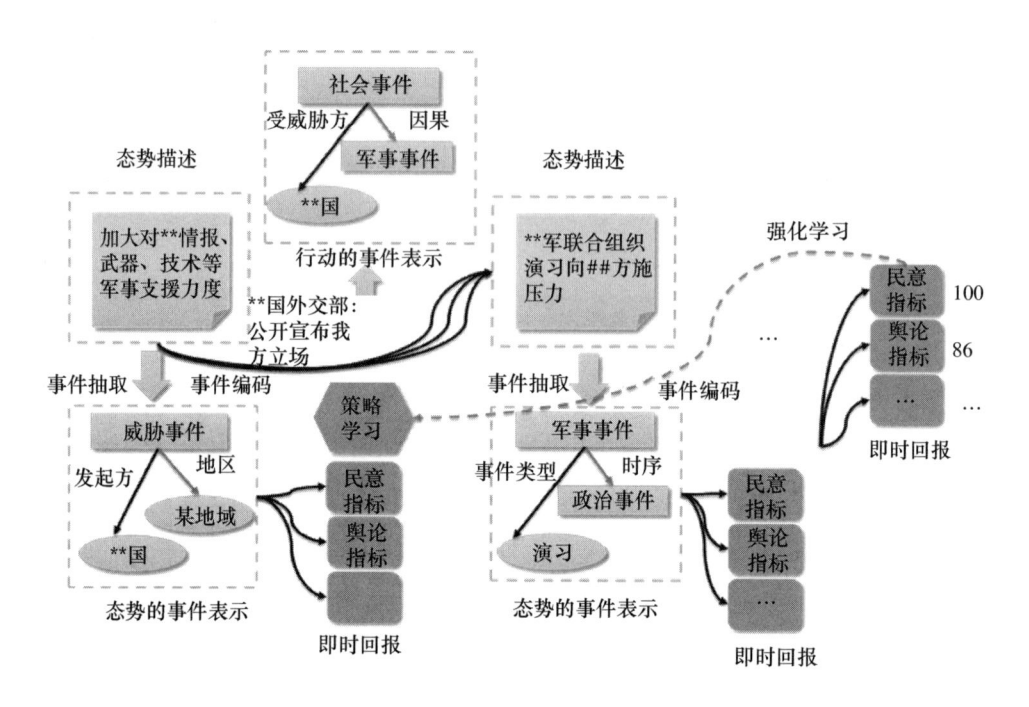

图 2 基于强化学习的多维目标战略态势预测技术

混合增强智能博弈技术，将对抗推演产生的"虚拟"决策样本和历史危机事件"真实"决策样本构成"虚实结合"的知识，基于对抗生成网络生成决策样本、人脑与机器智能融合，对危机事件进行多维目标的战略博弈分析。这两个方面是在原有综合集成对抗研讨环境基础上，结合最新的机器学习技术的新尝试，未来需要结合应用实践进一步加以研究。

（国防大学联合作战学院联合作战演训中心　杨镜宇　吴曦　王强）

复杂仿真系统可信度评估和校核、验证与确认技术综述

从仿真发展初期开始，仿真系统可信度一直都是仿真用户关注的焦点。经过多年的研究与实践，仿真系统可信度评估与校核、验证与确认工作取得了长足进步，并成为国内外仿真领域的研究热点。VV&A 是通过仿真系统生命周期中的有关活动，对各阶段工作及其成果的正确性和有效性进行全面的评估，进而保证仿真系统达到足够高的可信度水平以满足应用目标的需要。校核（Verification）是用于评估在建模过程中，模型从一种形式转化为另一种形式是否正确，具体就是判断从"概念模型"到"数学模型或实体（物理效应）模型"，以及从"数学模型或实体（物理效应）模型"到"仿真模型"转化的正确性；验证（Validation）是从仿真系统应用目的出发，考查仿真系统在其作用域内是否准确地代表了原型系统，主要包括概念模型验证和仿真结果验证；确认（Accreditation）是在校核和验证的基础上，由权威机构最终确定仿真系统相对于某一特定应用是否可接受。

2018 年，复杂仿真系统可信度评估与 VV&A 研究进一步走向深入，国内外有多方面的相关研究成果发表，其主要进展如下：

一、不断提升复杂仿真系统可信度评估能力

以 NASA 为代表，2018 年初制定了建立整个机构的安全标准和目标的要求，这些标准和目标设定了机构的长期目标和最大可容忍风险的水平，作为开发人员评估特定任务类型"安全性"的指导。NASA 经常利用高逼真度建模仿真的优势进行训练和决策支持，通过在任务系统中直接使用建模仿真来提高性能和安全性，同时降低成本。如果在安全关键决策中使用建模仿真，则需要彻底研究其预测的可信性。为此，NASA 开发了 VV&A（包括不确定性量化）的流程以严格评估仿真模型预测的可信度，包括：第 1 阶段，初始化；第 2 阶段，规划；第 3 阶段，执行。同时，NASA 还建立了可信度评估的标准，包括：①完整性，仿真概念模型确定问题域、任务空间、仿真空间的所有表征实体和过程，以及仿真空间的所有控制和操作特性，确保仿真规范完全满足仿真需求；②一致性，概念模型中的表征实体和过程从兼容的角度出发，涉及坐标系统和单元、聚合/解聚级别、精度、准确性和描述性范例等特征；③连贯性，将概念模型组织起来，使任务空间和仿真空间的所有元素都具有功能（即没有无关的项目）和潜在性（即概念模型的任何部分都可能被激活）；④准确性，模拟概念模型适用于预期的应用，具有充分满足仿真需求的潜力。NASA 的 VV&A 流程和规范全面应用于其对接系统（NDS）双航天器在轨对接场景端到端仿真的可信度评估，即通过参数灵敏度和不确定因素研究，对 NDS 的动态仿真模型进行分析验证，从而提高其性能和安全性，同时降低了项目的总体成本，为 NASA 安全探索太空任务提供有力支撑。

二、积极优化训练仿真可信度评估方法

美国佛罗里达大学仿真与训练研究所研究了训练仿真和环境评估分类法。随着训练活动复杂性不断提高，训练计划的有效性和仿真系统支持和优化训练结果的能力成为越来越重要的关注点。从历史上看，这些问题已通过使用传统的训练评估得到解决。然而，传统的评估方法并未充分反映现代训练仿真中存在的全部效果。该研究所提出了新仿真训练评估分类法来解决此问题，该分类法确定了两个主要的训练评估因素：人力因素和系统要素。人力因素包括对训练经历的任务、目标和整体教学设计的有效性评估，通常被称为训练效果评估，包括学员感知、行为和表现。系统要素包括对用于支持和促进训练任务和需求执行的教学界面、技术和环境的评估。它包括用于支持训练的技术配置的评价、训练仿真系统的属性分析以及可操作性/互操作性评估，称为技术能力评估。技术能力评估可用于独立或分布式训练环境可信度评估，通过识别系统能力和限制，以支撑特定的训练目标。该分类法通过将评估活动与期望的评估结果相结合，并使评估活动与评估目标保持一致，有助于指导训练仿真可信度评估工作，为训练仿真参与者和决策者提供有关关键任务训练仿真功效的关键信息。

美国佛罗里达大学仿真与训练研究所的研究人员还探索了LVC演练仿真器的验证方法学问题。《指挥官2015年作战规划指南》曾指出，"应通过模拟战场仿真出海军陆战队员可能在实战中遇到的道德和战术困境"。实战训练永远无法被完全取代，但可以通过准备LVC训练活动来优化或增强实战训练，或两者兼而有之。但是，通过虚拟场景进行训练的效果取决于仿真器根据训练目标确保作战任务得以实操的能力。过去，通常是在独立配置环境中

对仿真器功能进行验证；而现在，则必须在分布式环境中对连接到其他仿真器的仿真器功能进行验证。该研究所研究人员基于系统化团队训练就绪度评估流程（START），以确定所提出的方法学是否可以用于未来 LVC 的分布式任务训练环境（DMTE）演练验证工作。LVC 分布式任务训练环境中使用 3 个仿真系统的功能，首先在独立配置中进行评估，然后在进行分布式任务训练环境的演练后进行评估，以确定仿真器在分布式配置中的功能，最后比较和分析独立与分布式两种配置基于 START 评估的结果。该研究提出一种在 LVC 环境中确认仿真器能力并提供增值强训练的方法学，基于分析、观察和领域问题专家输入，开发基于协议形式的分布式系统验证辅助工具。

三、探索复杂仿真系统模型验证新方法

国际原子能机构研究人员研究了合规性测试的容器系统有限元模型验证问题。国际原子能机构对用于运输核材料的容器箱系统提出了要求。为了证明符合这些要求，有必要使用经过验证的模型以及完整的系统进行认证测试。该研究提出了用于验证容器系统合规性模型的方法。在该案例中，容器必须经受 9 米跌落、1 米插口侵入和 30 分钟液体燃料火灾的最严格测试组合。为了全面验证有限元模型，除了使用模态、子系统和完整系统破坏性测试之外，还有两个独立的团队在两个独立的系统中用代码进行建模。最终，希望建立完整的用于合规性测试建模仿真的能力，这将考虑到多种不同的场景和损伤级别。

美国桑迪亚国家实验室的实验校核、验证研究团队深入研究实验可信度及其在模型验证和决策中的作用。实验是模型验证过程的关键部分，仿真结果的可信度取决于实验的可信度。通过模型验证和不确定性量化

(MVUQ)过程，实验可信度对模型验证的影响发生在几个点上。计算仿真的开发、校核与验证（V&V）所涉及实验的许多方面将影响整体仿真可信度。该研究在模型验证和决策制定的背景下定义实验可信度，通过总结用于评估实验可信度的可能因素，部分从用于评估计算仿真可信度的现有框架中提取。所提出的框架是一种专家启发工具，用于依据预期应用目标来规划、评价与沟通实验（"测试"）的完整性和正确性。评估有两个目标：一是鼓励实验者、计算分析师和用户之间的早期沟通和规划；二是沟通实验的可信度。该评估工具还可用于决定采用哪种潜在的数据集。实验可信度的证据和假设将支持整体仿真可信度的沟通。

德国结构耐久性和系统可靠性研究所研究人员深入分析了硬件在回路测试的最新进展。机电一体化系统的未来应用将以高度数字化为特征来实现众多创新功能的集成。这种复杂系统的验证与可靠性分析通常需要实现成本密集的全系统原型和现场测试评估。因此，各种创新技术在专注于系统可靠性的工业部门中集成很缓慢。因此，人们对面向复杂机电系统的可靠性开发和测试过程非常感兴趣。在测试环境中集成实时仿真可以在许多情况下有效地开发和验证机电系统的各个组件。目前，这尤其适用于嵌入式控制单元及其相应软件的测试驱动开发。通过广泛使用的硬件在回路技术，可以减少现场的测试次数，保证测试程序的自动运行和错误注入方法的应用。在信号电平硬件在回路测试中，现有控制单元可以连接到其余系统的虚拟实时仿真中。然而，如果被测设备包括机械或电力电气接口，则测试对象与虚拟系统的耦合需要应用硬件在回路接口技术。目前的活动旨在扩展用于机械和电力电子子系统验证的在回路技术。该研究重点介绍了组合信号电平、机械电平和功率电气硬件在回路测试在设计早期阶段验证复杂机电系统的潜力。还通过机械和电力电气硬件在回路接口指出了测试驱动开发、实时仿真和混合测试环境实现的关键。

  NASA 马歇尔太空飞行中心利用需求传播的不确定性来量化动态模型验证指标的问题。空间发射系统是 NASA 用于远程太空探索的新型大型运载火箭，目前正处于最终设计和建造阶段，计划于 2019 年首次发射。该系统的动态模型已经建立，对于导航和控制的界面负载、固有频率和模态形状的计算至关重要。由于项目和进度限制，重型火箭的单一模态测试将在第一次发射之前用螺栓固定到移动发射台进行。采用蒙特卡罗优化模型创建数千个可能的模型，并基于模型的属性确定哪个模型最适合模态测试的固有频率和模态形状。但是，问题是该模型是否可以满足负载、导航和控制要求。因此，开发了一种不确定性传播和不确定性量化技术，用于开发基于飞行要求的定量验证度量集。关于不确定性传播和量化技术，之前已有相当多的研究，但很少有关于需求传播的不确定性的研究，因此大多数验证指标都是"经验法则"。此研究旨在提出更多基于理由的指标，用于实现该任务的主要假设之一是固定边界条件下建模中的不确定性是准确的，因此可以使用相同的不确定性来将固定测试配置传播到无自由实际配置。此研究应用的第二个主要技术是使用极限状态公式来量化最终概率参数并将它们与需求进行比较。这些技术通过简单的弹簧质点系统和简化的重型火箭模型进行了探索。完成后，预计这种基于需求的验证指标将为最终的重型火箭动力学模型提供量化的置信度和成功概率，这对于成功启动计划至关重要，还可用于许多其他行业。

四、开展复杂仿真系统可信度评估与 VV&A 人才培养

  美国阿拉巴马大学亨茨维尔分校为支持美国导弹防御局对其技术人员

进行专业教育的要求，开发了两个为期两天的专业教育短期课程，一是关于蒙特卡罗仿真，二是关于 VV&A。为了开发蒙特卡罗仿真和 VV&A 课程，该校调查了美国导弹防御局使用的模型和仿真，重点是蒙特卡罗仿真和 VV&A。随后开发了课程材料，以满足美国导弹防御局对蒙特卡罗仿真和 VV&A 指导的需求。这些课程材料包括蒙特卡罗仿真和 VV&A 的一般背景内容和美国导弹防御局特别使用的定制内容。该校对这两门课程进行了 4 次授课，总共 8 节课。在亨茨维尔（阿拉巴马州）教授了 4 节课程（每门课程 2 节），在科罗拉多斯普林斯大学教授了 4 节课程（每门课程 2 节），共有 119 名导弹防御局学员参加了这 8 节课程。该校根据导弹防御局学员在课程中的反馈对教授内容进行了调整。此外还开设了两门为期两天的专业教育短期课程，其中包括建模仿真基础和基于物理的建模。但是此课程并不是必修课程，它们只在导弹防御局需要时才开发并教授。相关课程有力促进了建模仿真及其 VV&A 的普及与应用。

五、新仿真方法带来的 VV&A 机遇与挑战

随着信息技术的发展以及仿真应用模式的变化，出现了面向服务的仿真/云仿真等新仿真架构。云仿真支撑平台基于云计算理念，综合应用各类先进信息技术、建模仿真技术及应用领域有关的专业技术等，保证系统中各类仿真资源安全地按需共享与重用，进而实现复杂系统全生命周期的相关活动。通过面向服务的、云仿真平台构建仿真系统，其实质是若干仿真模型的重用与组合，平台中单一仿真模型是可信的，在此基础上如何快速地评估多个可信仿真模型所构成的新仿真系统的可信度是需要进一步研究的问题。此外，为确保复杂仿真系统在整个输入空间的准确性和可用性，

通常需要进行大量仿真实验，进而产生仿真大数据，如何处理这些数据、提取有用信息对系统进行评估、分析及优化也是需要进一步研究的问题。

利用大数据分析平台对结构化程度不同的数据进行存储、提取和分析，其 MapReduce 编程模式能够快速地挖掘复杂、非结构化数据隐含的信息，辅助仿真大数据管理与分析。此外，复杂仿真系统可信度评估与 VV&A 是一项多人员多层次多目标的综合评估问题，为减少评估人力资源开销，基于机器学习的智能化评估方法与技术成为当前研究热点。目前人工智能已迈向新阶段，形成以大数据智能、互联网群体智能、跨媒体智能、人机混合增强智能、自主智能系统为主的新技术，为解决复杂仿真系统可信度评估问题带来机遇。

六、结论与展望

自 20 世纪 50 年代末，国外全面应用仿真系统伊始就同步启动了仿真系统可信度评估与 VV&A 研究，经历了半个多世纪的发展，取得了长足的进步。

通过多年研究，复杂仿真系统可信度评估研究取得了一定进展。针对多元输出、强不确定性、交互关系复杂的仿真模型验证问题研究了相应的验证方法和技术；同时，针对子系统交互复杂、大规模、连续离散混合及人在回路等特点的仿真系统可信度评估问题，研究了面向过程及结果的可信度评估方法和技术。但目前仍存在一些问题需要进一步研究。

在仿真模型验证方面，一是针对具有相关关系的多元异类输出仿真结果验证问题，现有方法多数依赖于主成分分析方法去除相关性，但验证结果不够准确；二是参考数据缺乏情况下如何降低评估主观影响需要进一步研究。

仿真系统可信度评估方面，一是针对子系统交互关系复杂的仿真系统可信度评估问题，目前的方法未能解决考虑复杂交互关系的指标综合问题；二是如何进行仿真系统级、仿真实验级两级可信度综合评估，随着仿真应用要求的不断提高，在复杂仿真系统本身可信的基础上，对仿真实验的可信度也提出了要求；三是复杂大系统无法进行实验导致参考数据缺乏，但可获取其子系统的局部可信度，存在不确定性及多元异类输出时，如何通过局部可信度外推得到复杂仿真系统整体可信度则需要进一步研究。

(哈尔滨工业大学控制与仿真中心　马萍　李伟　张冰)

基于 LVC 的分布式联合仿真技术发展研究

实况—虚拟—构造（LVC）仿真是指在仿真系统中同时具有实装、模拟器、虚拟兵力三种类型的仿真。实装是指真实的人使用实际装备进行实际运用。模拟器是指真实的人操纵仿真系统，往往表现为人在回路的模拟训练系统。虚拟兵力是指数学仿真系统，它是一种推演分析工具。近年来，国外军工产品试验验证模式正在由以实物试验为主的模式向虚实结合的综合试验验证方向发展，在军工产品综合试验的体系化、智能化、网络化、标准化等方面，取得了一系列的理论和实践成果，并形成了若干典型的应用系统。美国在仿真、研制试验、试验训练等领域均提出了互操作需求，要求整合试验和评价资源，将包括建模仿真在内的全部试验与评价活动综合为一个高效的统一体。

一、国外发展现状与发展趋势

（一）发展现状

1. 仿真体系结构

美国国防部一直将建模仿真列为重要的国防关键技术，并建立了世界上最完备的作战仿真体系。美军仿真体系结构的发展如图1所示,主要经历了分布交互式仿真(DIS)、聚合层仿真协议(ALSP)、高层体系结构(HLA)、试验与训练使能体系结构(TENA)、数据分发服务(DDS)、通用训练设备体系结构(CTIA)等阶段,目前 DIS、DDS、TENA、CTIA 还在不断发展完善。

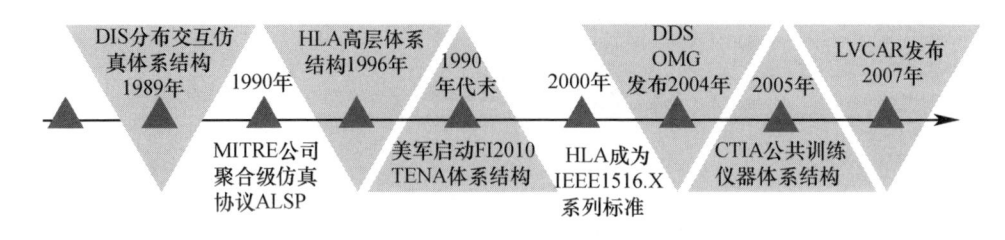

图1 美军仿真体系架构发展历程

归纳起来,美军的仿真体系结构的发展可以概括为三个阶段:

(1) 以 DIS、ALSP 为代表的支持同类功能仿真应用互联的仿真体系结构。

(2) 以 HLA 为代表的开放、通用仿真体系结构。

(3) 以 TENA、CTIA 为代表的面向具体领域应用的通用仿真体系结构。

美军在不同的时期,针对不同的需求,提出了上述不同的仿真体系结构。如图2所示,这些体系结构针对不同需求的特点,重点解决不同 LVC 层面的资源集成问题。TENA 重点是针对试验训练领域,因此它最初主要是解决实况仿真(Live)层面的集成问题,联合任务环境试验能力工程(JMETC)是 TENA 的典型应用。但是,随着它们的发展与改进,其相互之间的界限已经开始模糊。目前,各体系结构均不同程度同时支持 LVC 三类资源的集成,现在仍在不断完善实况—虚拟—构造仿真集成架构(LVC – IA),并将实况—虚拟—构造和游戏(LVC – G)仿真进行集成,实现信息化装备和仿真资源的深度融合。

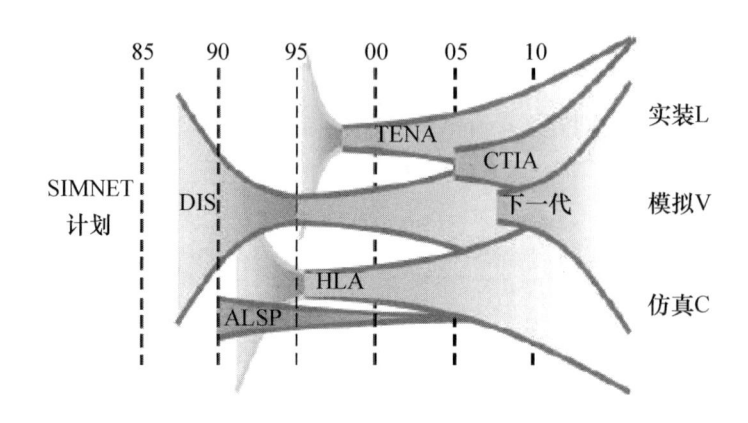

图 2　美军仿真体系架构对 LVC 资源的支持关系

2. LVC 仿真集成架构（LVC – IA）

2017 年 6 月，北约建模仿真卓越中心成功构建由来自 11 个国家/组织的多个仿真系统组成的复杂 LVC 仿真联邦，广泛开展互操作性方面的探索、实验、审查、演习。随着 LVC 训练和仿真环境面临的网络安全威胁和风险日益上升，需要采取减少攻击面、建立信任以降低风险、快速识别并降低风险等措施，降低 LVC 训练中发生意外事故的概率。2018 年 10 月，美国国防部指出应在安全的信息技术架构上构建 LVC 环境，最大限度地降低网络安全风险并确保完成任务。

3. 实况—虚拟—构造和游戏仿真（LVC – G）

2018 年 2 月，全球领先仿真软件公司 CAE 联合罗克韦尔·柯林斯公司合作推出了能够满足 F – 35 等第五代飞机研制和飞行训练需要的 LVC 分布式仿真平台解决方案；3 月，立方全球防务公司提出了 NextTraining 战略，将 LVC – G 仿真进行集成，用于支持美国陆军的任务训练复杂能力支持（MTCCS）项目。5 月，美国陆军发布了建立统一的虚拟训练架构体系计划草案，以实现士兵随时随地进行逼真的作战训练，并改善整个陆军环境下的训练管理，计划将当前 LVC–G 训练环境整合到一个共同的环境中，使美国陆军更容易管理陆、海、空、天和网络领域的集体训练，并将通过国防部信息网络遍及全军。美国陆军正在寻求非专有的、开放的接口以及数据模型，以促进内部组件和外部服务之间的互操作。

4. 试验与训练使能体系结构（TENA）

试验与训练使能体系结构是美国国防部通过"基础计划工程2010"开发的，体系结构如图3所示，其主要目的是促进试验与训练的互操作、可重用性和组合性。它可以根据具体的任务将分布在各靶场、设施中的试验、训练、仿真、高性能计算资源集成起来，构成多个试验与训练的"逻辑靶场"。每个

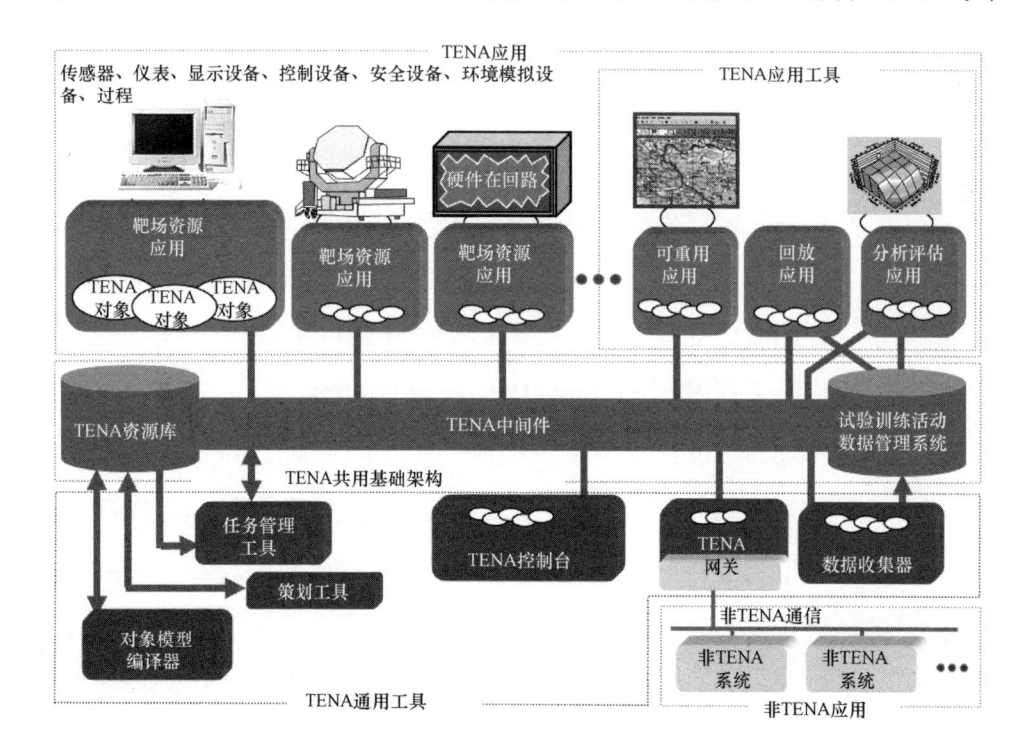

图3 TENA 体系结构

逻辑靶场的内部实现了资源互操作。同时，分布于不同地理空间的逻辑靶场也可以交互。TENA 通过使用"逻辑靶场"的概念来集成试验和训练，促进基于仿真的采办（SBA），支持美国国防部提出的"2020 年联合规划"。

在 2002 年千年挑战赛（MC02）实验演练中通过 TENA 系统将联合兵力司令部（JFCOM）和多个靶场联合起来进行综合试验，将分布在美国各地的虚拟兵力、真实兵力、虚拟试验和各类武器系统连接到一起，实现了对全部试验战场的实时态势感知。在综合火力 07（IF07）试验项目中，利用 TENA 成功完成了联合互操作指挥系统、联合试验与评估系统的综合试验验证。通过 TENA 系统实现了试验资源集成，组织了多次试验验证，完成了不同试验地点间的试验数据和设备信息的交换。

5. 联合任务环境试验能力工程（JMETC）

2005 年 12 月，美国军方提出了 JMETC 工程。该工程以 TENA 为支撑框架，以提供一种分布的、实时的、虚拟的、组件化的综合试验验证能力为目标，将分布在异地的试验台架、试验资源和工业部门的试验设施连接起来，形成一个综合试验验证平台，如图 4 所示。美国军方在较为典型的陆基作战应用中，使用人机交互、TENA 中间件和 TENA–HLA 网关等工具，在仿真环境下进行了试验验证与评估。美国国防部采办、技术与后勤（AT&L）部门为了提高军工产品质量和加强军队试验验证的快速反应能力，专门成立了以 JMETC 为核心的试验资源管理中心（TRMC），以 JMETC 为基础建立试验验证框架，加强分布式的试验资源管理，实现了三个陆军司令部的任务与可用试验资源的分布式管理，将研制、试验、评估过程集成在一起，使建模和综合试验贯穿整个采办过程，并为分布式试验提供了统一的工具。2016 年，JMETC 计划已实现了 115 个政府与工业客户站点的连通，支持并完成了 70 余项分布式 LVC 试验和训练活动。

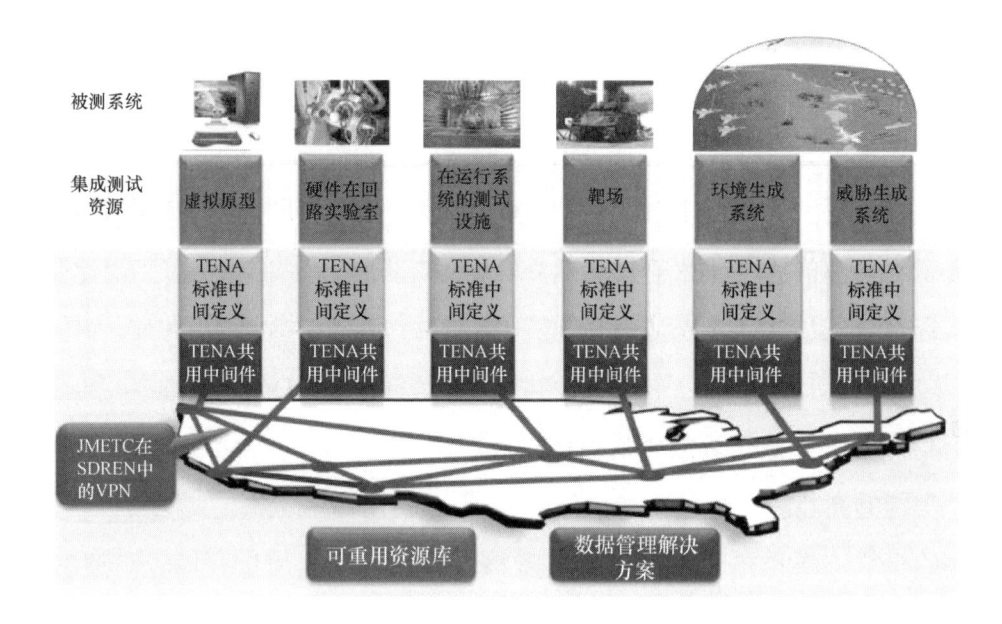

图 4　JMETC 架构

（二）发展趋势

美国国防部一直将建模仿真列为重要的国防关键技术，以美国为首的军事强国不断创新发展仿真技术，完善标准规范体系，增强仿真系统的适应性，试验与训练能力在 LVC 一体化仿真技术的推动下不断发展，新型复杂装备、装备体系发展对作战试验仿真技术的依赖越来越强烈。

1. LVC 一体化仿真支撑的联合任务环境试验能力稳步提升

为了打赢未来信息化战争，发展一体化联合作战武器装备体系，美国积极构建联合任务环境试验能力，集成地理上分布的各种 LVC 资源。美军仍大力发展联合任务环境能力，一是发展资源受限环境下的 LVC 集成技术，大力开发 TENA、CTIA 等体系结构标准，创建一个试验与鉴定所需要的各种网络和硬件集成试验环境；二是利用集成环境开发先进、复杂的仿真服务器，提供复杂气象、电磁环境等综合战场仿真试验环境。

2. 完善标准体系，提高作战仿真系统的柔性配置能力

标准体系是实现建模仿真互操作能力、可重用性等能力的保证，是实现作战仿真系统柔性配置的重要基础，美军采取了大量的措施来提高作战试验仿真系统配置的灵活性，其中比较主要的措施包括：发布核心制造数据 UML 模型，为仿真应用程序和其他软件程序的数据交换提供依据，支持武器装备模拟器建设及武器系统的测试与评估；发布商用现货仿真软件包互操作参考模型标准，为仿真实体转换、仿真资源共享、仿真事件共享以及仿真数据共享提供支撑。

3. 高性能作战仿真技术发展迅猛

美国的高性能仿真技术按照硬件发展、提出架构标准、实现支撑软件、应用的模式不断推进。近些年，在多核服务器、快速海量存储、高速网络等硬件技术以及分布式并行计算软件技术的支持下，美军在高性能计算机上不断刷新着仿真系统运行的纪录，并在应用需求的推动下，从高性能向高效能方向发展。如在硬件技术方面，美国空军研究实验中心为满足其分析仿真项目"阿尔伯特项目"及"海下战争实验场"等的需要，委托 IBM 研制了 SP tempest 并行计算机系统，该系统根据其仿真应用需求，在 I/O、通信、并行与同步机制等方面进行了针对性设计；在软件方面，已经推出了一些并行仿真支撑环境，其中比较有代表性的包括 GTW、SPEEDES、WarpIV、Maisie、PARSEC、POSE、SIMKIT、Musik 等。这些支撑环境面向高性能并行计算平台，采用了多种并行支撑技术，包括对象调度、内存管理、高速 GVT 算法、乐观时间同步以及回滚机制等，并在多个领域得到了应用。

二、基于 LVC 的分布式联合仿真系统

基于 LVC 的分布式联合仿真系统包含以软件为主的分系统模型、半实

物仿真机、运动转台和等效器等实物设备。如半实物系统的仿真与验证，常采用将单机部件或模拟件与数学仿真系统的接入，以实现在实时条件下对系统方案可行性的验证。相比传统的数学仿真系统、通过特定协议及接口总线连接的半实物仿真系统，LVC 仿真系统需要解决的难点包括：

（1）通用的互连基础设施及辅助工具，兼具 HLA 和 CORBA 面向对象体系结构优点，提供六大基础服务，包括时间推进、运行管理、交互管理、回调管理、监控管理、配置管理，采用标准化的模型描述，易于实现各单机、系统的模型积累与重用。

（2）统一的仿真模型构建标准，定义统一模型描述规范，对不同种类、不同类别的仿真模型使用统一的构建方法构建通用的模型。

（3）全面的异构系统接入能力，包括高效的硬件网关连接和对传统仿真系统的兼容。提供常用接口的硬件接入能力，能够全面覆盖实物/半实物设备和硬件测试设备；提供 HLA/RTI 等异构系统接入能力，全面兼容现有分布式仿真试验系统，实现对现有仿真模型的重用。

（4）完备的环境模拟能力，包括大气、电磁、红外/夜视、电液伺服等特性建模及计算，可对飞行试验中无法考核的边界条件进行模拟。

（5）解决实物、半实物、数学等异构系统间的互联、互通、互操作问题，可构建性能样机多系统联合虚拟试验。

（一）LVC 仿真运行中间件技术

开展通用互联基础设施研究，针对不同类型的应用场景建立统一接口的试验中间件。采用自适配通信环境对象请求代理（ACE TAO）作为分布式通信基础，构建面向虚拟试验领域的中间件服务，将应用逻辑与底层网络通信进行分离，方便应用人员搭建应用系统，达到将异构系统进行互联、互通、互操作。性能样机实时运行中间件用来将综合演示验证系统中的实时仿真设备、物理效益模拟设备、参试对象、视景仿真设备、试验数据库、其他辅助设备进行互联。

（二）仿真模型标准化技术

开展仿真模型标准化技术研究，建立具有通用价值的仿真对象模型集合。这是一个渐进而漫长的过程，开发LVC仿真模型主要从三步开展：首先，对模型应用领域中的所有信息进行分类，明确哪些信息需要被标准化；其次，针对最重要和最主要的信息定义"积木"对象，并对这些对象进行特征化和标准化；最后，针对其他信息，系统化地进行对象定义以及特征化和标准化。

（三）异构系统接入技术

异构系统接入技术要实现基于不同标准协议开发的应用系统之间的互联互通，为异构应用系统之间的数据交互和时间同步提供支持。这就要求开发一个能自动生成通用网关运行组件及其配置文件的网关模块生成工具。在生成网关模块代码之前，用户可以通过可视化界面来映射异构应用系统的交互信息和数据的公布/订购对应关系，并根据用户的设置生成对应的交互数据描述文件，最后软件能够根据数据描述文件自动生成通用网关运行组件及其配置文件，从而通过LVC仿真运行中间件实现异构应用系统之间的互联互通。

（四）硬件设备接入技术

对于构成的含有实物、半实物资源的试验验证系统，需要软件模型或数学模型与总线接口交互信息。通过硬件的抽象分析，实现对常用总线接口的开放式驱动，并在中间件的支持下实现软硬资源间的信息交互。

在进行实物、半实物分布式联合仿真试验时，实物设备的总线接口多样，常用的总线类型有1553B、串口、CAN总线、ARINC429、以太网等。

研究硬件设备总线接口组件技术，为分布式联合仿真支撑平台提供总线通信支持，通过接口服务向分布式联合仿真支撑平台开放配置工作模式、加载通信协议、传输试验数据等功能。硬件设备总线接口组件通过相应的实物总线与外部设备实现信息交互。

与以以太网为主的分布式联合仿真支撑平台相异，并且不同的实物设备传输协议各异，与虚拟兵力系统不兼容，属于异构系统；同时，实物设备对实时性要求较高，若实时性无法满足要求，则虚拟兵力系统获取的试验数据将无法反映实物设备的真实性能。对此高性能低延时异构模型管理技术通过协议的灵活配置，实现实物设备与分布式联合仿真支撑平台的快速无缝集成，在解决多种传输协议异构性问题的同时，实现用户"零代码"编写，缩短基于LVC的分布式联合仿真应用系统的开发周期；同时，由硬件协议转换器实时的完成协议匹配及转换，满足分布式联合仿真常用实物设备接入的实时性要求。

三、结束语

目前，在军事装备作战仿真领域，仿真技术正向多系统融合方向发展，基于LVC的分布式联合仿真系统采用LVC通信中间件、异构系统接入、硬件设备接入等核心技术，将持续提高LVC仿真支撑能力、实现分布式仿真对象模型标准化，为LVC一体化仿真技术推广、提升分布式联合仿真能力打下基础。

（中国运载火箭技术研究院　贾长伟　王晓路　焉宁）

"建模仿真即服务"发展现状研究

建模仿真已成为北约及其成员国在训练、分析和决策领域提供能力的关键因素。北约成员国基层部队的高逼真度训练、在途任务预演和战场指挥官高精确度实时决策辅助等方面的建模仿真能力已基本实现，但仍然存在成本过高和可实现性差的问题。

为解决这一问题，北约创新性地提出以云计算技术和面向服务的体系结构提供建模仿真解决方案，这种将"服务"模型应用于建模仿真的新体系结构和组织方法称为"建模仿真即服务"（MSaaS）。MSaaS 的目标是有效和高效地支持作战需求，改进建模仿真应用的开发、操作和维护，推动建模仿真在北约及同盟国家范围内广泛应用。MSaaS 通过云计算技术和 Web 服务按需提供相关数据，使用方可在任意地点获取仿真服务而无需承担特定的成本和风险，有效地解决了成本与可接入性问题。此外，通过对前期仿真组合的重用和模块化的业务提供方式，MSaaS 可快速适应需求的变化，促进了建模仿真服务的可重用性和可组合性。

随着研究的逐步推进，目前 MSaaS 已正式进入第二阶段，并在以英国为代表的北约国家中开始实践与演示，呈现出加快发展并日益成熟的趋势。

一、MSaaS 概念发展

MSaaS 概念最早由北约盟军转型司令部提出，为响应盟军转型司令部的需求，北约建模仿真工作组开始组建研究小组对 MSaaS 概念进行研究并调查其面向服务的体系结构，MSaaS 实施计划如图 1 所示。

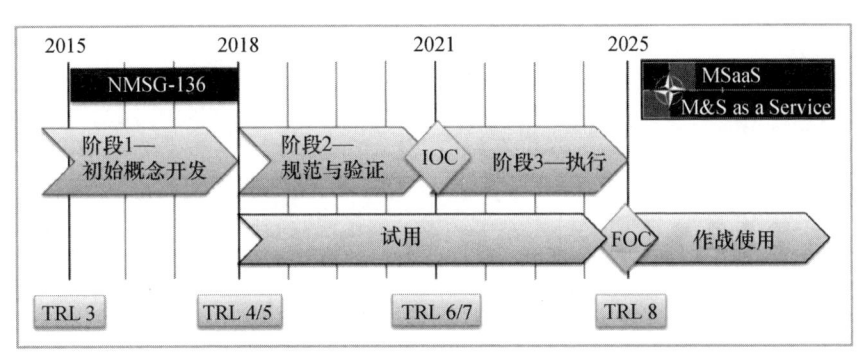

(IOC：初始作战能力；FOC：全面作战能力；TRL：技术成熟等级)

图 1 MSaaS 实施计划

MSaaS 概念发展历程可按不同时期设立的不同研究小组划分为以下 3 个阶段：

（一）MSG-131 研究阶段

2013 年，北约建模仿真工作组（NMSG）成立了"MSaaS—新概念和面向服务的体系结构"小组，即 MSG-131 小组，正式开展对 MSaaS 概念的研究。2015 年 5 月，MSG-131 发布了其研究成果《MSaaS：新概念与面向服务的体系结构》研究报告。在报告中，MSG-131 通过收集成员国在建模仿真领域内使用云解决方案和面向服务方法的经验，首次对北约及其成员国建模仿真领域中使用的基于服务的方法进行了详尽的概述，在北约成员国之间形成了对 MSaaS 的共同理解。此外，该报告还全面记录了 MSaaS 案例研究，概述了建模仿真领域中现有的面向服务参考架构。报告的主要结论是：建模仿真是北约及其成员国的关键技术，不论它是否作为"服务"提供，但是，基于服务的建模仿真方法具备诸多潜在好处；由于北约联军倡议的主要目标——"资源共享与汇聚"在 MSaaS 中得到了集中反映，因此 MSaaS 应与北约联军倡议保持一致；同样，MSaaS 需要与北约咨询、指挥与控制（C^3）分类法一致，因为 C^3 分类法是北约用于制定 C^3 愿景的主要工具。

MSG-131 的研究结果由北约盟军转型司令部转交给北约咨询、指挥控制委员会，供其作为未来发展的参考。2015 年 9 月，MSG-131 因其在 MSaaS 上的创新成就而获得了著名的北约科学成就奖。

（二）MSG-136 研究阶段

2014 年，基于 MSG-131 的成果，北约建模仿真工作组成立了 MSaaS 可互操作、可靠仿真环境快速部署研究小组，即 MSG-136。MSG-136 的组建期为 3 年（2014 年 9 月至 2017 年 12 月），由来自 16 个国家和 6 个北约委员会的 70 多名专家组成，主要任务是调研、建议和评估 MSaaS 的标准、协议、体系架构、执行和效费比分析。该任务组主要应对以下两个主题：

（1）通过使用建模仿真服务提高仿真的互操作性和可信性。MSG-136 调查了 MSaaS 的使用案例，例如：使用合成环境服务快速初始化仿真系统；使用"想定管理服务"通过可重用的典型想定数据库来缩短开发时间；使用"指挥与控制支持服务"为指挥与控制规划行动提供决策支持等。

（2）通过分析组织的建模仿真服务的观点，建立对北约建模仿真服务的可持续和有效管理。在 MSaaS 研究持续发展的背景下，2016 年 2 月，北约发布了《北约云计算指南》，为北约国家的云计算提供指导原则，该指南采用了 MSaaS 概念。

2018年10月，MSG-136发布了其最终研究成果《MSaaS：快速部署可互操作和可信的仿真环境》研究报告。该研究报告描述了"盟军MSaaS生态系统"，该系统由4部分组成：MSaaS作战概念、MSaaS技术体系构架、MSaaS试验与演习和MSaaS认证。此外，该报告详述了MSaaS的联合框架，明确了其概念图（图2）。

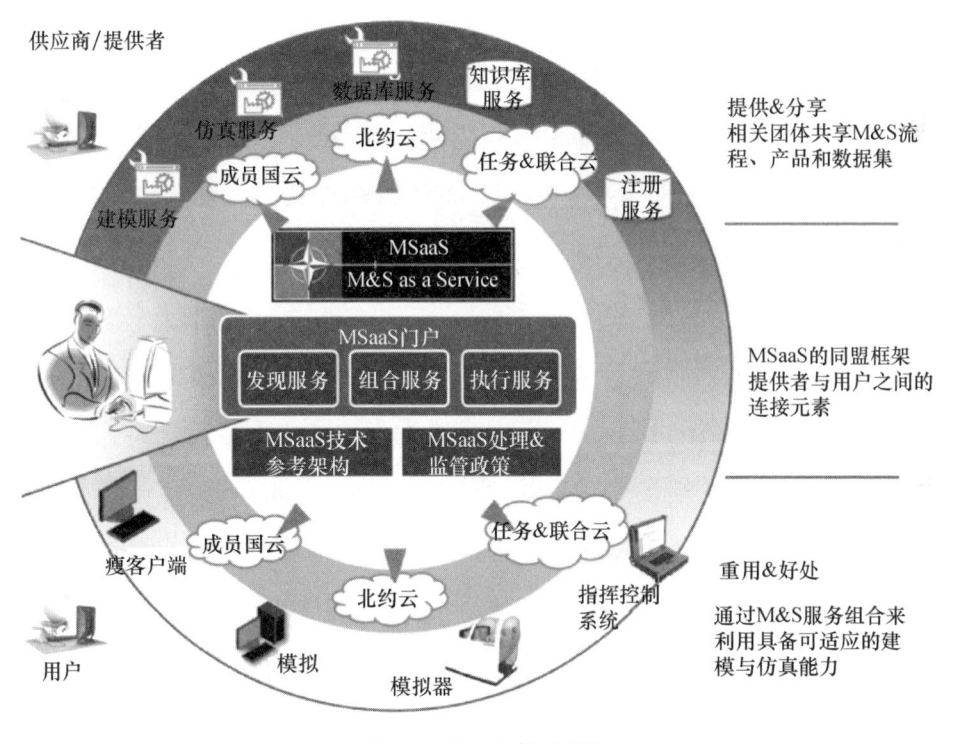

图2　MSaaS概念图

（三）MSG-164研究阶段

2018年2月，北约建模仿真小组成立了MSaaS阶段2研究小组，即MSG-164小组。MSG-164的成立标志着MSaaS概念研究正式进入第二阶段。MSG-164的主要工作是推动MSaaS概念从实验室进入实施运营。MSG-164的主要目标有三个：①提升MSaaS使用的成熟度；②协调北约成员国之间建立 MSaaS 能力的工作并共享经验；③调查 MSaaS 关键性研究和开发活动。MSG-164 预计于 2019 年和 2020 年开展技术演示验证。

二、MSaaS 应用发展

（一）英国 MSaaS 应用发展

英国是北约国家中对 MSaaS 概念应用最为深入与成熟的国家，目前其 MSaaS 应用及实践均有了长足的发展。英国国防部认为，MSaaS 为英国国防建模仿真系统的一致性和现代化提供战略方法。

1. 研究情况

2014 年，英国国防部首席科学顾问研究团队开始开展 LVC 仿真能力研究。该研究通过网络化手段、以开放式架构和通用 LVC 仿真服务实现有效的联合训练、联合任务准备以及联合作战开发，进而在联合、互操作和多国作战行动中支持联合部队持续作战。为实现该项研究的愿景和战略目标，英国国防部确定了 4 项研究标准并建立了 3 个对应的商用框架，其中仿真系统的架构、互操作性和管理（AIMS）标准与框架的目标就是研究并开发定义和交付 MSaaS 概念的方法，开展 MSaaS 概念实验、评估与演示。此外，AIMS 还定义了 MSaaS 生态系统及其流程，如图 3 所示。该系统各部分功能如下：

（1）生态系统所有者：通过使用和维护功能来管理生态系统。

（2）资源提供者：提供并维护能够被其他用户使用的仿真资源。

（3）仿真开发者：使用仿真资源开发出仿真能力。

（4）仿真用户：通过使用仿真能力来间接使用服务。

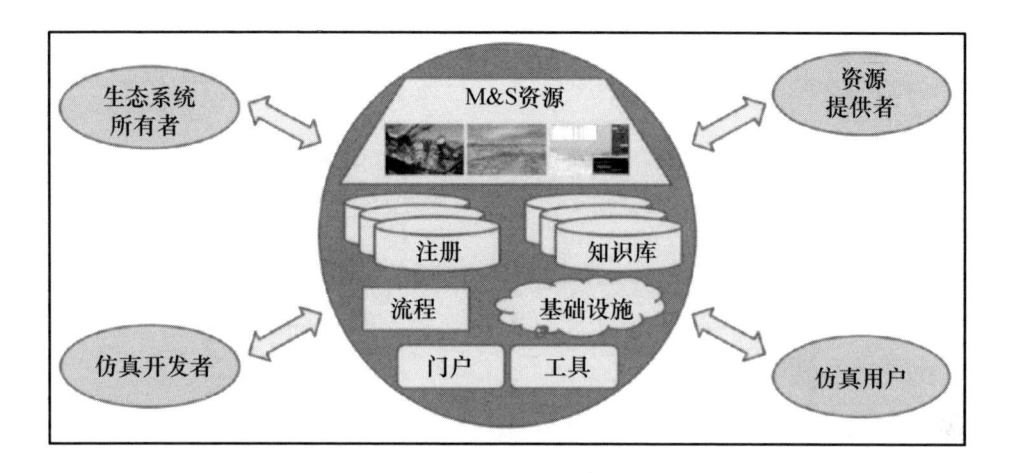

图 3　MSaaS 生态系统

AIMS MSaaS 流程包括 5 个步骤：

（1）发现：寻找可以重用的建模仿真资源。

（2）合成：将各成分与服务集成起来。

（3）部署：将仿真部署至基础设施并测试。

（4）执行：运行仿真环境。

（5）分析：处理在执行仿真环境中收集的数据。

AIMS 计划于 2015—2020 年完成研究演示，2025 年前形成初始作战能力，最终于 2030 年前达成全面作战能力。

2. 应用情况

AIMS 不只是标准及商业框架，还是英国国防科学技术实验室正在开展的项目，该项目的主承包商是 SEA 公司，开发团队的其他成员包括泰雷兹公司英国分公司、BAE 系统公司和 QinetiQ 公司等。2018 年 5 月，SEA 公司已经向英国国防科学技术实验室提交了项目研究成果，包括 MSaaS 的运行示意图（图 4），着重展示了 MSaaS 支持军队训练和联合部队演习活动的功能，还展示了仿真资产的注册和存储库、仿真合成工具和云计算快速部署与执行等关键要素。

图 4　MSaaS 运行示意图

该研究得出结论，MSaaS 需要转向新的架构，在这种新架构中，仿真服务和资源相对独立存在，并用于组成各种仿真系统。这种类型的体系结构提供的生态系统能够克服向最终用户提供数据的挑战。该项目通过多层信息模型提供 MSaaS，该模型包含一个定义生态系统中信息和数据的信息层、元数据层和定义了可搜索注册表结构的注册层。该项目团队还修改了 Envitia 公司之前为 AIMS 开发的国防地理空间服务领域的功能，以提供可搜索的仿真资产注册表。

AIMS 项目的突破性进展已证明 MSaaS 方法符合英国国防部规划的建模仿真服务的主要计划和服务的提供方向，为国防部提供了在仿真服务中实现最大化运营效率并降低成本的机会。MSaaS 方法还为英国国防仿真中心提供了一种有效的方式来管理国防部所需的建模仿真资源，使其可以按需轻松访问资源。

（二）其他北约国家 MSaaS 应用发展

2018 年 2 月，北约通过演示展示了如何在几秒内通过云技术在政府所有的基础架构上建立并执行虚拟沉浸式训练。同月，丹麦 IFDA 公司获得参与 MSaaS 的合同，该合同项目旨在实现跨部队分布式训练的无缝连接和互操作性。丹麦陆、海、空三军各自拥有自己的仿真训练系统，丹麦国防部的目标是无缝连接这些系统并实现它们之间的互操作性，以便在部队内部和部队之间进行分布式训练。

2018 年 4 月，MSaaS 在瑞典举办的"海盗 18"演习中得以应用。该演习的主要内容包括在非对称威胁环境下并行部署联合国、欧盟和北约任务，以训练军队、警察和平民应对多维作战挑战的能力。瑞典军方指挥控制部门的联合训练中心基于 MSaaS 开发了一个技术平台，包含信息门户、训练管理器、战术图像、文档管理、聊天、仿真、视频电话会议和 IP 电话系统。该平台通过高层体系结构将 4 种构造仿真系统集成起来：SWORD 、CATS TYR 、VR – Forces 和北约集成训练能力，"海盗 18"演习支持了各种不同维和行动的训练。

三、总结及展望

MSaaS 研究已正式进入第二阶段，即从概念研究进入实际应用阶段。MSaaS 实践发展已初步证明其在国防建模仿真能力建设中的可行性，应用实践呈现出加速发展的势头，尤其是在部队训练领域中的应用实例不断增多。

随着 MSaaS 在英国国防部 LVC 仿真能力研究中取得实质性突破，未来预计将有更多的北约成员国考虑将 MSaaS 作为下一代建模仿真体系结构，其应用领域也将越来越宽广。

（中国电子科技集团公司第二十八研究所　李晓文）

美国和英国优化建模仿真管理体制分析

近年来,为了应对科技飞速发展,促进建模仿真活动规范、高效、有序的进行,规范建模仿真领域各组织机构的活动,提高建模仿真资源的利用效率,美国和英国不断改革完善建模仿真管理体制。建模仿真在美、英等国国防领域的无穷应用潜力正在进一步凸显。但是,要获得建模仿真的最大利益,需要保持技术一致性,实现更好的协调建模仿真并控制成本。为此,美国和英国通过战略评估、政策指令等,提出了建模仿真管理体制机制调整的主要方向,明确了治理结构和机制,以解决实际问题并降低风险。

一、美国

(一)深入评估建模仿真应用现状

美国国防部负责研究和工程的副部长格里芬发布致国防科学委员会主席的研究任务备忘录,宣布成立"博弈、演练、建模仿真"(GEMS)工作组,开展相关评估工作。备忘录指出,对于未来作战环境,美国国防部面临诸多领域威胁；新兴威胁仍需警惕；由于恐怖主义威胁仍然存在，美军需要提高全球态势感知；"反介入/区域拒止"挑战变得日益严峻；对手仍通过"灰色地带"行动对抗美国。在处理复杂任务时，GEMS 工具可以有效辅助人类思维，善于运用经验方法解决问题。GEMS 工作组旨在审查国防部目前使用 GEMS 的实践情况，并提出相关建议，以更快的速度和敏捷性做出任务决策。其主要任务：评估复杂的选择权衡（如采办计划，包括升级或重新选择）；武器组合计划；成本评估；以应对复杂、逐渐显现的场景的相关演练；协调小组工作的训练（包括人机编队）；提示（通过模型来分析和隔离潜在"噪声信号"，增强作战系统，以便人类可以专注于最相关的部分）；在不同的应用与作战场景中对自主算法和学习算法进行训练和评估；演练手动和心理技能（如区分和识别从潜艇声纳传感器发出声音，或学习与中东部落长老的谈判）。此项研究将尤其关注那些可提高工具、数据和服务可见性与可访问性的技术，以及学习算法的确认和验证技术，还将审查相关私营机构、政府所属实验室使用 GEMS 的情况。

（二）调整建模仿真领导机构

美国国防部继续推进采办与保障副部长办公室以及研究与工程副部长办公室的职能重组。未来国防部的建模仿真管理由采办与保障副部长办公室负责，其主要职责包括：建立国防部建模仿真管理和行政架构，领导建模仿真执行委员会，制定政策、计划、项目方案（包括建模仿真主计划和投资计划），协调一致推进国防部建模仿真事业。

（三）推进军事医疗建模仿真发展

2018 年 8 月，美国国防部发布《医疗建模仿真的需求管理》指示（DOD INSTRUCTION 6000.18），要求制定政策并明确分工，通过军事健康系统（MHS）开发和批准存档标准化的 MHS 医疗建模仿真方案集，推动建立和维持面向规划、决策、教育和训练项目的全谱系国防部医疗建模仿真能力；成立国防医疗建模仿真办公室（DMMSO），建立医疗建模仿真需求管理系统。

（四）深入探讨仿真标准创新发展

由仿真互操作标准组织（SISO）举办的 2018 年仿真创新研讨会于 2018 年 1 月 21 日至 26 日召开，主题是"仿真——实现真实的创新"，重点探讨如何在仿真中进行创新以及仿真本身的创新，以及支持其实现的标准。主题有：①系统生命周期和技术，包含关于选择和使用建模仿真标准和实践来支持系统生命周期和相应技术的信息；②服务、流程、工具和数据，涵盖提供支持模型、仿真和相关数据的服务的技术、框架和方法；③建模仿真专业应用，尤其是针对特定用途的仿真技术，例如：LVC 互操作性、增强现实，物联网集成，系统、车辆或武器产品开发，太空旅行，人类行为的理解和预测以及设计可互操作的指挥控制系统等。

二、英国

开发国防建模仿真工具是英国国防部关注的焦点。虽然以前一直强调训练和教育，如今模型越来越多地嵌入到作战系统以及支持决策、任务演练、装备采办、作战分析、工程试验和作战演习等应用领域中。在缺乏一贯的管理机制情况下，这些领域长期以来通过自下而上的方法来满足特定的需求，生成了大量孤立的解决方案，这些解决方案在整体能力、运用和协同方面受到限制。因此，亟需加强建模研究，提出提升国防能力建议，实现仿真与仿真系统运转灵活且连贯及进一步可执行和可操作性。

（一）总体要求

为指导开发并确保和有效使用，国防建模仿真工具将由国防部统一开发，以便覆盖最广泛群体，推动国防保障最大效用。国防预算管理的建模仿真战略和支持计划应与现有的建模仿真政策一致，并在各自的年度指挥计划中有所体现。国防建模仿真联合体（DMaSC）的作用是确保国防部与其合作伙伴在建模仿真技术方面实现连贯性。这将保障在全英军内不会扼杀或者遏制创新。建模仿真开发者的变更须在 DMaSC 技术管理机构的指导下进行，并与英国国防仿真中心（国防学院所属的顶级服务团队）开展合作。在英国国防仿真中心的支持下，建模仿真工具开发者必须确保其应用程序和数据的编目能够映射到国防信息参考模型中，以期实现广泛的重用和价值。建模仿真协同工作能力将通过"通用技术架构方法"加强建设，并用于支持军种、联合力量和盟军的作战仿真要求。

（二）职责与分工

国防部主管能力建设的副参谋长是国防能力协调局负责人，其职责是指导建模仿真活动。通过军事能力建设委员会开展性能与风险评审和其他常规评审，确保提供建模仿真方面的能力。

国防预算管理方面的职责是建模仿真能力的开发、分发和运用。主要职能单位有牵头司令部、技术管理机构、国防仿真中心及行业咨询专家组等。

（三）监督机制

为了帮助国防部参谋长履行与国防能力一致性角色相关的职责，军事能力建设委员会将定期考虑适当的仿真要求。关于仿真的发展，如果能力一致性问题或技术合规性问题在技术管理层面无法解决，军事委员会考虑给出明确指导。国防部主管军事能力的副总参谋长将 DMaSC 技术管理职责授权给联合作战力量司令部所属 C^4ISR 能力建设分部联合训练和仿真系统开发负责人；联合作战力量司令部所属 C^4ISR 能力建设分部联合训练和仿真系统开发负责人随后将相应的权限授予各军种技术管理责任人。

（四）国防建模仿真联合性管理机制

到 2020 年，DMaSC 将为国防建模仿真提供建议和指导，增强协调和加强治理能力，以及为国防仿真中心门户建立单一访问点，提升全英军内运用建模仿真的一致性。

（1）技术一致性与合规性。为了在全英军内保证技术一致性，确保物有所值，促进加强协调能力和重复使用而不扼杀创新，所有建模仿真的能力变更应符合"DMaSC 标准"，此过程从每个能力领域开始，包括在任何用户需求文件中强制要求的合规性。各能力建设领域需要通过国防仿真中心门户获得技术管理机构的建议和指导。不过只有 DMaSC 技术管理负责人可以确定并确保模型工具的合规性。

（2）加强发展一致性与协调。通过促进仿真用户和采办界沟通交流，DMaSC 技术管理机构揭示预算管理协调的需求和契机。这样，DMaSC 技术管理机构能够开发出面向仿真系统开发者的一致视图。

（3）仿真系统开发者的必备条件。一是合格且经验丰富的人员。作为客户，监督 DMaSC 兼容能力的变更、促进互操作性、确保国防企业级别等，这只能通过合格且经验丰富的人员操作。所需资格和经验由技术管理机构确定。二是重复使用。数据、模型、技术和研究的重复使用可以带来诸多益处，包括节省成本，改进协同能力和实现超高的一致性。为了实现重用，须确保国防部拥有适当的关键权利，包括了解能够与合作伙伴分享的任何能力。描述、能力、历史和运用条件等必须确定，并通过使用在线建模仿真目录加以规定和实现。三是互通性和基础设施。分布式仿真既可以最大限度地减少中断和训练成本,又可以通过更多的参与者和更丰富的合成环境实现更好的建模仿真能力。这种能力要求具有适当安全保密级别的广域网络且有足够的宽带。四是技术架构。在可行的情况下,政府政策仍然是基于云计算和开放的技术架构。该领域的技术不断发展,需要进一步的资金和研究,以满足具有挑战性的仿真要求。五是协同合作。开展仿真活动有助于与国际合作伙伴保持一致,也鼓励行业相关单位采用实现互操作性和通用标准以及开放式架构。仿真应根据"北约优先"政策采用北约批准的解决方案和标准。这种合作由联合司令部进行,并开展日常业务,但技术管理机构需要做好协调。六是互操作能力。在适当的情况下应该采用合成解决方案来增强互操作能力。七是知识产权。为实现仿真资源的最大价值(包括数据和模型),应尽可能重新使用它们,因此在采办初期获得对知识产权的适当访问权限非常重要。历史上国防部为其已经拥有的数据集付费,以便开发具有所需真实性的训练系统。获得国防装备支持部门充分的商业建议和支持对于实现这一目标至关重要。

(五)后期展望

实现国防能力提升需要一个连贯有效的建模仿真框架,该框架能够增强协调能力,实现重新配置功效且获取成本效益优势。DMaSC 方法将提供连续、通用共享工具,最大化提高建模仿真的效用,增强运行能力并有效地利用国防资源。鉴于建模仿真方法的普及性,DMaSC 方法已取代国防训练和教育联合体。

此外,2018 年 4 月,英国政府科技办公室发布的《计算建模——技术的未来》报告指出,计算建模对于未来的生产力和竞争力至关重要,适用于各种规模和所有经济部门的企业。建模有助于推动产品和服务的性能改进,提高生产力和效率,创造新的智能产品和服务。从喷气发动机的设计到新药的开发和制造，数字设计和建模对英国未来的竞争力至关重要。在科研和工业基础的多个领域，英国的建模已处于世界领先地位。利用建模技术进步所带来的机会，必将继续为英国保持先进建模发展和使用的前沿地位提供所需的技能、研究和创新发展支持。

（哈尔滨工业大学控制与仿真中心　马萍　李伟　张冰）

基于量子计算机的仿真技术

基于量子计算机的仿真,能够解决以往电子计算机仿真无法解决的大量工程和科学研究中的难题。量子计算机仿真是以量子信息理论为基础,以量子计算机为工具,根据研究目标,建立并运行量子计算模型,并对系统进行认识与改造的过程。量子计算技术在智能仿真、虚拟仿真、平行仿真、云仿真等领域均有广阔的应用前景。

一、量子仿真发展历程

量子仿真的思想可以追溯到理查德·费曼,他提出可以使用精确可控的量子系统有效地仿真交互量子系统,即使通常这样的仿真任务对于标准经典计算机来说是无效的。一般来说,经典的量子系统仿真需要指数级的大量资源,因为底层希尔伯特空间规模会随系统大小成指数级变化。通过在特定情况下使用有效量子态的合适代表,可以显著地调节这种比例。

类似地,某些经典优化问题的解决方案,特别是 NP – hard(非确定性多项式困难问题)和 NP – complete(因不能用多项式算法而导致问题无法解决）问题需要指数资源进行解决。例如，张量网络、密度矩阵重整群以及量子蒙特卡罗采样等数值方法，支持计算某些情况下的基态性质。这类经典的仿真方法一般只适用于某些特定问题，有其局限性。又如，可以在经典计算机上以数字方式研究的系统尺寸通常相当小，而且这些经典工具似乎不太可能强大到足以充分理解多体量子现象的全部复杂性。在复杂性理论语言中，近似局部哈密顿问题的基态能量是量子梅林—阿瑟（QMA）难点，局部哈密顿下的时间演化则是有界误差量子多项式时间（BQP）完全，两者都是计算难点。同样，找到经典自旋玻璃的基态能量，或解决旅行推销员问题（又译为货郎担问题，简称为TSP问题，是最基本的路线问题，该问题是在寻求单一旅行者由起点出发，通过所有给定的需求点之后，最后再回到原点的最小路径成本），也是计算难点。量子模拟器有望克服其中一些限制。

1982年，理查德·费曼不仅在他发表的主题演讲手稿中介绍了量子仿真器的基本概念，还讨论了仿真时间和仿真概念的复杂点，甚至描绘了架构蓝图。这一基本思想后来在实践中得到了进一步的证实，通用量子计算机的确能够有效地跟踪所有本地量子系统的动力学，并且能够通过Trotter公式进行精确的误差分析。从那以后，量子仿真研究蓬勃发展，并发展成为量子信息处理的核心领域，解决了在部分读数和分支中仿真复杂量子系统的问题。量子仿真器的定义是：量子仿真器是精确制备或操纵的物理量子系统，旨在学习复杂的交互量子或经典系统的有趣特性。更具体地说：

（1）量子仿真器是一个实验系统，其仿真了一个具有多个自由度的相互作用的量子系统（从凝聚态、高能物理、宇宙学到量子化学）。或者，它可以用于编码硬经典约束优化问题（如可满足性）。

（2）仿真模型应解决一个具有挑战性的问题，并进一步加深我们对该领域的理解。

（3）对于经典计算机，仿真模型应该能处理传统计算机难以计算的问题。

（4）量子仿真器应该支持对仿真模型的参数、系统状态的制备、操作和检测进行控制。然后，该特性可以用于精确地测试大参数状态下的模型和假设。

通过已知的"参考结果"进行验证，使用经典仿真来设置量子仿真的参数，从而使模型变得易于处理。同时，应该清楚的是，量子仿真器的认证不一定需要对某些参数方案进行有效的经典仿真。

目前，有许多物理平台可以进行控制量子仿真。现阶段，这些系统在不同的成熟度水平上已经取得了可喜的进展。

量子仿真实验平台由以下组成：超冷原子和分子量子气体，特别是光学晶格中的冷原子系统（图1）或受原子芯片限制的连续系统；超冷捕获离子；半导体纳米结构中的极化子凝聚；基于电路的空腔量子电动力学；量子点矩阵；已经在量子退火器中有商业应用的约瑟夫森结和超导量子位元，以及光子平台，如集成波导结构。

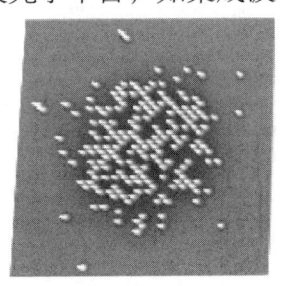

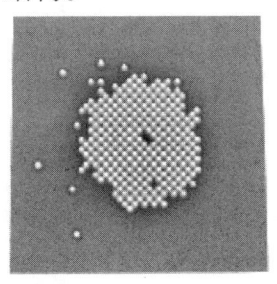

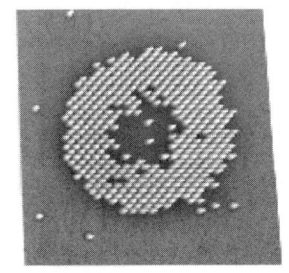

图1 重建光学晶格中单个原子的量子气体显微镜图像

科技的进步需要直面未来的挑战。量子仿真支持在精确控制的条件下探讨和摸索复杂量子系统的特性。尽管理论和实践都取得了重大进展，但从概念的角度来看，仍存在几个问题：

（1）识别经典仿真中难以计算但从物理角度来看有趣且重要的模型。

（2）为量子仿真器开发校核和验证工具以及经典的仿真方法，用于捕获量子仿真器在某些状态下的功能。

（3）设计实验装置并在足够大的规模下实施，同时表现出高度的控制。

面临的关键挑战是查明该设备是否准确进行了量子仿真。现实中暴露了一个在传统情况下不会遇到的重要且有趣的问题：量子仿真器正在执行人们无法有效跟踪的任务，并且有证据表明量子仿真器能准确地运行。常用的一种方法是，假设要进行量子仿真的模型即使无法通过传统方法获得，也有适当的参数方案使这些模型能够完全或至少部分适用于经典模拟。在某些情况下，即使不必有效地预测模拟结果，也可以进行关于量子模拟正确性的陈述。

然而，在量子仿真中存在一些任务，如近似基态能量，甚至是一个假定的 QC 也无法克服。其他方面，如在计算多体量子系统长期动力学方面的困难，为量子仿真器在计算量子优势上超越经典仿真器留出了空间，其常常被称为"量子至上"。量子退火算法为 NP – hard 问题的解决提供了一个近似解决方案，但与经典仿真器相比，量子仿真器的优势仍不清楚，这也是一个正在发展的研究领域。与此同时，另一个深刻的概念问题出现了：如果没有纠错和容错能力，则仍然无法完全理解验证量子仿真器和退火器在多大程度上能够超越经典计算机。

如果能确定这个问题及其相关问题的大致答案，那么量子仿真器将在量子多体物理学的研究中发挥关键作用，并能够应对与之相关的许多复杂挑战。此外，即使这些问题的核实和认证还未得到彻底解决，模拟量子仿真器在下一个 5~10 年中超越经典计算机，成为探索和理解多粒子量子系统相互作用特征的新工具。作为未来 10 年的长期目标，大规模量子仿真还有望解决物理学、材料科学和量子化学中的关键问题。

二、量子计算机主要进展

2017 年 9 月，IBM 公司率先取得突破，采用 7 量子比特（图 2）的量子计算机对小分子的电子结构成功进行仿真计算，相关成果发表在英国《自然》杂志上。IBM 研究团队采用全新算法，利用特定金属超导体制作的量子计算机计算出氢化锂、氢气和氢化铍的最低能态，并模拟出这 3 种分子（图 3）。2017 年 10 月，IBM 在一台经典的超级计算机中成功模拟了 56 量子比特的量子计算机，仅用了 4.5 太字节。在此之前，相关研究人员认为，49 量子比特已经是目前的超级计算机的极限，无法模拟更多的量子比特。

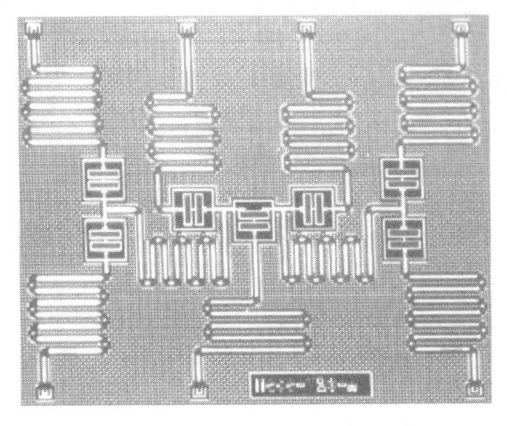

图 2　7 量子比特

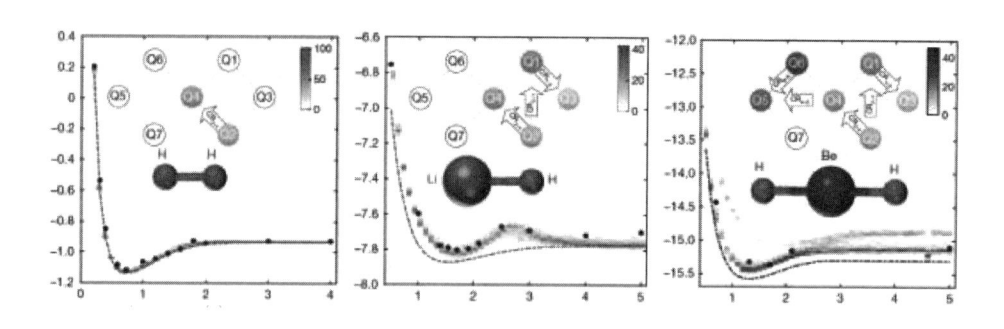

图 3　量子计算机模拟分子的过程

2018年1月，美国英特尔公司宣布，成功研制49量子比特测试芯片（图4）。这款芯片代表着该公司在开发从架构到算法再到控制电路的完整量子计算系统方面"一个重要里程碑"，将支持研究人员能够评估和改进纠错技术，并模拟一些计算问题。英特尔公司预计，量子计算距离解决工程规模的问题可能还要5~7年。而从商业角度看，量子计算可能需要100万甚至更多的量子比特才能有实用价值。

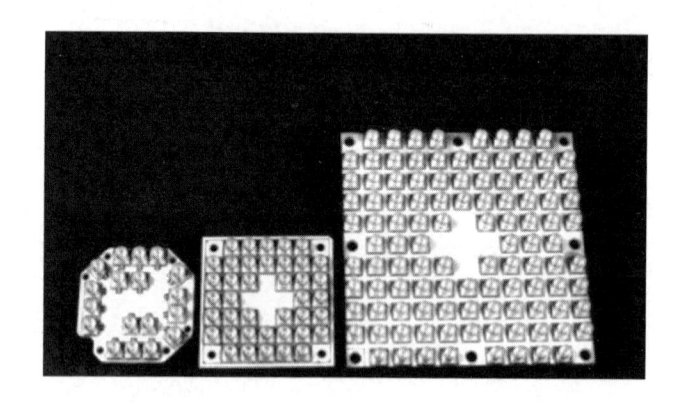

图 4　英特尔将超导量子计算测试芯片的
量子比特从7、17提高到49（从左到右）

2018年3月，谷歌公司宣布推出一款72量子比特的通用量子计算机"狐尾松"（Bristlecone），实现了1%的低错误率，与9量子比特的量子计算机持平，号称"为构建大型量子计算机提供了极具说服力的原理证明"（图5）。

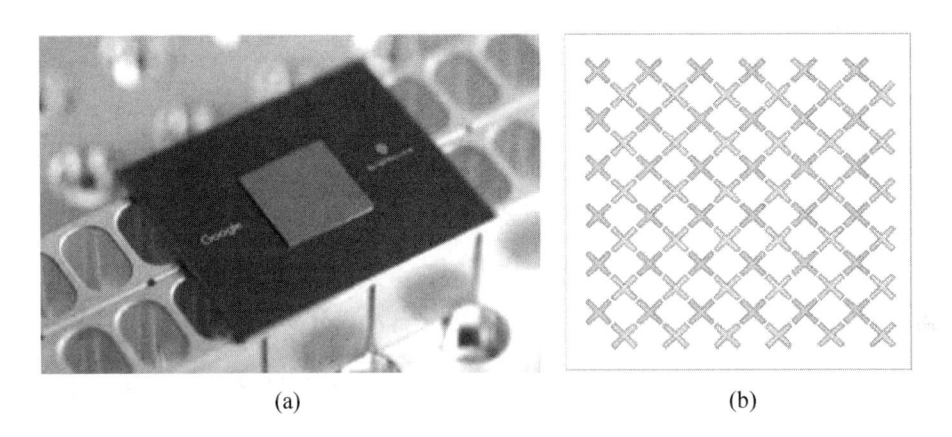

图5 谷歌最新的72量子比特量子处理器 Bristlecone（a）；该设备的图示（b）（每个"X"代表1个量子比特，量子比特之间以线性阵列方式相连）

三、前景展望

量子计算发展到2018年，已经不再仅停留在实验室：谷歌和微软等科技巨头开始显露商业野心，纷纷表示量子计算正在从纯粹的科学转变为工程建造。商用量子仿真计算对社会带来的变革将是不可估量的，不仅可以用来解决从饥饿到气候等全球社会面临的最棘手的问题，还可以用于加速新药研制、破解密码安全系统、设计新材料等。

制药行业或成为量子仿真计算的商用突破口。2018年5月，波士顿咨询公司发布了一份量子计算行业调研报告，暗示制药行业很可能成为量子计算的商用突破口。在原子水平上，目前的高性能计算无法处理大多数的模拟，量子计算可以成倍地提高药物发现概率。在美国，如果复杂的量子模拟是可行的，有 10% 的公司愿意为其承担费用，这对应着 150 亿~300 亿美元的量子计算市场机会（图 6）。波士顿咨询公司预测，到 2030 年，在制药行业，量子计算市场规模将达 200 亿美元，化学、材料科学等科技密集型产业的规模将达 70 亿美元。信息技术公司埃森哲与量子计算软件公司 1Qbit 正在合作为制药公司 Biogen 提供该领域首个由量子计算驱动的分子比较应用，这将极大地提升分子设计的效率，从而加速复杂疾病的新药发现进程，如阿尔茨海默和帕金森等神经系统疾病。

  谷歌公司联手大众汽车公司利用量子计算改善电动汽车电池。大众汽车公司的工程师们使用量子计算机来模拟锂氢和碳链等化学结构，其耗时明显减少（图 6）。工程师们计划开发出一种可以针对不同特征进行优化的定制电池，如减轻重量、功率密度以及电池组装。目前，除大众汽车公司外，全球最大的化工厂巴斯夫、全球最大的飞机制造商空客公司等都已经开始投入量子计算，包括建立对 IBM、微软等公司提供的量子计算平台、工具与算法的概念性理解和经验累积。而 QxBranch、QC Ware、1Qbit 等算法开发公司正在为量子计算的多领域应用寻找可能性。

图 6 利用量子仿真计算技术开发高性能电池结构

  IBM 公司将量子仿真计算技术应用于大气污染防治。IBM 中国研究院资深科学家黄瑾博士阐述了 IBM 公司的"绿色地平线"（Green Horizon）计划，该计划旨在用人工智能来驱动环保能源的转型发展，让环境保护脱离传统的束缚，通过与高科技结合使得环境保护行动起到事半功倍的效果。IBM 公司将量子计算这项技术应用在大气污染防治的预报、决策、监管等各个方面。

（哈尔滨工业大学控制与仿真中心　李伟　张冰　马萍）

应用光子晶体技术的新体制红外场景仿真方法

红外成像探测系统由于其探测精度高、隐蔽性好、抗干扰能力强已成为当今世界各国精确探测技术发展的主流。为了短时期内在成像技术的研制上取得突破性进展，仿真实验是必不可少的。

红外目标与背景的仿真基于"相对等效"原理，红外成像半实物仿真系统提供了一套非破坏性的、高可行度的、高置信度的校核、验证、仿真和测试工具与实验手段，红外成像目标/背景仿真系统主要是为被试探测系统提供与真实探测环境等效的红外辐射，是红外成像制导仿真系统的重要组成部分。

动态红外场景模拟器用于模拟运动目标和背景的红外光学特性与运动特性。在目标和背景通道中的模拟图像由图形工作站生成可见光图像，由红外场景模拟器将可见光图像调制为红外辐射。目前红外场景模拟器主要采用两种技术途径：一种是基于数字微镜器件（DMD），另外一种是红外电阻阵。DMD是一种微机电系统，是由单个可控铝制微镜组成的两维阵列，可以提供可见、红外波段的非常逼真的动态景象，其优点是空间分辨率高、帧频高，没有死像素，均匀性好，但是孔径角有限且在长波波段受到衍射影响，分辨率有所下降；红外电阻阵具有全波段辐射的优点，但是能量利用率不高，分辨率有待提高。本文介绍了美国桑迪亚国家实验室光子晶体红外场景模拟技术，具有模拟温度高、光谱辐射精确、能量利用率高的优点，且无孔径角限制。

一、光子晶体及其物理特性

光子晶体是一种介电常数周期性排列的人工介质。瑞利爵士发现：具有周期性变化的折射系数的材料，光学的反射与材料有关。

1987年，Yablonoviich和S. John分别在研究光的自发辐射和光子局域时各自独立地提出了光子晶体（Photonic crystals，Pcs）的概念，引发了各国科学家的高度关注。近20年来，光子晶体在理论、试验和应用研究方面都得到了迅速发展。由于光子晶体器件具有运行速度快、存储能力大、能量损耗小、工作效率高等显著特点，在光子晶体光纤、光波导器件、高效率发光二极管、激光器、光滤波器、光子开关等方面具有巨大的应用潜力。光子晶体被认为是21世纪最具有潜力的新型材料之一。

光子晶体对光具有频率选择特性，即有些频率的光不能在光子晶体中存在或传输。因此，光子晶体也被称为光子带隙材料。

光子晶体的性能由结构决定而不是由材料本身决定，提供了构建材料性能的能力从而达到红外仿真的需求，而不是去自然界挖掘满足需求的材料。光子晶体结构在不同波段具有不同的红外传输特性，这是由光子晶体材料能带间隙决定的，光子晶体的能带间隙是由形成周期性的一维、二维或者三维排列电解质材料决定的。

二、超高温红外场景模拟技术

近年来，美国桑迪亚国家实验室利用光子晶体的特殊性质和微机电系统先进制造技术，开展了超高温红外场景模拟技术的研究，应用光子晶体技术研制了超高温红外场景模拟器。首先，基于光子晶体技术的红外场景模拟器采用了耐高温光子晶体材料，实现了超高温红外特性模拟，并且在超高温工作温度下，还能保证工作寿命。其次，基于光子晶体技术的红外场景模拟器利用光子晶体辐射的非朗伯辐射的辐射模式，使得大部分辐射能量集中在想要的波段。同时，通过驱动电路与光子晶体阵列的像素匹配设计，使得超高温输出只需要低电压驱动和简约电路，输出效率很高，仅仅需要少量电能就能实现高温辐射。最后，基于光子晶体技术的红外场景模拟器辐射光谱范围很宽，覆盖了从短波红外到长波红外的波段范围。

（一）红外场景模拟器光子晶体结构

基于光子晶体技术的红外场景模拟器的光子晶体结构采用圆柱形堆积结构的钨光子晶体，在美国桑迪亚国家实验室的微电子机械生产厂制造（图1）。采用钨元素的光子晶体具有以下几个优点：工作温度高，结构强度和刚度好，使用寿命长，在制造厂家的选择方面具有广泛的兼容性。

（二）三维麦克斯韦有限元解决方案

光子晶体结构在不同波段具有不同的红外传输特性。经过专门设计，光子晶体材料周期排列的规模和材料部件的大小可以决定：哪些特殊波段可以通过光子晶体进行传播，哪些波段不可以，光子晶体的几何形状决定通过波段或者截止波段的波段范围。

为了设计用于场景模拟器的光子晶体，美国桑迪亚国家实验室发展了

图1 两种符合要求的光子晶体结构

三维麦克斯韦公式的有限元解决方案，使用了周期性的三维折射系数结构，这种仿真被称为严格耦合波分析（RCWA），用来得到光子晶格光学性能的关键指标：反射率 R 和透过率 T 以及吸收率 α。采用这套光子能带的公式可以优化光子晶体，使得任意波长红外辐射透射，能够精确匹配真实世界的特征，并可以抑制波段之外的辐射能量。

多波段光子晶体设计与优化过程如下：

（1）计算红外黑体的红外辐射。

（2）普遍算法用来找到光学晶格的参数使得在给定波段的辐射效率最大。

（3）选定的光子晶体结构在给定波段之外的辐射曲线保存，并使用麦克斯韦公式的缩放定律借助倾斜窗口的目标函数。

（三）光子晶体非朗伯辐射的辐射模式

目前，红外场景模拟技术通常采用红外黑体作红外辐射源，或者采用加热电阻辐射源直接辐射红外场景。红外黑体和红外电阻阵均为朗伯余弦辐射，这种辐射中有一部分辐射到镜筒壁或者杜瓦壁上，成为无效辐射。

与之相比，光子晶体辐射属于非朗伯余弦辐射体，光子晶体辐射仿真显示了非常良好的前向辐射图，光子晶体良好的辐射方向使得光子晶体辐射能够把这种无效辐射压缩到最小。

当根据给定波段选定了光子晶格的参数后，在关键的红外波段运行严格耦合波分析，光子晶体的效率大约在73%，比黑体在3～5微米和8～12微米的效率都高。由于光子辐射的波段选择性和方向选择性，光子晶体在同样的能量输入条件下，能在给定的波段输出更高的能量。

（四）光子晶体电路与优化

为了使基于光子晶体的场景模拟器在输出高能量的同时实现快速刷新，需要优化光子晶体电路中的热导、热容和电导电容之间的平衡。有限差模型能够建立公式，根据基于光子晶体部件的几何尺寸和材料计算部件的热辐射与热传导损失。光子晶体与衬底和电路管脚如图2所示。

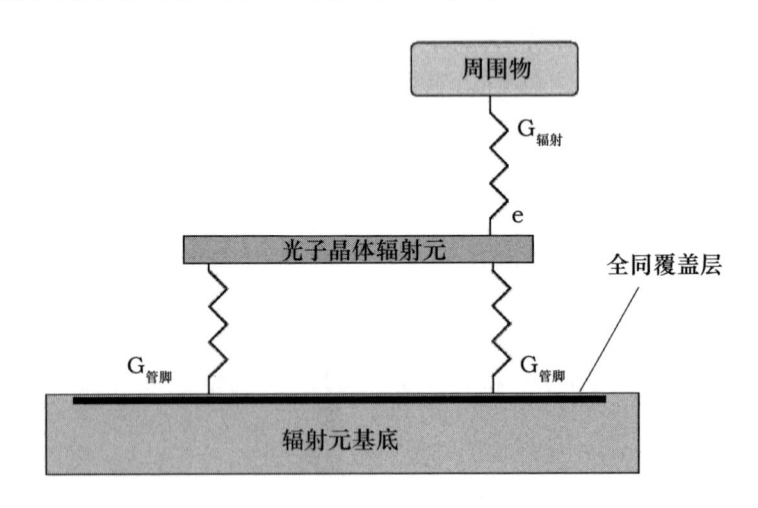

图2 光子晶体与衬底和电路管脚

为了摸索光子晶体阵列的设计参数，挑选出鲁棒性最好的像素设计，确定加热阻抗与结构的相关性的经验值，美国研制了阵列测试样片，包含几百个像素、管脚等。图 3 是光子晶体阵列测试样片中单个象素的结构图，最上面 7 层是钨光子晶体条，下面两层是热加热件（棕色部分）和绝缘层（蓝色部分），选用钨作为光子晶体材料有三个原因：一是因为钨可以工作在 2000 开的高温；二是钨的微机电系统制造工艺兼容性比较好；三是钨在高温下的使用寿命较长。图 4 是单色（左）和多色（右）光子晶体迷你阵列。图 5 是光子晶体管脚的优化设计图。

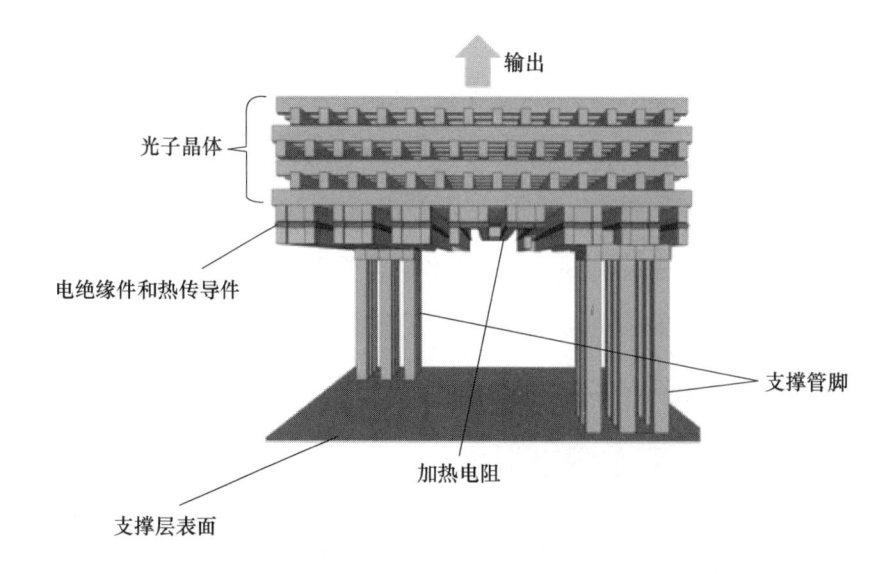

图 3　光子晶体单个象素的结构示意图

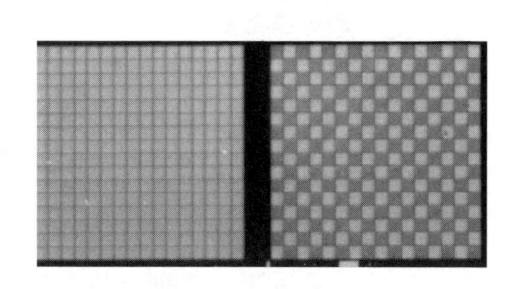

图 4　单色（左）和多色（右）光子晶体迷你阵列

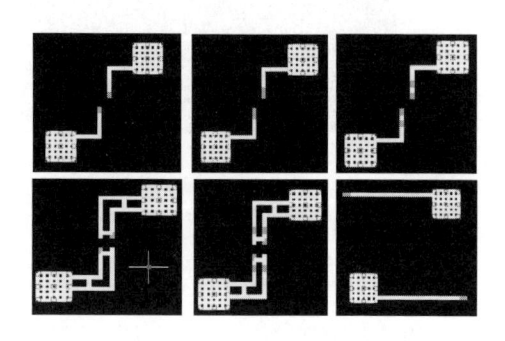

图 5　光子晶体管脚的优化设计图

（五）光子晶体光谱辐射特性测试

为了研究光子晶体阵列的光谱辐射特性，采用红外相机对光子晶体辐射场景进行观测，包括工作波段内的辐射和工作波段外的辐射截止特性，并根据光谱辐射特性选择光子晶体类型。

图6是用中波红外相机观察两种不同的光子晶体，这两种晶体区别在于钨条的尺寸和间隔是不同的。左侧的光子晶体是通过基底输送电流进行加热的，产生与红外相机波段相对应的红外辐射，图片中间灰度高的方形结构为光子晶体；右侧的光子晶体的红外辐射是在红外相机波段范围之外的，在这种情况下，可以看到中间黑色的方形结构为光子晶体，薄膜电阻挂在后面并与光子晶体隔绝开来，薄膜电阻被电路加热并像灰体一样产生辐射。加热的薄膜电阻可以从黑色的光子晶体两边看到。光子晶体在红外相机波段内的辐射为黑体辐射，在红外相机波段外的辐射为灰体辐射。

图6 中波红外相机观察光子晶体

（六）光子晶体阵列的杜瓦测试

光子晶体每个辐射元的大小约50微米，集成为测试试验阵列，从而优化设计和制造过程。图7显示了测试试验阵列的微观图像，0.7密尔

(0.001英寸)的Au导线把两行装置被束缚在基板上,以便进行杜瓦测试。

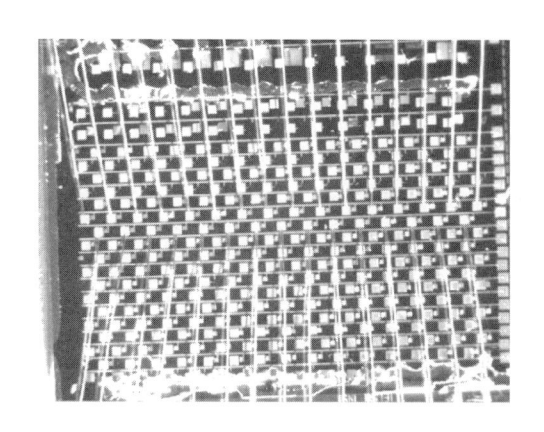

图7 测试试验阵列的微观图像

每排上面的每个单元都有设计好的光子晶体辐射元,能够辐射3个波段的红外辐射,但是有不同的支撑管脚结构。决定光谱性能细节的光谱测量正在改进中。256×256红外中波长波双色阵列已经设计出来了。每个单元像素都直接被杜瓦外面的能量供应直接驱动,辐射出来的红外辐射通过中波红外相机检测,图8为中波红外相机观测到的50微米×50微米的光子辐射元。

这些测试阵列单元的阻抗尚未进行优化,与经过优化的用读写集成电路驱动的阵列相比,需要很高的电流才能运行。电路供应如图7所示,在Au导线融化之前,电流变化已经高于500毫安。红外相机的波段为3~5微米,而辐射源的设计波段要窄的多。辐射元在绑线失效前,能够操作11000次。根据图9的标定

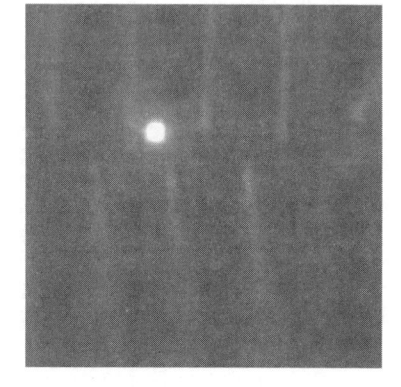

图8 中波红外相机观测到的50微米×50微米的光子辐射元

曲线估算，这种元件在优化之前最有效的辐射温度在800开左右，经过优化的阵列单元能够达到2000开，未来能够模拟3000开的目标。图10是256×256辐射阵列薄片演示版。

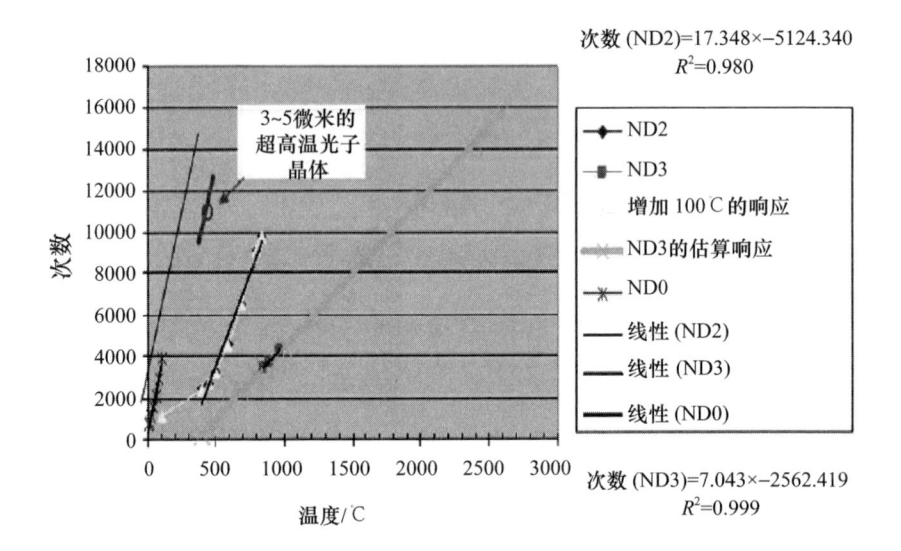

图9　光子晶体的中波测试曲线

（横轴为温度，纵轴为测试次数）

图10　256×256辐射阵列薄片演示版

三、发展与展望

光子晶体是一种具有很大发展潜力的新型材料，它在仿真领域的应用具有广阔前景。光子晶体能够在高温运行操作，有效地进行红外目标仿真，温度可达到 2000~3000 开。通过改变光子晶体微元排列的三维结构，可以改变辐射波长和波段范围，这种波长可调能力使得光子晶体辐射阵列特别适合高逼真度的目标仿真。美国桑迪亚国家实验室研究证明了基于光子晶体的微元完全适用于多光谱的辐射阵列。

（北京仿真中心航天系统仿真重点实验室、北京市复杂产品先进制造系统工程技术研究中心　张盈　赵宏鸣　马一原）
（北京仿真中心航天系统仿真重点实验室、北京市复杂产品先进制造系统工程技术研究中心、国家智能制造工程中心　曲慧杨）

数字工程与数字孪生发展综述

近年来,美军越来越认识到传统的基于仿真的采办路线无法应对面临的复杂挑战与需求,而实施数字工程将成为美军迎接数字时代、完成数字转型的关键。2018 年 6 月,按照之前制定的路线图,美国国防部发布《数字工程战略》,旨在将以往线性、以文档为中心的采办流程转变为动态、以数字模型为中心的数字工程生态系统,使美军完成以模型为中心谋事做事的范式转移。数字工程的重要技术基础数字孪生技术近年来也备受关注,美国空军将数字孪生视为"改变游戏规则"的颠覆性机遇之一。Gartner 公司更是连续 4 年(2016—2019 年)将数字孪生列为十大战略科技发展趋势之一。

一、美军数字工程最新发展

美军虽然早在 2011 年提出了数字孪生的概念并逐渐将该技术引入国防领域,但随着物联网、人工智能等技术的快速发展,美军认为,传统的建模仿真、基于仿真的采办、基于模型的系统工程已不能应对美军面临的各种挑战,并决心从 2015 年起实施向数字工程的转型。数字工程是一种集成的数字化方法，使用装备系统的可信数据源和模型源作为全生命周期中连续统一的基础资源库，支撑从概念到报废处理的所有活动。美国国防部研究与工程副部长迈克尔·格里芬签发的《国防部数字工程战略》强调武器系统和组件的数字表示，要求把数字虚拟实体作为国防采办利益相关方之间沟通的技术工具，用于国防系统的设计和维持。该战略的主要做法如下：

（一）明确国防采办数字工程制度化的五大战略目标

《数字工程战略》列出了国防部数字工程倡议的五大战略目标，旨在促进系统和部件数字化呈现的使用和数字化产品的使用，并将之作为不同利益相关者进行沟通的技术手段。这五大目标分别是：建立开发、集成和使用模型的正式流程，以为各团体和项目的决策提供信息输入；提供持久、权威的事实来源；注入能够提升工程实践的技术创新；建立保障基础设施和环境，能使不同部门开展活动、协作和沟通；改造文化和人员，以适应和支持全生命周期的数字工程。

（二）构建以数据流转为核心的数字工程架构

在装备采办全生命周期的基础上，美国国防部系统工程部门建立了由模型视图、数据视图、文档视图、采办视图构成的数字工程架构（图1、图2）。以数据视图对于不同阶段标准化数据流转的规范为核心，推动传统采办模式向数字工程的迁移。

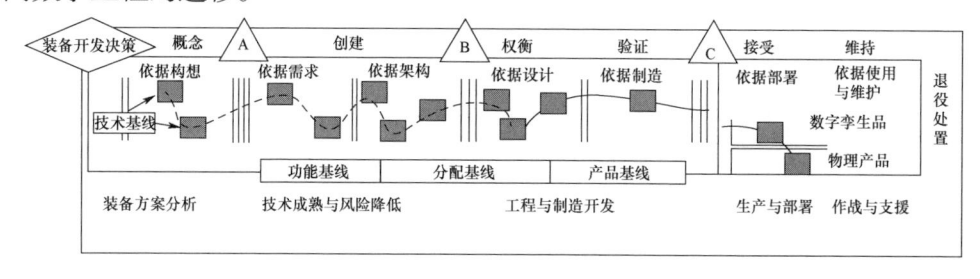

图1 数字工程体系架构之采办视图

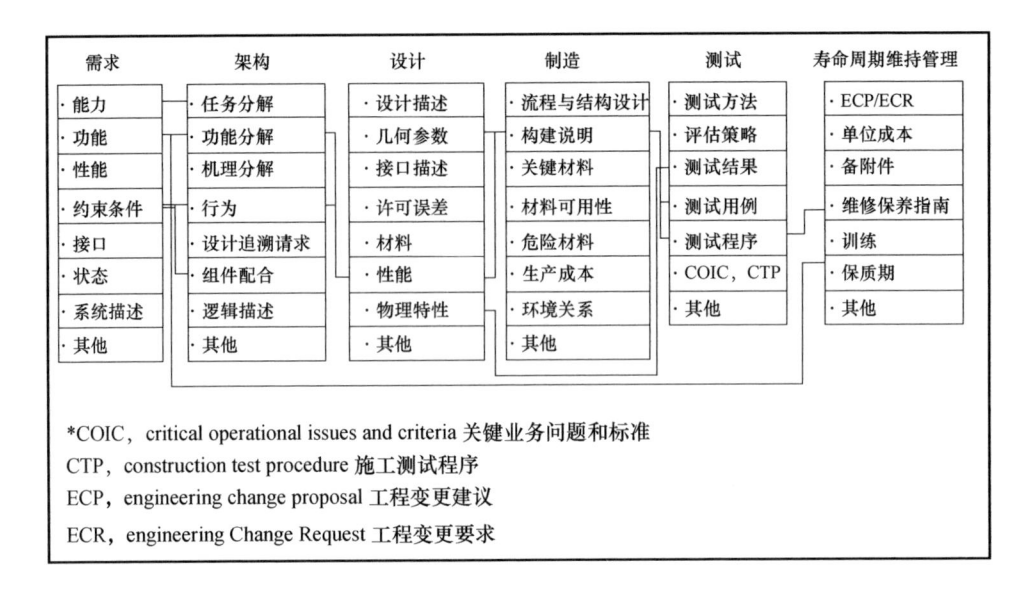

需求	架构	设计	制造	测试	寿命周期维持管理
·能力 ·功能 ·性能 ·约束条件 ·接口 ·状态 ·系统描述 ·其他	·任务分解 ·功能分解 ·机理分解 ·行为 ·设计追溯请求 ·组件配合 ·逻辑描述 ·其他	·设计描述 ·几何参数 ·接口描述 ·许可误差 ·材料 ·性能 ·物理特性 ·其他	·流程与结构设计 ·构建说明 ·关键材料 ·材料可用性 ·危险材料 ·生产成本 ·环境关系 ·其他	·测试方法 ·评估策略 ·测试结果 ·测试用例 ·测试程序 ·COIC, CTP ·其他	·ECP/ECR ·单位成本 ·备附件 ·维修保养指南 ·训练 ·保质期 ·其他

*COIC, critical operational issues and criteria 关键业务问题和标准
CTP, construction test procedure 施工测试程序
ECP, engineering change proposal 工程变更建议
ECR, engineering Change Request 工程变更要求

图 2 数字工程之数据视图

(三) 打造全面支撑国防采办的数字工程生态系统

数字工程生态系统主要由技术数据管理、工程知识管理和系统工程技术评估三个相互嵌套的群落构成。技术数据管理位于最底层，包括对工程标准、需求数据、设计与制造数据、测试数据、供应数据、作战数据、维护数据、工程能力数据库的管理。工程知识管理位于中间地带，包括对多域、多机理、多层级真实与虚拟组件的集成以及对各种系统分析工具的集成，并利用工程数据对系统采办与维持提供支撑，完成对收益、不确定性和风险的概率分析，以及对总拥有成本（系统全生命周期成本）的均衡分析。系统工程技术评估位于顶部，开展成本分析、需求论证、费用进度与性能的综合平衡，提供对各阶段采办里程碑的决策支持。

数字系统模型、数字线索和数字孪生是纵向贯穿数字工程生态系统的纽带，提供了端到端集成、权威性、系统全生命周期的数字表示。数字系统模型由所有的利益相关者共同提供，集成了权威的技术数据和相关的工件，定义了系统全生命周期中各个方面的具体活动。数字线索是一种可扩展、可配置和组件化的企业级分析框架，无缝地加速了企业数据信息知识系统中的权威技术数据、软件、信息和知识的受控相互作用。在整个系统寿命周期中，数字线索基于数字系统模型的模板，向决策者提供访问、集成数据，并将分散数据转换为可操作信息的能力。数字孪生是在数字线索支撑下，对实际制造系统多机理、多尺度概率模拟的集成，使用最佳的可用模型、传感器信息和输入数据，镜像和预测其物理孪生品系统全生命周期中的行动与性能。

（四）设计 2020 年前完成数字转型重构的路线图

美国国防部数字工程路线图给出了数字工程推进的 7 个成熟度等级：一是启动阶段，2015 年 8 月成立数字工程工作组；二是知晓阶段，通过系统工程副助理国防部长办公室网站、系统工程年会、基于模型企业峰会等促进各级组织对数字工程的认知；三是理解阶段，2016 年 11 月制定数字工程教育与训练课程，为各层级相关人员理解数字工程转型提供支持；四是初始使用阶段，即执行示范项目，如数字线索与飞行器机体数字孪生计划、工程弹性系统计划、计算研究与工程采办工具与环境项目；五是内部消化阶段，即制定指令、政策和指南以促进实例化使用，2017 年 12 月发布《数字工程战略》文件；六是适应阶段，即在工程和采办实践中推广已成型的主要做法，2018 年 6 月完成采办政策和指南的更新，开始在项目中对数字工程应用实施评价；七是制度化阶段，即保证转型的持续性，2019 年 12 月开始在采办流程中植入数字工程。

二、数字孪生的最新发展

（一）各行业巨头纷纷推出数字孪生工具平台

1. 加拿大软件开发商 Maplesoft 公司发布新数字孪生工具

2018 年 6 月，Maplesoft 公司发布了高级系统级建模仿真工具 MapleSim 新版本，用于虚拟调试基于物理的数字孪生体的创建。MapleSim 是一个针对多领域系统的天然建模环境，支持快速创建和测试初始概念。MapleSim 提供更广泛的工具链接口，可以从更多的软件工具中导入模型。

2. 微软发布物联网 Azure 数字孪生服务

2018 年 9 月，微软在该公司年度 IT 大会——"2018 年度 Ignite 大会"开幕式上，宣布推出名为 Azure Digital Twins 的物联网应用服务。这项物联网平台的新功能支持客户和合作伙伴为任何物理环境创建详尽的数字模型。Azure Digital Twins 能够在人、地点和设备之间建立关系和流程的完整视图，充分利用智能云与智能边缘为合作伙伴提供了一个坚实的基础，用以构建一个可以随时与物理世界同步更新的定制化数字方案，并能利用高级分析功能理解过去和预测未来，在预测性维护、能源管理和更多应用场景中大有用武之地。

3. Bentley 软件公司宣布多项措施，推动数字孪生发展

Bentley 软件公司是一家全球领先企业，致力于为工程师、建筑师、地理信息专家、施工人员和业主运营商提供促进基础设施设计、施工和运营的软件解决方案。2018 年 10 月，该公司举办的"纵览基础设施 2018 大会"期间宣布了多项举措，包括：收购领先的行人交通仿真软件提供商 LEGION；收购瑞典 Agency9 公司，致力为所有城市打造数字孪生模型；推出面向基础设施工程和资产的数字孪生模型云服务 iTwin Services；与西门子携手推出数字孪生模型云服务 PlantSight；与 Atos 建立战略合作伙伴关系，为工业和基础设施资产业主及运营商创建数字孪生模型。Bentley 软件公司的数字孪生云服务如图 3 所示。

图 3　Bentley 软件公司的数字孪生云服务

（二）数字孪生应用更加全面深入

英国谢菲尔德大学先进制造研究中心智能制造团队采用虚拟现实建模技术对波音公司在欧洲建立的首家工厂进行布局规划和离散事件仿真，以确定新工厂的潜力并验证生产力目标。新工厂将主要生产波音 737/767 飞机的传动系统零部件。离散事件仿真是一种"工业 4.0"技术，主要是在虚拟世界中将一个系统建模为一系列离散的定时事件，并对其进行数字孪生仿真。仿真结果表明，波音公司新工厂未来生产量可提高 50%。此外，将数字孪生模型与波音公司的实时生产数据联系起来，将为波音公司带来持续效益。该项目是研究中心与波音公司合作开展的最大的建模仿真项目，也是该航空巨头首次采用此技术进行全新工厂的规划,已成为波音公司进行工厂规划和监控的重要工具。波音公司也打算将这项技术推广到全球范围内已建或未来新建工厂。该研究中心还继续开展数字孪生仿真技术与人工智能技术相结合的研究,以便在更短时间内解决更复杂的现实问题。所开发的技术适用于航空航天、汽车、国防、医疗等多个行业。

2008年11月,在纽约召开的外国关系理事会上,IBM公司提出了"智慧地球"这一理念,引发了智慧城市建设的热潮。近年来,一些国家将数字孪生应用于智慧城市建设,如2016年新加坡与美国麻省理工学院合作的CityScope为新加坡城市规划量身定制城市运行仿真系统;在欧盟800万欧元资助下,西班牙智慧桑坦德在城市中广泛部署传感器,感知城市环境、交通、水利等运行情况,并将数据汇聚到智慧城市平台中的城市仪表盘,初步形成数字孪生城市雏形,成为欧洲可推广的模板之一。当前,数字孪生主要应用于城市规划和管理方面,未来将向城市服务方面扩展,通过服务场景、服务对象、服务内容等方面的数字孪生系统构建,引发服务模式朝虚实结合、情景交融、个性化、主动化方向加速转变。

(三)建立行业组织推动数字孪生发展

2018年12月,美国国家国防制造和加工中心宣布创建V4协会,旨在通过虚拟验证、确认和可视化为产品开发和制造提供保障。该协会将为产品和工艺的研发提供价值驱动的计算建模仿真解决方案,以推动跨行业创新,并支持美国制造创新网络(包括数字线程)的发展。V4协会的目标是将严谨的研究、工程原理,以及科学和数据融合在一起,以显著增加当前物理测试的影响,甚至减少物理测试的必要性,来满足验证需求。通过科学利用虚拟测试,提高其可靠性和可信性来降低产品成本,缩短上市时间。

（四）数字孪生将迎加速发展

未来，随着传统制造业转型升级需求的加速，数字孪生势必将会在更多领域发挥更为重要的作用，特别是随着建模仿真技术与物联网、大数据、人工智能技术的进一步融合，数字孪生的价值和作用将会得到更大的体现。据 Gartner 预测，到 2020 年，预计将有超过 200 亿个连接的传感器和终端，而数字孪生将存在于潜在的数十亿的设备中。这将有益于资产优化、竞争差异化，以及几乎所有行业用户体验的改善。到 2021 年，一半的大型工业公司将使用数字孪生，从而使这些组织的效率提高 10%。物联网项目提升了人们对数字孪生的兴趣。精心设计的数字孪生资产可以显著改善企业决策，它们与现实世界的对应物相关联，用于理解设备或系统的状态、响应变化、改进操作和增加价值。

（哈尔滨工业大学控制与仿真中心　张冰　李伟　马萍）

装备采办中仿真技术应用发展综述

随着使用目标和工作环境日益复杂,武器装备的功能、规模结构和技术复杂度增大,研制所需要投入的人力、物力和财力急剧增长。为解决上述问题,美国国防部于20世纪90年代中期率先提出了虚拟采办(Simulation Based Acquisition,SBA)的思想,即基于仿真的采办,其核心是采用建模仿真技术实现装备采办全过程(全生命周期)各阶段活动的协同工作,包括需求定义、方案论证、演示与验证、研制与生产、性能测试、装备使用、后勤保障等阶段。相对于传统采办模式,虚拟采办从采办文化、采办过程及采办环境三个方面进行了变革与创新。

自"虚拟采办"的思想提出以来,其研究与应用引起了世界各国重视。美国国防部先后颁发了多项管理政策和实施规范,要求在各军兵种中推行,并全面规划装备采办领域建模仿真技术的发展,建成了围绕飞行器、舰艇和射频天线等重点领域的采办工具环境。虚拟采办已成功应用于联合歼击机JSF、两栖战车AAAV、F-22、第四代攻击机F-35、陆军FCS、海军DDG 1000、CVN-21等武器系统研制项目中,全面支持系统的开发测试、实弹测试评估和作战测试。其他国家,如澳大利亚、英国、荷兰以及北大西洋公约组织等都相继成立了国家级的建模仿真办公室，制定了相关的建模仿真发展计划。

近年来，数字孪生/数字主线受到了广泛关注，目前还没有标准定义。《工四100术语》中定义数字孪生是充分利用物理模型、传感器更新、运行历史等数据，集成多学科、多物理量、多尺度、多概率的仿真过程，在虚拟空间中完成映射，从而反映相对应的实体装备的全生命周期过程。数字主线伴随着数字孪生而提出，通常认为是利用先进的建模仿真工具建立的一种技术流程，提供访问、综合并分析系统寿命周期各阶段数据的能力。

2018年，随着基于模型的系统工程（MBSE）、数字孪生/数字主线、LVC仿真、人工智能等新一代高新技术的发展，外军及工业部门不断探索将上述技术与建模仿真技术深度融合，应用于装备采办全生命周期的设计研制、生产制造、测试与试验鉴定、维修保障和使用训练等阶段，以达到缩短周期、降低成本、提升作战能力的采办目标。

一、在顶层规划上，发布数字工程战略，推进系统工程业务数字转型

2018年6月，美国国防部签发了《数字工程战略》，要求把数字虚拟实体作为国防采办利益相关方之间沟通的技术工具，大力推进数字工程在武器装备全生命周期中的运用，并计划在2020年前完成国防部系统工程业务的数字转型重构。在其推动的数字系统模型、工程弹性系统、自适应运载器制造等项目中，利用数字孪生和数字主线技术，基于高逼真度的系统模

型和各类技术数据、工程知识，实现对武器装备采办的规划、需求、设计、分析、验证、确认、使用和持续保障等活动的支持，以及对项目成本、进度、性能和风险的实时分析与动态评估。通过在顶层规划上推进数字工程战略，国防部将改变以文档为中心的线性采办流程，建立动态、以数字模型为中心的数字工程生态系统。

二、在设计研制阶段，优化采办流程，提升设计分析能力

（一）应用3D建模仿真技术和高性能计算技术，加速创新研究和设计研制过程

美国海军在研发阶段应用3D数字建模仿真技术，使建造第二艘"福特"级航空母舰节省了大量的资金。在改造新型"阿利·伯克"级导弹驱逐舰时，为给武器系统增加一个新的更强大的雷达——雷声公司的AN/SPY-6（V）防空反导雷达，利用基于3D建模仿真的先进设计和制造技术，重新设计了目前Flight IIA配置，使最后形成的DDG-51 Flight III方案能适应升级后雷达能力，减少了后期建造实施可能存在雷达与舰船间的集成问题，提升了导弹驱逐舰改造项目速度和效率。

美国陆军在联合多任务技术演示验证机旋翼机项目开发的早期阶段，利用Helios软件在高性能计算设施上进行高逼真度的计算流体动力学仿真和计算结构动力学仿真，以评估同轴转子的性能，以及来自主同轴转子系统尾流与推进飞行器推进力之间的气动相互作用，解决在以前的直升机项目中出现的从悬停到高速前飞过渡间出现的性能问题，避免采办过程延误和成本增加。美国陆军还将利用数字孪生建模仿真技术，在联合多任务技术演示验证机设计周期的早期进行更多的先进概念仿真分析，以加速未来

垂直升降机项目的创新研发。

（二）应用数字孪生模拟和验证装备系统设计，缩短研制周期

俄罗斯联合发动机制造集团和萨拉夫工程中心合作，研究建立发动机及其零部件的数字孪生模型，用于计算分析、虚拟试验、初始和计算数据信息交换、分析校对结果等活动，通过在俄罗斯联合发动机制造集团下属企业间建立以试验和计算数据为基础的共用信息系统，提升发动机研制过程中对相关的各类模型和数据的利用能力，缩短研制周期，拓宽和提高发动机的技术和使用性能。

法国达索公司建立了基于数字孪生的 3D 体验平台，利用用户交互反馈的信息不断改进虚拟世界中的设计模型，并反馈到物理世界的装备改进中，加速了装备的设计过程。

三、在生产制造阶段，提高制造流程效率，提升交付能力

（一）应用数字化建模仿真技术，提升制造流程的效率，推进数字化、智能化制造模式

英国 BAE 系统公司宣布将花费 1 亿美元在澳大利亚阿德莱德兴建一座数字化船厂，在舰船建造流程中引入产品生命周期管理软件，构建包含整个供应链的"统一数据"，管理设计、施工及舰船整个服役期内升级和改进所涉及的活动，提高设计和建造流程的效率。

设计和建造美国海军航空母舰的纽波特纽斯船厂表示，利用"统一数据"的数字化造船模式，将为美国海军"企业"号航空母舰（CVN-80）项目节省超过 15% 的成本。

波音公司采用虚拟现实建模技术对在欧洲建立的首家工厂进行布局规

划和离散事件仿真，用于仿真工厂的工作流程，验证生产力目标，检查工厂运行中可能存在的任何不确定因素或假设事件，确定工厂运行所需的设备、原材料等资源，节省新工厂规划与建设阶段的时间和成本，仿真结果表明，新工厂未来生产量可提高50%。

西门子公司构建整合制造流程的生产系统模型，形成基于模型的虚拟企业和基于自动化技术的企业镜像，在西门子工业设备Nanobox PC生产流程中开展应用验证，能够支持企业进行数字化转型。

（二）应用3D数字模型和装配过程仿真，改进制造装配过程

澳大利亚船企利用先进的3D建模软件验证和优化设备、管道和线缆的布设，在舰船施工建造之前消除潜在问题和冲突；在舰船升级改造时，通过运用仿真技术模拟一系列应用情景来检验新组件对船舶结构的影响以及舰船的整体性能；应用装配制造过程仿真，依次检查每一步工序，优化整个装配过程中的物料流，直至船只离开船坞。

亨廷顿英戈尔斯工业公司和纽波特纽斯船厂等企业，在"约翰·肯尼迪"号（CVN-79）项目中将超过1000个独立工作包数字化；利用激光扫描对"尼米兹"级航空母舰内部空间进行3D成像，这些技术在新航空母舰设计建造和老航空母舰中期大修的应用方面取得"非常显著的节省"效果。

美国陆军岩岛兵工厂与数字制造与设计创新机构合作，利用3D模型取代2D图纸，在整个制造过程中捕获和传输信息，并采用仿真工具减少由于试错而需要返工的工作量，降低了误读2D图纸的风险，改善了装备的制造过程和运营活动，使兵工厂更加灵活、高效、安全，并且能更快速地交付装备。

四、在试验鉴定阶段，改进以实物装备为主的传统模式，降低试验成本

（一）应用 LVC 仿真技术进行武器装备的动态试验，体现出时间和成本上的优越性

美国海军空战中心飞机分部的测试和评估团队通过构建 LVC 环境，将实际飞机（真实）与地面模拟计算机（虚拟）以及计算机生成威胁（构造）相集成，实现了首次在地面模拟飞行环境中模拟空中移动的试验飞机和目标，成功验证了动态敌我识别问答机以及首次将整个 P-8A 沉浸在动态 LVC 环境中，验证其平台上的任务系统，相对于真实空中的试验评估，将计划时间从 6 个月减少到不到 4 周，成本从 1200 万美元减少到 80 万美元，产生的试验数据量从原先的 4 小时增加到约 15 小时。

（二）加强数字化试验鉴定，推进研制试验和作战试验的一体化

美国国防部在《数字工程战略》中提出了试验鉴定的数字化转型目标，利用数字化试验鉴定主计划、数字代理、不确定性量化、试验数字孪生、数字化关键决策点等支撑技术，将以文档为中心、效率低下的试验鉴定模式转变为动态、互联、以数字模型为中心的新模式。为了在武器装备研发早期的试验鉴定中发现未来作战中存在的问题和性能缺陷，美国国防部加强研制试验和作战试验的一体化，开发可信的作战试验和实弹射击试验建模仿真工具，并通过真实装备与环境数据持续进行校核、验证与确认，不断提升模型可信度，支撑形成更加有效的"模型—试验—模型"过程，面向未来战场提供多种威胁环境、多种系统参与、不同规模战役的数字化试验鉴定能力。

五、在维修保障阶段，应用数字孪生与数字主线技术，提升装备健康诊断、维修保障和升级改造能力

美国空军与波音公司合作构建了 F-15C 机身数字孪生模型，配合先进的建模仿真工具，实现了残余应力、结构几何、载荷与边界条件、有限元分析网络尺寸以及材料微结构不确定性的管理与预测，能够预测结构组件的寿命期限，实现定制化的"使用前保障"。美国空军研究实验室结构科学中心通过将超高逼真度的飞机虚拟模型与影响飞行的结构偏差和温度计算模型相结合，开展了基于数字孪生的飞机结构寿命预测。NASA 将物理系统与其等效的虚拟系统相结合，研究了基于数字孪生的故障预测与消除方法，应用于飞机、飞行器、运载火箭等飞行系统的健康管理中。

美国海军研发了"虚拟宙斯盾"系统，以真实系统的作战指令、海上发射导弹真实数据等作为输入，进行仿真运行，试验测试新型战术算法，根据仿真结果实时修改作战程序，并回传到舰艇上的真实"宙斯盾"系统中，实现作战算法的快速升级，直接节省了至少 18 个月的重新编码、测试和认证等待时间。

六、在装备部队阶段，应用虚拟/增强现实和人工智能技术提供高度逼真的装备使用和训练模拟环境

新加坡海军建立了专门的濒海任务舰仿真中心，利用高逼真度 360°投影和人工智能辅助仿真系统，在现实环境基础上，注入系统故障和对抗行为等大量与作战相关的突发事件，为作战人员、集群或团队提供有针对性

的合成训练，将以往需要 23 名军官和作战人员花费约 24 小时的训练，缩短为只需要 9 名作战人员花费约 3 小时就能完成，在提供高质量合成训练的同时，大幅度降低了训练时间。

美国海军为航空母舰飞行甲板机组人员开发了更新训练扩展包，使个人、团队以及多团队能够在基于游戏的沉浸式 3D 技术的可扩展框架内进行飞行甲板操作的计算机仿真训练，提高了训练的便捷性和安全性。与思科公司合作，将海军数据及军舰评估信息转移到云端，在云端创造整个舰艇的复制样本，包括传感器系统，并与同一艘实际部署的军舰进行对比分析，以帮助指挥官对舰艇所处的状态进行判断，并预判可能的系统故障。

英国 BAE 系统公司宣布投资 2000 万英镑用于增强现实技术和人工智能技术的开发，来提高未来作战系统的能力，使海军作战人员能够在船上的任何地方随时查看战术情况数据和其他重要信息，将诸如友方船只位置或其他数据叠加到真实世界视图上，增强态势感知能力，进而改善海军人员在未来战场中的决策能力，以便更好地应对威胁。

七、结束语

从 2018 年国外装备采办中仿真技术应用领域的重点事件来看，美国等国家的装备采办管理部门和工业部门在顶层规划与应用实施方面，都很重视在武器装备采办中充分利用建模仿真及数字孪生、LVC 仿真、虚拟/增强现实、人工智能等高新技术，来缩短研制周期、降低采办成本、提升应对未来战争的能力。随着数字孪生/数字主线、人工智能等技术的发展以及高性能计算、云计算等技术在军事领域的深度应用，仿真技术将在武器装备采办全生命周期的各阶段中获得更加广泛和深入的应用，推动形成以模型为中心、数字化、智能化的武器装备采办模式。

（北京仿真中心北京市复杂产品先进制造系统工程技术研究中心 曲慧杨）

（北京电子工程总体研究所复杂产品智能制造系统技术国家重点实验室 施国强）

美军弹道导弹防御系统建模仿真技术应用研究

一、概述

美军弹道导弹防御系统（Ballistic Missile Defense System，BMDS）是全球最先进的导弹防御系统，具有全球一体化、分阶段、多层次的体系特点，承担着美国本土和海外战区的预警与导弹防御任务。弹道导弹防御系统是个复杂的大系统，由天基预警卫星、地基预警雷达、武器制导雷达、拦截弹、作战指挥与控制等多部分组成，实战化验证和训练非常困难。因此，美国非常重视建模仿真技术在导弹防御系统研究和定型中的作用，建立了完整的建模仿真与试验验证体系，确保系统的各部分以及全系统在统一的仿真试验框架指导下稳步推进。

本文从美军BMDS建模仿真与试验验证技术应用、系统试验评估方法、仿真架构以及典型仿真系统和体系架构的应用情况进行阐述，分析了美军建模仿真技术应用的启示。

二、发展现状

近年来,建模仿真技术在 BMDS 中的作用逐步提升。2017 年 5 月,美国国防部发布了 2018 财年国防预算申请,其中导弹防御局预算申请总额为 79 亿美元,多个项目涉及建模仿真应用。"宙斯盾"系统试验项目将对"宙斯盾"系统进行建模仿真和地面试验,使导弹防御局和作战司令部掌握"宙斯盾"系统的作战能力;先进概念与系统评估项目主要对先进技术概念进行建模、仿真和性能评估,为机载先进传感器、杀伤器模块化开发体系架构试验床、事前和事后性能预测和评估等数字仿真和人在回路试验设施提供资金支持;弹道导弹防御传感器试验项目涉及试验前的数字和半实物仿真;一体化弹道导弹防御系统项目中,导弹防御局采用建模仿真的方法对弹道导弹防御系统进行评估,在特殊想定场景下验证弹道导弹防御系统应对复杂威胁目标的能力;利用系统与组件级的试验、建模仿真来验证系统的性能与能力;并继续改善系统级的数学仿真以及一体化系统级的地面试验仿真方法。

2017 年 11 月,美国导弹防御局寻求能够仿真敌方导弹的公司,以帮助政府和工业界更好地改进弹道导弹防御系统和使能技术。导弹防御局关注不断演变、扩散且日益复杂的敌方导弹系统,致力于导弹威胁目标建模仿真,用于开发威胁规范、威胁模型、特征描述、情景和弹道数据。

三、BMDS 试验评估

（一）试验评估方法

美军通过建立"精细化"集成验证评估体系，实现了仿真系统与飞行试验系统的深度耦合，提高了弹道导弹防御系统集成验证工作的军事效率和经济效益。试验评估方法如图 1 所示。

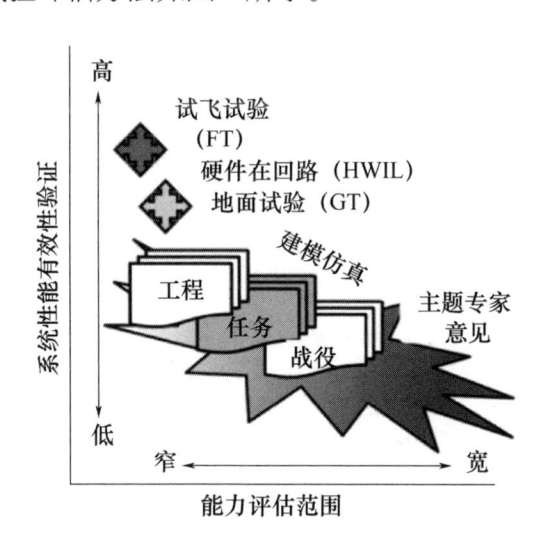

图 1　试验评估方法

在联试方法方面，采用以弹道导弹防御体系建模仿真为核心、以飞行试验数据校验为依托的体系作战能力评估的验证思路，以校验仿真模型为主要目标，兼顾装备技术性能验证，合理确定校验项目与数据需求，提高飞行试验的综合效益；利用有限的地面实装与飞行试验的各种试验数据进行体系仿真模型与参数校验，不断完善仿真模型的置信度；利用经过校验的仿真系统进行各种作战场景下的大样本仿真实验，实现高置信度的体系作战能力评估，并支撑开展作战训练。

在试验内容方面，采取了增量式设计，即利用拦截、预警、指挥控制等的仿真系统与实装开展体系地面集成试验和飞行试验，通过试验靶弹数量逐渐增多、突防措施由简到繁、目标特性强度由大到小，装备规模、作战模式、交战条件由少到多，靶弹来袭从有预先信息到基本未知，达到逐步逼近实战的考核目标。

在试验方式方面，重点加强仿真试验和飞行试验。仿真实验为飞行试验提供直接的模拟，有助于及时发现问题，并针对性实施改进，而飞行试验则为仿真试验提供直接的验证，从而互为基础，共同发展，有助于稳步推动 BMDS 的综合战术性能。

（二）建模仿真 VV&A 方法

仿真是基于模型的试验活动，因此仿真试验和结果不可能完全准确地代表真实系统的性能，存在一个可信性问题，没有可信性的仿真系统是没有生命力的。仿真系统的可信性可以通过校核与验证加以测量，通过确认来正式地加以认证，可以为某一特定的应用目的服务，这个过程就是仿真系统 VV&A。三个过程相辅相成贯穿于仿真建模的全过程，校核侧重于对建模过程的检验，验证侧重于建模仿真结果的检验，确认则在校核与验证的基础上，由权威机构来最终确定建模仿真产品对于某一特定应用是否可接受。校核与验证技术用于保证和提高建模仿真的准确性及可信度，而确认则是对仿真可信度做出的评价。

BMDS 的建模仿真 VV&A 过程分为需求校核、仿真架构与装备模型验证以及模型逼真度和评估方法确认。BMDS 建模仿真 VV&A 过程如图 2 所示。

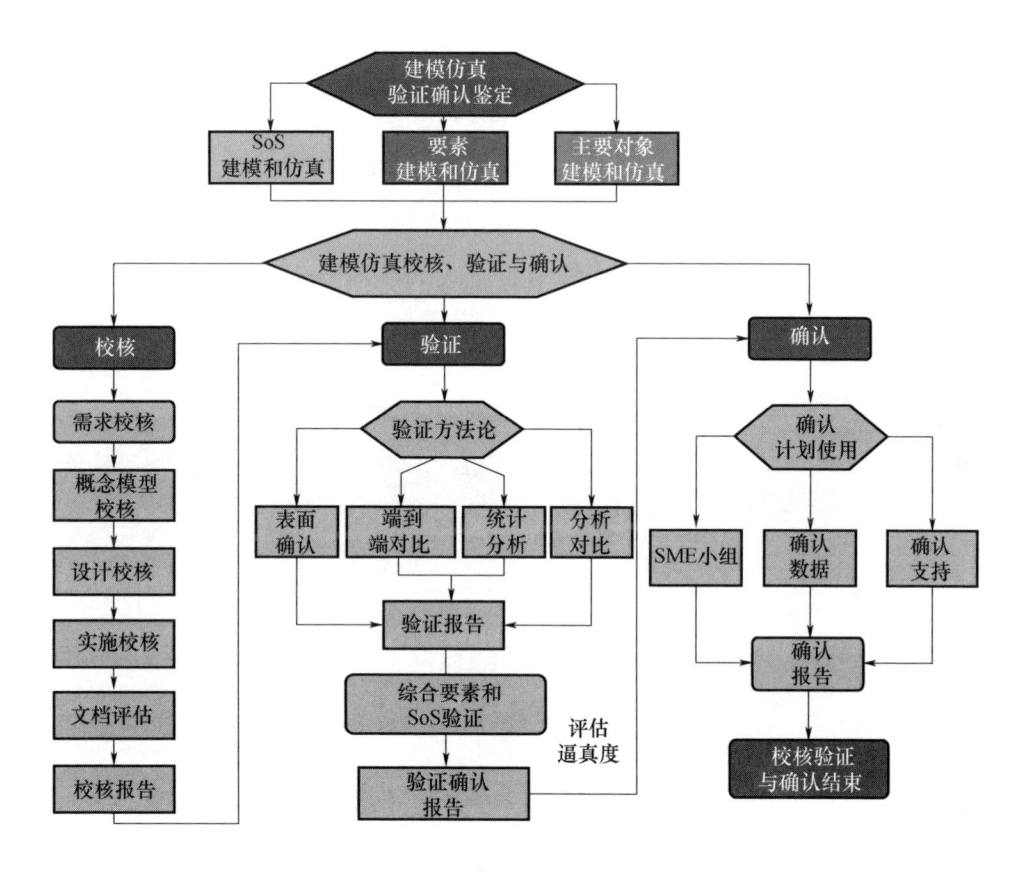

图 2　BMDS 建模仿真 VV&A 方法

四、系统仿真框架

（一）数字与半实物相结合框架

BMDS 基于威胁、毁伤、环境、通信以及目标特性等仿真模型，支持硬件在回路和全数字仿真两类框架相结合，能够支撑 BMDS 概念分析、要素测试和集成、地面试验、飞行试验、性能评估以及演练、推演和训练等 6 类应用，如图 3 所示。

在仿真模型方面形成了一个十分庞大的防空反导模型体系。该体系由上至下分为战役、任务、交战和工程4个层级。上一级的建模仿真系统由下一级的建模仿真系统支撑，共同满足整个防空反导体系建设在全生命周期中不同层级的各种仿真需求。目前，该体系囊括了多种建模仿真手段。例如，指挥员分析和计划编制仿真系统、导弹防御推演和分析资源、导弹防御训练系统和目标仿真构架、虚拟试验场等。

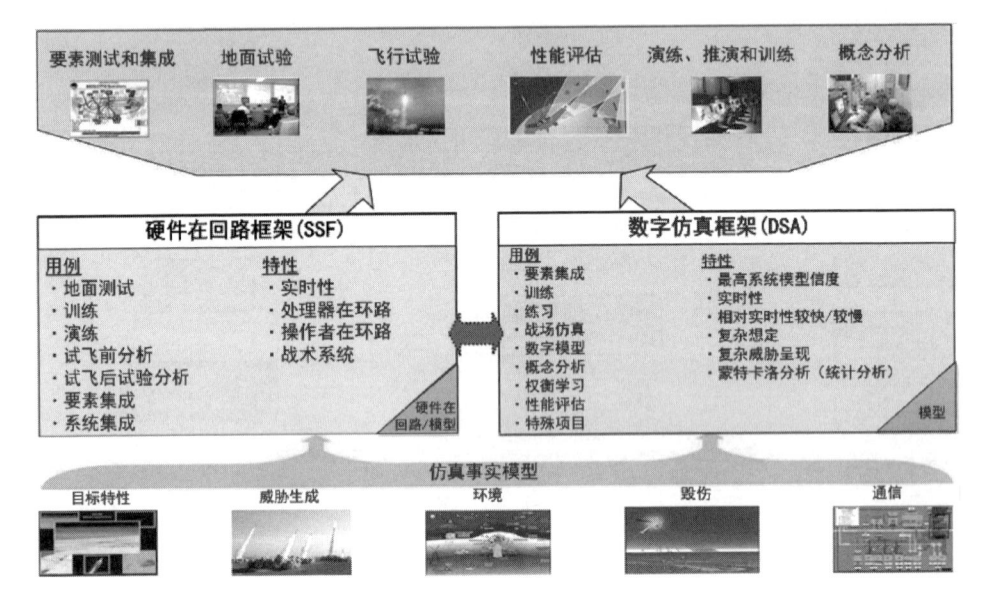

图3 数字与半实物相结合框架

（二）数字仿真框架

BMDS 数字仿真框架为集成地面试验提供全面的试验基础能力，包括试验运行与控制、威胁与环境数据生成和所需的单元测试驱动，如图4所示。该框架以计算机系统为支撑，由硬件设备和软件产生真实的导弹防御系统数据，框架提供可配置的、共享的仿真和试验环境。该框架由独立的计算机工作站运行导弹防御的战斗单元，产生的信息由该框架负责与其他节点的工作站进行交互。在试验开始前，需要将本次试验的想定威胁和环境下载到本节点。集成系统试验能力为每个节点提供通用试验环境系统，该系统包括详细的飞行器动力学仿真模型和自然环境模型（地球、太阳、月亮、云、卫星等）。集成系统试验能力还为每个模型提供节点试验环境系统，主要提供该模型自身所需的特殊环境模型框架。集成系统试验能力的通信网络由实时通信光纤驱动，能够同步连接仿真系统和实物设备。

集成系统试验能力提供导弹防御系统的预警卫星、早期预警雷达、X波段雷达、作战管理与指挥控制通信系统和拦截弹等模型及半实物设备集成环境，并提供测试控制和环境接口。

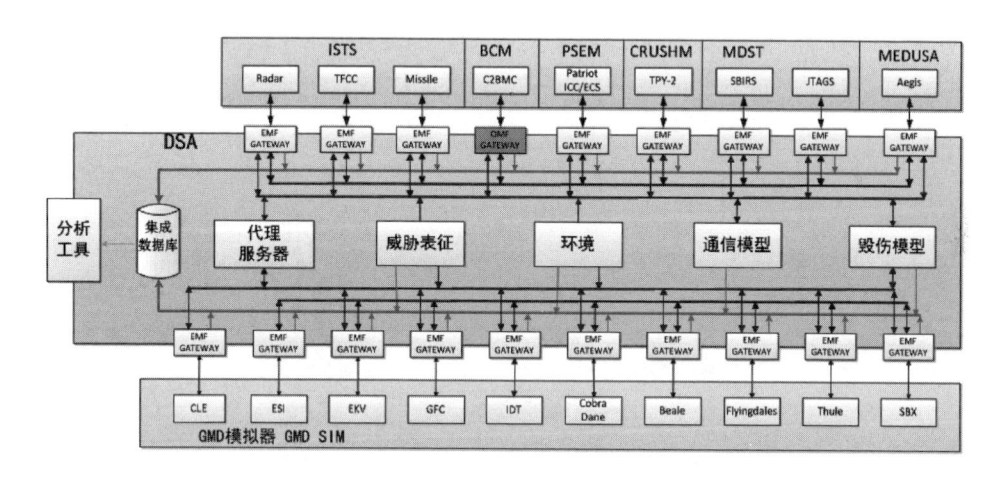

图 4　BMDS 数字仿真框架

（三）硬件在回路框架

美军导弹防御系统、无人系统等大系统的研发过程均使用了分布式半实物仿真技术开展地面试验，并达到异曲同工之妙；更引人注目的是，不同大系统的互联，又形成了更高层次的系统体系，将美国甚至盟友在全球的所有作战资源整合，统一调度、统一作战，形成全球一体的联合情报网、联合武器网、联合指挥网，从而发挥最大作战效能。而实现这一切的基础，是基于分布式半实物仿真技术的地面试验系统，如图5所示。

BMDS的半实物框架提供了在可控实验环境下的系统作战（操作）试验方法。此框架还支持在盟国实际部署位置进行作战设备的测试。新的先进的雷达算法的开发，带来了威胁激励直接注入信号处理硬件的需求增长。该架构尽可能多地囊括应用于该领域组件的作战处理硬件和软件，实现"测你所飞，飞你所测"的工作模式。随着BMDS系统模块的更新与发展，需要确定这种更新对系统级性能的影响。半实物仿真框架支持美国导弹防御局在部署之前对更新进行管理和评估。美国导弹防御局利用半实物仿真框架实现同步的测试、训练与作战，利用测试数据评估美国导弹防御局要素的协同性能，论证指挥与控制、作战管理与通信对系统通信网络、传感器管理以及作战态势显示的管理和控制能力。

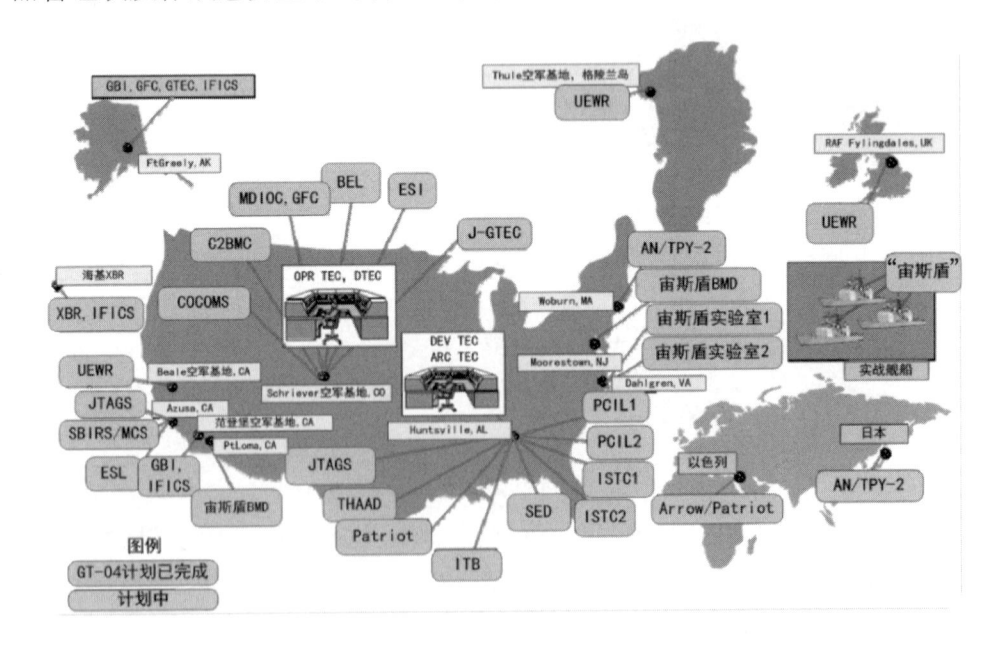

图5　BMDS分布式半实物仿真系统部署情况

五、典型仿真应用

（一）可扩展防空仿真系统（EADSIM）

可扩展防空仿真系统（EADSIM）软件是一个集分析、训练、作战规划于一体的多功能仿真系统，是描述空战、导弹战、空间战的"多对多"仿真平台，由美国陆军战略防御司令部和导弹司令部联合研制，其管理由联合战区导弹防御计划办公室下设的试验台分部负责，该系统是反飞机、反导弹防空系统仿真和作战过程模拟的有效分析工具，可用于评估防空指挥自动化技术系统（C^3I）、模拟作战中 C^3I 系统功能，它特别适用于作战力量与任务的分析，作战方案与系统运行过程的研究，系统效能与计划制定、战场管理训练和作战演习。因此，它在国防分析与训练领域得到了广泛应用，是美军十分成功的仿真系统之一，目前在全球拥有数百个用户。EADSIM 软件的研制始于 1987 年，其发展始终与仿真技术、战争形势、战场环境、武器装备的发展保持高度一致和同步，并不断改进与完善，使得该系统至今仍是美军仿真系统的代表。

EADSIM 包含一系列的模型和模型应用，其体系结构由预处理、运用模型和后处理分析三部分组成，如图 6 所示。

（二）TENA

试验与训练使能体系结构（TENA）是美国国防部开发的试验与训练领域的公共体系结构，其目的是能以快速、高效益的方式实现用于试验和训练的靶场、设施与仿真之间的互操作，促进这些资源的重用和可组合。TENA 表达了建模仿真高层体系结构所不支持的试验和训练需求，改进了靶场与仿真交互的能力。TENA 依照扩展的指挥、控制、通信、计算机、情报、

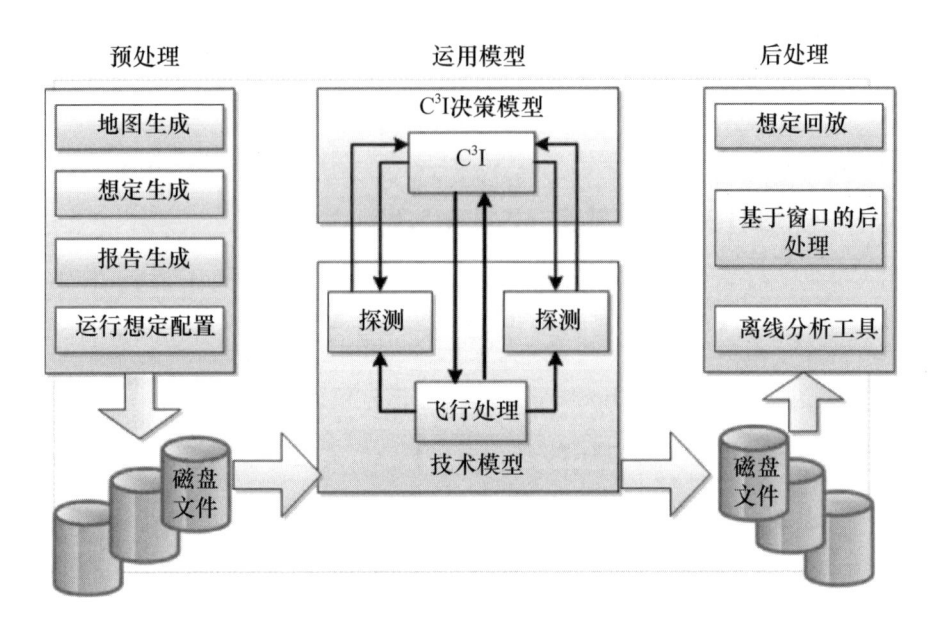

图 6　EADSIM 体系结构

  监视和侦察（C^4ISR）体系结构框架的逻辑结构，目的是给美军试验与训练靶场以及它们的用户提供公共的体系结构，将各种地理上分布的、功能上分离的试验和训练资源组合起来，形成一个综合环境，以逼真、经济、高效的方式完成网络中心战所要求的联合试验与训练任务。TENA 对于实现基于仿真的采办和网络中心战环境下的试验和训练具有重要的促进作用。

  TENA 设计的主要目的是以较低成本实现试验训练靶场资源之间的互操作。为了实现设计意图，TENA 引入了逻辑靶场的概念。逻辑靶场是指由众多逻辑单元通过专用信息栅格构成的集合体。逻辑靶场将分布在许多设施中的试验、训练、仿真、高性能的计算资源集成起来，并采用公共的体系结构将它们联结在一起互操作。在一个逻辑靶场中，实装系统与模拟的装备和兵力之间能够脱离实际物理地域限制，完成彼此交互。

  基于上述需求，TENA 体系结构设计了包括 TENA 应用、非 TENA 应用、TENA 通用设施、TENA 对象模型、TENA 实用程序 5 类软件，如图 7 所示。

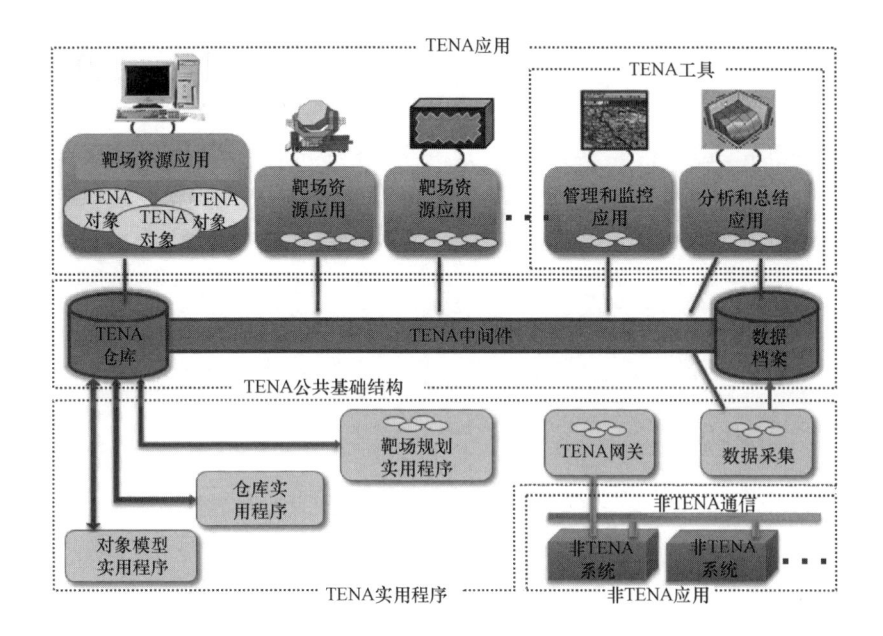

图 7 TENA 体系结构

六、结束语

建模仿真是提高系统关键技术研究、装备研制、系统试验、集成应用的重要手段，美军特别重视，并且针对不同任务建立了不同类型的仿真系统。EADSIM 主要是针对防空反导任务而开发的一套仿真系统，特别是针对"宙斯盾"系统开展一系列关键技术仿真试验；TENA 主要是为支持靶场的试验与训练任务而开发的一套公共体系结构，目的是能以快速、高效益的方式实现用于试验和训练的靶场，将各种地理上分布的、功能上分离的试验训练资源组合起来，形成一个综合环境，以逼真、经济、高效的方式完成联合试验与训练任务；针对建立多层弹道导弹防御体系迫切需要以及提出试训战概念以支持系统能力不断升级的需要，美军建立了连接重点实验室、基地以及作战部队的分布式仿真系统，既可以支持各单元独立的仿真试验，又可以支持分布式集成试验，还可以支持实装接入的仿真推演与评估，支持地面试验，该系统可以完成体系级仿真任务，从实质上也反映了未来支持多域作战、联合作战的体系架构，值得借鉴。

（中国电子科技集团公司电子科学研究院　冯占林　陈浩　张增辉）

人工智能在建模仿真中的应用

在信息化、网络化时代,人工智能技术已被用于解决各个领域中复杂的实际问题,如工程、经济、医学、军事、海洋等。2018年,人工智能领域继续高速发展,已经陆续开发出移动芯片平台、云端智能芯片、嵌入式人工智能视觉芯片、人脸识别解锁等功能性产品。随着计算机硬件价格下降和软件复杂性增加,人工智能和仿真越来越重叠。人工智能编程方法支持开发更逼真和强健的仿真模型,并帮助用户开发、运行和解释仿真实验。仿真的目的就是发现问题和预测未来。2018年人工智能在建模仿真中的应用更加广泛深入。

一、美国国防部将人工智能和仿真结合起来应用于战争仿真实验

美国国防部正在向人工智能、云计算和大数据等支撑技术投入数十亿美元,鼓励业界将人工智能纳入现代军事训练与装备仿真中,这种做法使美国军队与其他国家(如俄罗斯)区别开来。美国一直重视将虚拟仿真与实弹演习相结合。10年前,美国陆军已为基于PC的多人游戏训练应用程序

投入 5000 万美元，以开发更逼真的模型。近期，美国军方表示，下一代训练仿真方案需要更多地利用人工智能和大数据，以使仿真能更真实地体现未来冲突。机器学习和其他认知能力融合到训练场景中，使得混合战争多方面环境变得更有效。人工智能将触及建模仿真各个方面，创造有助于增强领导力的合成环境，以及大量挑战性场景。利用深度学习分析行动事后评估以及从单兵或战斗队仿真训练中创建大量数据，将以前所未有的方式改善训练和战备。

（一）认知电子战仿真系统

人工智能技术应用的另一个重要系统是认知电子战仿真系统（图1）。认知电子战是由美军提出的、以提高武器装备的认知能力为核心的作战概念，是一种注重自主学习能力与智能处理能力的电子战新形态。认知电子战主要有防御和进攻两种类型。其中，防御型电子战主要通过实时感知敌方电磁信号，基于机器学习算法动态自主调整己方电磁信号参数，从而达到抗干扰和电磁防御的目的。与之相反，进攻型电子战主要在侦察到敌方电磁信号后，发起实时、高效的干扰行为，破坏敌方的通信能力。

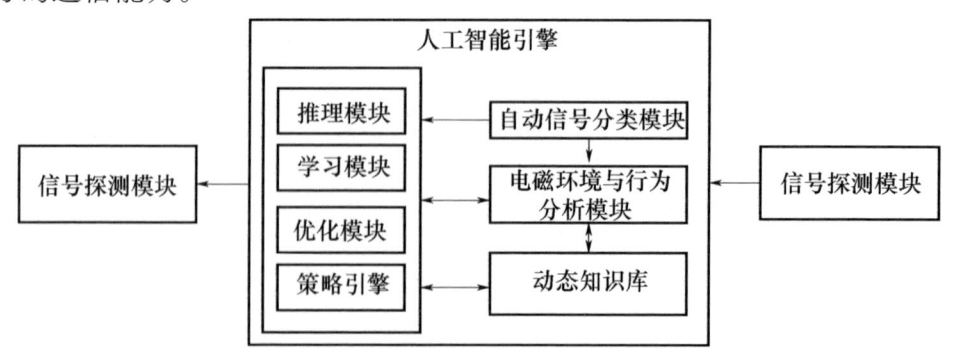

图 1 认知电子战装备系统结构图

（二）人工智能在指挥、控制、后勤和装备维护系统仿真中的应用

美国《国防战略指南》提出多域指挥控制存在着跨平台联合作战规划难、多兵种指挥协调性差、多武器系统精确控制要求高等诸多难点，仅凭传统的人类指挥作战难以在短时间内做出快速合理的全局部署。而应用人工智能技术可以实时地呈现跨域战场态势、快速地提供决策部署并协同调配人员和武器等作战要素。未来理想的指挥控制模式是：从全球的感知单元和武器网络收集数据并快速地形成能够支撑行动的有用情报，进而在各军种部门之间实现共享，辅助决策系统将综合各类情报形成作战策略供指挥官参考，在决策选定后由系统生成作战规划并协同调度各军种和武器系统。多域指挥控制中的人工智能技术如图 2 所示。

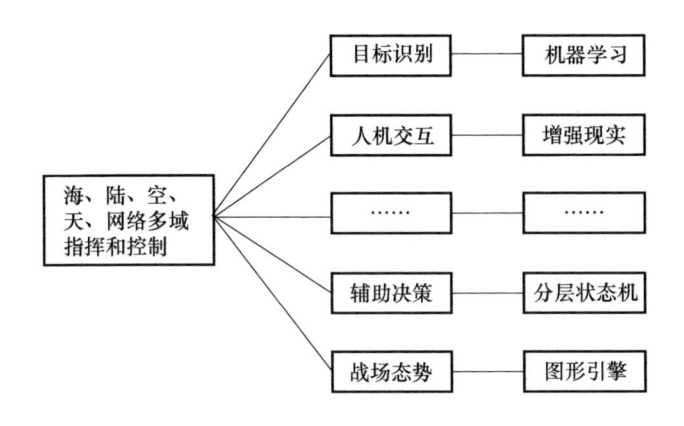

图 2　多域指挥控制仿真中的人工智能技术

在军队后勤和装备维护方面，人工智能技术也有广泛的应用前景。根据现代战争对军事后勤敏捷响应的要求，美国国防部提出了智能后勤运输系统的概念，它是美国"联合整体资产可视化"计划的一部分。该计划目标是为作战提供后勤数据集成可视化的访问环境，即要求军用物资的可视

化和运输状态的实时呈现。另外，军事装备的智能故障预测和诊断是人工智能又一个应用领域。军事装备由于具有种类繁多、结构复杂等特点，导致其维护与维修耗资巨大，尤其对于复杂武器装备来说，更增加了其维护的复杂度和难度。深度学习技术的成熟使得基于数据的故障预测方法逐渐兴起，它不受模型和专家系统知识局限性的限制，对复杂系统有独特的优势。

（三）通过猎鹰建模提高无人机引导技术和武器系统的自主化水平

美国空军近期资助的一项牛津大学动物学家研究项目，旨在学习猎鹰猎取食物的机理，并将其建模后运用到无人机的仿生物防御技术中。研究发现，猎鹰在空中猎食期间并不遵循简单的几何规则，而是使用比例导引策略，这与导弹的制导系统十分相似。研究人员在猎鹰身上安装了小型GPS接收机和摄像机，通过计算机建模，获取它们飞行和捕猎的数据。这项研究将被应用于设计一种新的视觉引导无人机，能够安全地从机场等其他受保护的空域移除障碍无人机，提高无人机技术引导和武器系统的自主化水平，从而减少人员伤亡。

此外，人工智能技术还在武器装备中得到大规模应用，如图3所示，模式识别中机器视觉可通过光学非接触式感应设备，自动接收并解释真实场景的图像以获得系统控制的信息。例如，DARPA"心眼"项目和"图像感知、解析、利用"项目开发的机器视觉系统，具有"动态信息感知能力"，对动态物体的解构，利用卷积神经网络图像识别技术将图片中信息转化成计算机"知识"。在实际作战中，模式识别系统通过观察目标的视频动态信息，借助神经网络和专门的机器视觉硬件，可在复杂战场环境下自动识别出潜在威胁，为目标打击提供参考信息。

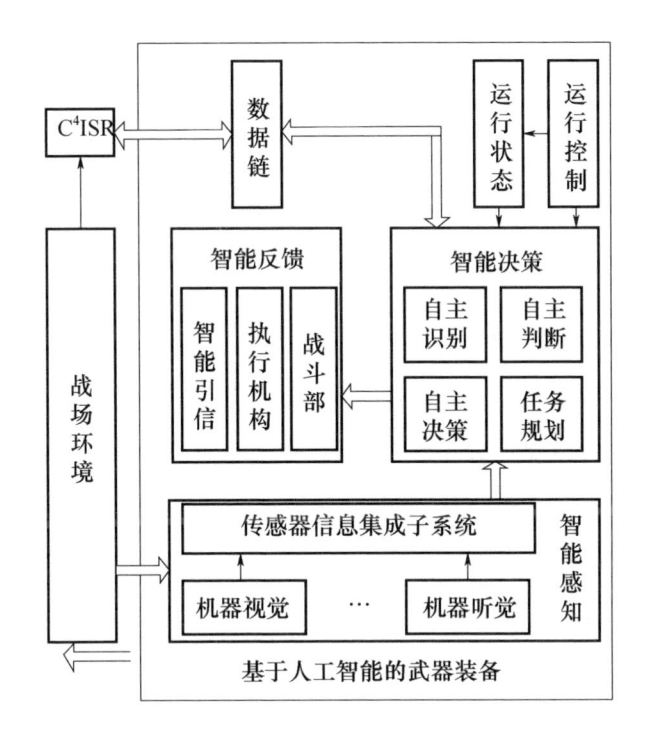

图3 基于人工智能的武器装备仿真

（四）人工智能应用于训练仿真

在美国弗罗里达州奥兰多举行的国家训练与仿真协会会议上，美国陆军训练和条令司令部 G2 数据科学、模型和仿真负责人卡里发言表示：训练仿真作为现代军事训练基础，应吸收运用人工智能技术以提高训练水平，这一工作必须大力推动。该方式将美国军队与俄罗斯等其他国家的军队训练明显区别开来，并给国防部带来"无与伦比的优势"。美军仿真训练倡导者认为，下一代的训练方案要更多地利用人工智能和大数据技术，因为这些技术不仅对仿真训练有效，未来必将会应用于真正冲突中，在训练中超前应用就显得更具必要性。美国陆军研究实验室的首席科学家亚历山大·科特认为，人工智能对于创建逼真的沉浸式仿真环境至关重要，这有利于陆军实现"按照战斗训练"的原则，大幅提升训练的实战化水平。在人工智能创建的逼真训练环境中，训练者将会与被仿真的行为体进行真实的物理和社会文化交互，并将会与人工智能行为体一起在仿真的复杂世界场景中作战。经过机器学习和其他认知能力整合训练的部队，更能够在联合作战的多维战场环境中实施有效的行动。

除美军外，欧洲防务局也开展了为期一年的研究，将人工智能和大数据应用于训练和仿真中，专门利用数据耕耘和兵棋推演来分析如何解决像混合战这样的复杂想定。复杂想定（训练方案）需要有先进的分析才能跟得上军事思维的发展。

二、"第三波"人工智能研究将对建模仿真产生重大影响

DARPA认为，"第一波"人工智能技术是其1958年成立时推动的，构建以人工编码知识为基础的专家系统，用于获取可以应用于感兴趣场景的规则，"税务准备软件"是"第一波"人工智能应用的典型案例。但人工制作知识规则既昂贵又耗时，限制了基于规则的人工智能技术发展。目前以深度学习（人工）神经网络为代表的"第二波"人工智能技术正在快速发展和应用，但收集、标记和审查用于训练这种"第二波"人工智能技术的数据的任务仍非常昂贵且耗时。DARPA预计，未来"第三波"人工智能技术将不仅仅是执行人类编程规则或推广人类精心策划的数据集的工具，而应当更多地作为人类伙伴来发挥作用。为此，DARPA将重点投资研发能够在特定环境下进行推理的机器。"第三波"人工智能技术概念的提出将对建模仿真发展带来颠覆性影响，值得持续关注。例如，DARPA"可解释的人工智能"（XAI）研究将创造一套机器学习技术产生可解释的模型，在保持

高水平预测精度的同时具有足够高的透明度和可信性，这将突破目前基于人工智能的建模仿真重大理论瓶颈，为人工智能更深入广泛参与建模仿真活动奠定基础。DARPA"终身学习机器"（L2M）项目，旨在探索生物有机体的学习机制并将其转化为计算过程。L2M使机器在没有灾难性遗忘的情况下持续学习的方法，该能力将使系统能够即时改进、从意外中恢复，并防止其与世界脱节。L2M项目已确定并解决了在构建和训练自我复制神经网络时所面临的挑战。DARPA"机器常识"（MCS）项目将探讨认知理解、自然语言处理、深度学习以及人工智能研究的其他领域的最新进展。MCS正在寻求两种方法来开发和评估不同的机器常识服务，其中一种方法试图创建从经验中学习并模仿发展心理学定义的认知核心领域的计算模型，这包括域对象（直观物理）、位置（空间导航）和代理（意图参与者）。研究人员将开发出与人类在早期发展阶段一样思考和学习的系统，利用认知发展领域的进步提供经验和理论指导。上述研究一旦突破将为复杂系统建模仿真增加更强大工具支撑。DARPA正在探索人工智能专用硬件设计，希望利用最先进的数字处理器实现人工智能算法速度和功效1000倍的提升，这将使建模仿真中嵌入人工智能算法更加便捷。

三、未来趋势

除DARPA的研究外，人工智能、大数据和建模仿真未来将在更广阔的军民领域互动融合发展，不断提升建模仿真解决问题的能力。值得关注的重要趋势有：

（一）胶囊网络：模仿大脑的视觉加工能力

胶囊网络是一种新型的深度神经网络，其处理视觉信息的方式与大脑相似，这意味着它们可以保持层次关系。这与卷积神经网络形成鲜明对比，卷积神经网络是应用最广泛的神经网络之一，它没有考虑到简单对象和复杂对象之间的重要空间层次结构，导致分类错误和错误率高。对于典型的识别任务，胶囊网络通过将误差减少50%，保证了更高的准确性，同时不需要太多的数据来训练模型。胶囊网络未来将在许多问题领域和深层神经网络体系结构中广泛应用。

（二）精益和增强数据学习：解决标签数据挑战

机器学习（尤其是深度学习）的最大挑战是提供大量的标记数据来训练系统。有两种技术可以帮助解决这一问题：一是合成新的数据；二是将为一个任务或领域训练的模型转移到另一个任务或领域。如转移学习（将所学到的洞察力从一个任务/领域转移到另一个任务/领域）或一次尝试学习（将学习转移到极致，只有一个或没有相关的例子进行学习）等技术使用"精益的数据"进行学习。同样，通过仿真或插值合成新数据有助于获得更多的数据，从而增强现有数据以改进学习。应用这些技术可以解决各种各样的问题，特别是那些历史数据较少的问题。未来精益数据和扩展数据以及应用于广泛业务问题的不同类型的学习将不断发展。

（三）概率编程：简化模型开发的语言

概率编程语言是一种使开发人员设计概率模型更容易并自动"解决"这些模型的高级编程语言。概率规划语言使重用模型库、支持交互建模和形式验证成为可能，并为在通用模型类中培育通用、高效推理提供了必要的抽象层。概率编程语言能适应业务领域中常见的不确定和不完全信息。未来，该语言会得到更广泛应用，并能应用于深度学习。

（四）混合学习模型：模型不确定性的组合方法

不同类型的深层神经网络，如生成对抗性网络（GAN）或深度强化学习（DRL），在性能上有很大的发展前景，并在不同类型的数据中得到了广泛应用。然而，深度学习模式并不是模型不确定性贝叶斯方法或概率方法。混合学习模型将这两种方法结合起来，以充分利用每一种方法的优势。混合模型的典型例子有贝叶斯深度学习、贝叶斯 GAN 和贝叶斯条件 GAN。混合学习模型将业务问题的多样性扩展到包含不确定性的深度学习成为可能。这帮助我们实现更好的性能和模型的可解释性，反过来也将得到更广泛应用。未来，更多深度学习方法获得改进，而与概率编程语言的组合也开始融合深度学习。

（五）自动机器学习：无需编程的模型创建

开发机器学习模型需要耗费时间和专家驱动的工作流程，包括数据准备、特征选择、模式或技术选择、训练、调音。自动机器学习（AutoML）目的是使用许多不同的统计和深度学习技术来实现这个工作流的自动化。AutoML 是人工智能工具民主化的一部分，它使企业用户能够在没有深入编程背景的情况下开发机器学习模型，还将缩短数据科学家创建模型所需的时间。未来，更多商业 AutoML 包将在大型机器学习平台中集成。

四、小结

总体而言，人工智能与仿真的融合发展还面临一系列理论、方法、技术挑战。人工智能技术特别是深度学习等应用到仿真中，面临大数据产生速度快、种类多、价值密度低等问题，需要未来人工智能仿真系统具有高性能计算能力和高效率、高带宽、低延迟同步的通信网络能力。而人工智能仿真与人的紧耦合需要更先进的人机接口技术。此外，还需关注高效能并行仿真引擎、基于跨媒体智能的可视化、人工智能云/边缘仿真、智能化虚拟样机工程等技术发展问题。

（哈尔滨工业大学控制与仿真中心　李伟　马萍　张冰）

仿真试验鉴定技术综述

2018年，以美国为首的西方国家持续推进体系结构、数字工程、高性能计算技术在试验技术的深入应用，威胁仿真技术以及基于前沿技术的仿真验证技术取得长足进步，形成了建模集成与测试框架、分析与决策自动化工具、试验鉴定策略的有机融合以及新技术领域的试验鉴定技术持续突破，全面提升武器装备系统在未来作战环境下的试验鉴定能力，有效支持武器装备与系统的作战能力提升。

一、持续推进仿真试验技术的发展，提升作战模拟环境的真实性和完整性

（一）体系结构持续演进，互操作性和安全性不断提高

美军为满足不断发展的军事作战仿真需求，对仿真系统体系结构进行持续演进和不断融合。体系结构从可扩展建模仿真框架 XMSF、C^4ISR 仿真体系结构框架，发展到 MATREX 结构框架、TENA 试验训练使能体系结构和 LVC – IA、仿真器通用架构要求和标准（SCARS），促

进多精度模型库与仿真工具的综合集成、跨小组/领域的 LVC 仿真互操作、试验/训练靶场设施与仿真之间的高效互操作等能力的不断提升。2012 年启动的"LVC 未来"研究计划，旨在探索 2025 年前 LVC 技术发展对建模仿真活动的影响；2017 年，为满足多域战要求，美国空军推出了 SCARS 的征询方案，用于开发能适应并响应动态网络安全环境的训练体系结构，实现 40 多种不同的仿真器在一个通用体系结构中的集成；美国陆军发布了通用作战环境标准，作为支撑陆军各种作战环境中的任务指挥系统通用的基础，用于实现不同系统之间的信息共享和互操作；2018 年，美国网络司令部建立了联合网络作战架构，该架构由通用攻击平台、作战数据统一分析平台、联合指挥控制机制、传感器、持续网络训练环境等五部分组成，用于指导基于能力的各种优先事项开发。

（二）数字化工程技术在系统全生命周期中得到深入应用，数字化试验鉴定仿真环境不断优化

随着工业物联网、云计算、大数据分析等网络物理技术的驱动，装备研发流程已实现"以文档为中心"模式向"基于模型的系统工程"（MBSE）的模式转变，美国国防部的数字转型主要是从原有的向部队交付武器装备的产品数字化到将数字工程贯穿于系统的全生命周期。2015 年 8 月，成立了数字工程工作组，促进各级组织对数字工程的认知；2016 年 11 月，制定了数字工程教育与训练课程，为各层级相关人员理解数字工程转型提供支持；2017 年，完成了数字线索与飞行器机身数字孪生计划、工程弹性系统计划、计算研究与工程采办工具与环境等示范项目的实施；2018 年，发布《数字工程战略》，用于推进数字工程在装备全生命周期管理中的应用，强调武器系统和组件的数字表示，要求把数字虚拟实体作为国防采办利益相关方之间沟通的技术工具，用于国防系统的设计和维持，并开始在项目中对数字工程应用实施评价；预计在2019年12月在采办流程中植入数字工程，并将基于数字工程及综合技术创新的工程实践手段转变为基于建模的整合性数字性的优化方案。

2018年，GE公司将数字孪生技术应用于航空发动机的研发，建立"数字孪生"发动机，在仿真环境下完成对飞行过程中真实发动机实际运行情况的完整透视，实现对航空发动机磨损情况和维修时间的正确预判，达到早期预警或故障监控的目的。

（三）高性能计算技术与建模仿真深度融合，战场威胁环境模拟的逼真度不断提高

2018年，第八届仿真与建模方法、技术与应用国际会议高度突出了关于计算的主题，包括概念建模、基于代理的建模仿真、互操作性、本体论、基于知识的决策支持等；麻省理工学院致力于机器学习算法建模，初步实现了从海量复杂的原始数据中创建有价值的特征；DARPA启动了数字射频战场仿真器项目（DBRE），旨在完成一种新型高性能计算的研发，实现以极低的延迟对计算吞吐量的有效平衡，提升射频环境仿真的逼真度；杰西等人提出"基于态势感知的机器代理透明度"（SAT）模型，开展了人为因素对人机交互能力影响的分析研究。

针对多域战需求以及现有的试验设施对装备真实作战环境和敌方威胁模拟的不足，以"航天系统"为主要对象，在白沙导弹靶场、内华达试验和训练靶场等5个靶场的对抗模拟环境基础上，美国完成了作战环境和敌方威胁等仿真技术研究以及仿真设施的建设。2017年，北约建模仿真协调办公室启动了针对低慢小高空作战平台威胁的仿真项目；美国海军航空系统

司令部对部署在弗吉尼亚州的机载战术优势公司提供的仿真模拟器提出了增加Ⅲ型高亚声速和Ⅳ型超声速飞机空中威胁等仿真能力需求；2018年，针对美国太平洋空军司令官提出的"加强假想敌（如加强'红色空军'规模，升级联合威胁发射器，改进威胁仿真器、靶标和诱饵等）训练和靶场能力"要求，美国空军开展了对已有系统的综合研究，探索"进一步增强威胁环境"模拟的方案；莱昂纳多公司与英国国防部合作完成了英国威胁仿真设备的开发，该设备采用了目前最先进的射频技术，实现对各种场景和威胁的重建，为飞行前提供服务支持。

（四）针对新兴前沿技术的验证技术取得新突破，不断提升技术成熟度、加速向作战能力转化

人工智能等新兴前沿技术的测试和评估对现场/物理测试的需求很高。2018年，DBRE项目计划建立世界上第一个大规模虚拟射频测试平台，为新技术雷达提供全天候的射频测试环境；美国陆军研究实验室启动了"自主性研究试点计划"，提出"基于态势感知的机器代理透明度"模型增强代理透明度的方法来改进人与人工智能代理之间的协作，成功验证了提升人与人工智能代理编队工作效率的新方法；试验和鉴定部门采用数字试验环境和物理试验平台等手段，开展对高超声速领域的系统能力的评估，促进高超声速新技术成熟度的提升；DARPA计划于2021年开展"地下环境"挑战赛，拟资助开源机器人公司开发一款开源虚拟测试台，探索能够自主快速绘制、导航和搜索地下环境的新方法，构建最大程度反映真实的物理测试环境，解决关键时刻无法对人造隧道、地下公共交通和市政基础设施、自然洞穴等复杂地下环境进行安全与迅速绘制的难题。

二、多种试验鉴定策略有机融合，深入推进提升装备能力评估的全面性和客观性

（一）多种试验鉴定策略和方法实现有机融合，一体化能力试验鉴定评估体系日益完善

为满足信息化战争一体化联合作战需求，美军提出"像作战那样进行试验和训练"的要求，基于能力的试验鉴定策略应运而生。鉴于单一的试验鉴定策略不能够满足充分、逼真地评估武器装备的能力需求，美军提出了基于能力的一体化试验鉴定策略，实现了"联合试验鉴定方法""联合任务环境试验能力""左移"策略（在系统研发早期开展作战试验鉴定）、"DEEP-END"理论、一体化联合作战和多域战等新型作战样式的分布式试验方法的有效融合应用，建设更完善的基于能力的一体化试验鉴定，并将其作为未来的发展方向。美国国防部分别于 2005 年 12 月和 2006 年 3 月启动了联合任务环境试验能力（JMETC）计划和联合试验鉴定项目中联合试验与鉴定方法（JTEM）计划，通过近 10 年来的"综合火力 07"（IF07）、"互操作性试验与鉴定能力"（InterTEC）、"联合互操作性试验"（JIT）等一系列分布式试验与训练演习以及互操作性认证活动，联合任务环境试验能力和联合试验鉴定方法得到充分融合，实现了"联合任务环境试验鉴定"目标；2012 年，在《试验鉴定管理指南》中特别强调了一体化试验鉴定，将研制试验鉴定、作战试验鉴定、实弹射击试验鉴定、系统族互操作性试验、建模仿真等活动协调成为有效的连续统一体；2012 财年以来，提出了"左移"策略，通过实施该策略彻底改变了美军国防采办的样式，提前引入了任务背景，扩充了研制试验与鉴定的技术重点，更早地开展了互操作性

试验和网络安全试验；2016年，JMETC计划已实现了115个政府与工业客户站点的连通，支持并完成了70余项分布式LVC试验和训练活动；美国国家网络靶场将试验台数量增至6个，支持并完成了58项重大国防采办项目的试验、训练和演习；2018年，美军持续开展联合试验鉴定（JT&E）项目，其中包括"联合试验"（2年一次，针对联合作战和装备建设中重大问题进行改进）、"快速反应试验"（针对紧迫的联合作战问题寻求解决办法）等计划，完成了快速反应试验16项、联合试验7项，有力推动作战能力评估；针对"多域战"，美国陆军开展"联合作战评估"（JWA）演习涉及161个组织和超过25个国家，评估新型作战概念和能力，推动"多域战"概念从理论走向实践，美国空军第53联队司令官登普西将军针对多域战提出了实施一体化试验鉴定的"Deep–End"理论，强调"交付能力的综合方法、按照希望的最终状态度量性能、借助大数据仓库的一体化试验管理策略"等三个方面内容。

（二）数字化试验鉴定技术取得新突破，应用领域不断延伸

美军试验鉴定已实现数字化转型，提出了数字化测试与评估主计划、数字代理、不确定性量化、试验数字孪生、数字化关键决策点等具体支撑技术，并以数字化思维来策划制定测试与评估主计划。在第四代攻击机F–35、陆军FCS、海军DDG1000、CVN–21等武器系统研制项目中大量地采用数字仿真技术，全面支持系统的开发测试、实弹测试评估和作战测试。2016年10月，美国太平洋司令部和综合导弹防御联合职能司令部通过模拟各种威胁场景，在地面为弹道导弹防御系统开展了一次性能评估试验，综合评估系统在发出实际袭击事件时如何响应以及弹道导弹防御系统功能，同时为2017年底地面拦截弹由30枚增加至44枚的决策提供支撑。

美军还强调扩展试验鉴定的数据应用范围,提升试验鉴定作为权威数据来源渠道的关键作用。2018 年,美国海军通过"虚拟宙斯盾"系统,利用实战数据对作战系统软件进行验证,大大缩短软件测试周期,提高软件测试可信度;同时完成许多无法在实战和演习中实现的场景模拟,更全面地测试系统功能,及时发现作战系统软件缺陷,提高软件研发质量;预计在作战软件通过 VV&A 流程后,实现常规作战系统实时在线更新,颠覆当前舰载作战系统软件升级和部署方式。

(三) 软件密集系统及网络安全系统的试验鉴定不断升温,不断提升装备的作战能力

一是重点加强软件密集系统的试验鉴定。软件代替硬件成为当前的核心竞争力。例如,F-35"联合攻击战斗机"的作战能力很大程度上要依靠载入的软件任务数据,这些数据对于 F-35 互联和识别敌我雷达信号非常重要。目前,软件源代码的数量正以指数级增长,导致武器系统的复杂性不断提升,从而带来了网络安全易损性问题。《2018 财年作战试验鉴定年度报告》强调,软件密集系统试验与鉴定策略需要尽可能集成仅认可的建模仿真和软件自动化测试,应实施一种迭代递增的采办和试验鉴定方法,通过加强内部安全测试,主动搜寻安全漏洞,减少测试系统更改所需要的工时,及时修复漏洞、控制风险,并使软件尽可能快速交付,实现对软件代码和系统能力的持续评价,并综合评估系统变更或故障对作战人员安全和能力的影响。

二是持续推进网络安全的作战试验鉴定。美军作战试验鉴定局为了规范网络安全作战试验鉴定工作,发布了新版《采办项目网络安全作战试验鉴定程序》,要求作战试验必须检验系统面对真实网络威胁的能力,建议充分运用仿真能力、形成封闭环境和建设网络靶场以模拟真实的网络攻击,

使用网络靶场或实验室开展对抗性网络安全作战试验；通过整合国家网络靶场、国防部网络安全靶场、联合信息战靶场以及联合参谋部 J－6 部门（负责通信和计算机）的指挥、控制、通信与计算机评估分部，形成了"国防部企业级网络靶场环境"，突出了以下几个方面的试验资源建设：网络安全"红军"及能力缺陷、空间系统作战试验鉴定威胁、高海拔电磁脉冲试验能力、电子战试验资源改进、第五代航空靶标、自防御试验舰等。2018年4月，美国国防部发布《网络安全试验鉴定指南》2.0版，美军在网络安全、建模仿真等方面不断建设试验能力、完善试验环境，使得试验鉴定更为贴近作战条件，为武器装备作战奠定基础。"北极鹰2018"网络演习关注网络安全；近3年的"网络探索"演习，完成了网络战和电子战能力要求的新兴技术和态势感知等能力的评估，加速了陆军采办最新网络/电磁战装备的进程，使创新解决方案更快地进入陆军能力体系之中；美国国防部发布了《网络安全桌面推演（CTT）指南》，描述了网络漏洞早期识别和分类的方法，以发现潜在的系统漏洞以及评估其对所产生的任务影响，减少网络漏洞的出现概率，降低采办风险。

（四）对自主系统、非动能、太空系统等新领域的试验评估技术进行了有益探索，为新概念武器系统的评估提供了良好开端

2018年，遵照DoDD3000.09武器系统中的自主性，美国国防部作战试验与鉴定局制定针对"武器系统中的自主性"的作战试验与鉴定标准；DARPA CODE 项目利用 LVC 联合试验环境，测试系统的自主性，演示了无人集群联合作战任务的能力；美国空军与兰德公司紧密合作，研究如何采用与评估动能效果类似的方式，确定非动能打击效果的特征，以便最好地定义和审视空军在当前和未来战争中的作战态势；美国空军研究实验室和DARPA 开展 Hallmark 项目第二阶段模型太空作战演习，评估新技术对太空指挥与控制能力的影响；同时兰德公司发布了《太空博弈：用于评估太空控制选项威慑价值的博弈论方法》报告，采用博弈论方法实现动态战略评估、红方威胁驱动评估、蓝方技术驱动评估、蓝方"进攻性太空控制"评估，获取敌方"进攻性太空控制"以及美军"防御性太空控制"的潜在效能，支撑太空作战演习及战略规划和政策制定。

（五）基于仿真的电子战试验与评价技术研究及应用持续深化，装备电子战评估能力全面提升

美国建立了多个国家级电子战试验场，承担许多电子战试验鉴定任务，建设了多功能电子战单元，初步实现了电子战、频谱战、信号情报战和网络战的融合，装备电子战能力评估水平取得了显著提升。2018年，美国空军组建团队发展综合电子战战略，空军研究实验室联合MacB公司，利用半实物仿真和人工介入的建模仿真，实现了先进传感器和电子战技术的快速评估；诺斯罗普·格鲁曼公司向海军提供了先进的F-35电子战仿真能力；美国陆军举办了2018年"网络闪电战"演习，重点将网络空间、电子战、情报、空间和信息作战整合到一个独立的分队中，实现了新兴技术、作战概念和力量到作战部队的整合，提升了美军的协作水平和运用网络作战的能力。

三、积极发展基于前沿技术的建模、集成测试架构及分析软件，提升试验鉴定的自动化水平和可信度

（一）完成基于前沿技术的特征建模及网络建模等软件研发，有效提高建模的自动化和可信度

2018年，麻省理工学院研发特征自动构造工具，致力于机器学习算法

建模，研究提出了"深度特征合成"数据处理流程，实现从原始的关系数据集和交易数据集中自动创建特征，并自动转化为具有预测意义的信息；BISim 公司发布了 Gears Studio 模块化软件产品的集成开发环境，实现功能增强和跨产品的重用；BAE 系统公司完成了下一代建模软件 CONTEXTS 的开发，具备知识转移、探索和时间仿真的因果建模功能，支持基于交互式模型的作战环境构建；SCALABLE 公司发布了网络建模 QualNet 8.2 和仿真工具 EXata 6.2 版本，增强了现有库、附加的网络攻击模型和流量建模，导入了通用的流量捕获和网络图表模型，提高网络攻击和网络建模、仿真、测试和分析的效率；PLEXSYS 公司发布 sonomarc 和 PLEXComm 软件，对建模功能进行改进，通过添加菲涅耳区域和天气效果增强环境模拟的逼真度。

（二）推出多个基于开放体系架构的集成与测试平台，有效支持武器装备的作战试验、训练与评估

2018 年，诺斯罗普·格鲁曼公司推出首个开放式架构测试平台，供参与者创建并测试其基于群集的战术；Tenosar 公司与 SimBlocks LLC 合作构建面向全球的体系结构拓扑（GOAT），采用已有的商用解决方案，将虚拟地形和地图整合在一起，实现了在"单一世界地形"体系架构下对于具备真实、准确与信息丰富等特点的物理和非物理场景的构建，并支持平台和仿真器之间的互操作，构建沉浸式训练环境，已成为基于仿真的训练和作战使用的下一代政府/行业地形标准。

（三）研发网络防御软件，有效识别网络威胁，提升网络安全

2018 年，BAE 系统公司结合先进的机器学习和网络攻击建模技术，开发出自动化网络防御工具，用于实现无法检测到的高级网络威胁的自动检测；以人工智能为支撑的新型网络安全技术 CHASE，采用计算机自动化、高级算法、加速网络搜索方法和机器学习等，实现对海量数据的实时跟踪、在正确的时间从正确的设备提取正确的数据以及对新信息的组织分析，使网络"猎手"能够及时发现并战胜隐藏在大量输入数据中的高级网络攻击。

(北京机电工程研究所　耿化品)

世界各国网络靶场最新进展

所谓网络靶场（Cyber Range），是一个仿真的网络安全、网络攻防演练、信息安全人员训练的虚拟训练场，它是进行网络攻防武器试验的专业实验室，也是各国"网军"提前演练战术战法的练兵场。网络靶场通过虚拟环境与真实设备相结合，模拟仿真出真实网络空间攻防作战的战场环境，可有效针对敌方的电子和网络攻击等进行战争预演，以迅速提升网络攻防作战能力。它是保障国家网络安全、培养和训练网络安全专业人员、测试和评估网络安全技术和手段的关键基础设施。网络靶场这一概念最早源于2008年美国启动的国家网络靶场项目，这是一项被誉为可与"曼哈顿"计划相媲美的国家安全项目。

网络靶场发展最好的是美国，不仅建成多个小型网络靶场，国家网络靶场建设方面也取得了积极进展。在此影响下，包括英国、俄罗斯、日本在内的多个国家纷纷建立自己的网络靶场，有力支撑起了国家网络空间安全相关工程和科研工作。

国外网络靶场的发展可大致分为3个阶段：第1阶段为战术级靶场，针对单独的木马类攻击武器建立的实物高逼真型靶标时期；第2阶段为小型战役级靶场，是小型虚拟化互联网靶场时期；第 3 阶段为战役及战略级靶场，是 2014 年开始的支撑泛在网的大型虚实结合网络空间靶场时期。在此阶段，各国纷纷开始研究虚实结合的网络空间靶场技术，包括美国国家靶场、北约靶场和欧洲在建的网络攻防靶场等。

一、网络靶场的成功案例

美国政府为了增强信息化作战能力，早在 2008 年就已着手建设国家网络靶场，旨在保持美国在全球网络霸权。目前，美国组建了多个网络靶场，如国防部信息保障靶场、国家网络靶场、联合信息作战靶场等，对美军推进网络装备技术向实战化转变发挥了重要作用。各种形式的靶场完善了各层级和各方面的网络空间测试验证能力，也丰富了网络空间测试评估样式，将机动网络空间测试等能力带入军事运用中。

（一）遍布全球美军基地的联合信息作战靶场

联合信息作战靶场（Joint Information Operations Range，JIOR）是由美军联合参谋部 J7 负责管理的一种战术网络靶场。JIOR 提供一种灵活、无缝、持久、集成的测试环境，可以在各种典型的威胁环境中（包括真实的目标以及指挥控制系统），支持美军演习、测试以及开发计算机网络攻击与防御、电子战以及信息战能力，并更好地认识先进的网络空间、信息作战以及电子战能力。JIOR 还可集成其他网络靶场，重现关键基础设施、网络目标、因特网流量以及敌方部队，并通过安全构件支持用户开发、网络能力测试，进行多个同时且全异的训练、测试以及实验活动。

JIOR 具有闭环、可伸缩、可搬移、分布式等特点，靶场节点遍布美国本土以及欧洲、澳大利亚、韩国等的美军基地。它可以模拟各种威胁环境、关键基础设施与重要资源、流量生成、网络仿真、蓝军攻防/防御网络能力，调节现有以及扩展网络。它采用了一种仿真训练演习平台，可以确保部署多个并发独立项目，并由不同团队同时访问，支持不同密级的多种隔离活动。

JIOR 于 2014 年实现了容量升级（50%），扩建了网络运行与安全中心，演示了混合型国防研究与工程网络—国防信息系统网（DREN–DISN）传输线路解决方案的前期概念，开始装备真实实验室先进视觉分析工具，可在服务交付点提供 1 吉比特/秒能力，完成了改进型网络测试设备的关键生命周期维护与部署。2015 年，JIOR 启动 100 个服务交付点的升级计划，为下一代区域服务交付点技术奠定基础，改进威胁重现与网络的运行相关度，优化 LVC 仿真与其他联合训练与测试基础设施的集成，并为国防部与其他部门多项信息战及网络行动提供支持，包括"网络旗帜""网络卫士"和"网络骑士"演习。

（二）作为国家网络安全综合计划关键组成的国家网络靶场

国家网络靶场（NCR）是美军进行网络测试评估的重要国家资源，也是国家网络安全综合计划的关键组成。NCR 可以提供根据任务订制的、持久稳定高逼真度的网络环境，构建可扩展的互联网模型用于网络战争推演，支持复杂网络训练以及系统生命周期所有阶段的网络测试，开展对先进网络能力进行各种独立的、客观的测试评估，并通过与国防部、国土安全部、工业界以及学术界的合作促进网络空间新技术与新能力的研发。NCR 对于贯彻美军主动防御战略思想、抢占未来网络空间作战技术制高点具有重要意义。

NCR 关键能力包括：利用多重独立安全等级架构支持多并发的不同密级的测试——快速仿真复杂、典型的网络运行环境（可实现 4 万高仿真度虚拟节点，支持红队、蓝队、灰队，演习中提供网络流量或仿真但本身不扮演进攻或防御角色，以及包括武器系统在内的各种专用系统）；具备高度自动化，显著提高效率，支持更为频繁以及更为准确的事件；可将所有暴露系统恢复；可适应广泛的事件类型与用途（测试、训练、研究等），支持多样化用户数据库；还可通过联合任务环境试验能力（JMETC）连接基础设施与其他靶场联合运行。

NCR 由 DARPA 负责开发（2009—2012 年），2012 年 10 月后移交给国防部试验资源管理中心负责运行。目前，NCR 各项能力已经得到了独立验证，可有效支持一系列网络测试、训练与演习。2014 年至今，NCR 在包括美国网络司令部、联合参谋部 J-7、陆军情报与信息战局、海军航空司令部、海军情报局、空军第 46 测试中队等部门的多次行动中扮演了重要角色。具体包括：在"网旗演习" 14-1、15-1、15-2 中提供了红色与灰色环境；在"防御卫士" 14-1、14-2 与 14-3 演习中起到关键作用；支持了"网络骑士"行动；完成重大国防采办计划（MDAP）的网络安全开发测试与评估；参与了 MQ-4CTriton 无人机计划、P-8A 预警机增量 3、参与 F-35 联合战斗机、濒海战斗舰、CVN78 福特级核动力航母以及 KC-46A 加油机的测试评估以及前期网络安全开发。

（三）为全球信息栅格提供安全保障的网络安全靶场

美国国防部网络安全靶场（CyberSecurity Range，CSR）的前身是信息保障靶场（Information Assurance Range，IAR）。CSR 由美国国防部信息系统局筹建，主要负责全球信息栅格的网络安全。CSR 旨在提供一个模拟全球信息栅格的作战仿真环境，为美军提供虚拟训练场，并为网络演习、信息保障技术与网络防御战术、技术和规程的测试与评估提供综合仿真环境。2014 年，美军将术语信息保障修订为网络安全，该靶场也随之更名为网络安全靶场。靶场由国防信息系统局负责，并由海军陆战队司令部指控通信与计算机网络分部管理。

CSR 为美军提供了训练即实战的真实感。美军可以通过安全的虚拟专网采用边界组件远程访问 CSR。CSR 可以真实地重建国防部信息网络环境，提供对事件的直接指挥控制和观察，支持网络事件的重复、刷新及回应，支持红队/蓝队，帮助用户快速熟悉靶场，改进网络战士工具，验证预先制定的做法并生成配置变更，评估并验证各种战术、技术与程序和网络安全/计算机网络防御工具，支持渗透测试和突发事件响应能力。

CSR 近期正在升级，未来 CRS2.0 将最大限度地实现物理设备虚拟化，利用浏览器技术管理虚拟基础设施，构建黄金标准的基础设施环境，以便在训练和演习中重用。CSR2.0 还将提供所有密级的共用靶场自动化框架，自动化环境控制与供给，集成的自动化硬件，虚拟化与专用硬件控制，包括在 Tier1 提供国防信息系统网（DISN）核心路由器与骨干、国防部信息网络域名核心服务、MPLS 路由、感知节点、互联网接入点及联合区域安全栈。非密靶场提供非密 Tier1，并协调国防部信息系统局互联网接入点与联合区域安全栈。保密靶场将提供全混合 Tier1 及全虚拟基础设施互联网接入点与联合区域安全栈。

（四）各军兵种自建的网络靶场

除了上述靶场以外，美国各军兵种还根据自身需求建立了各自的网络靶场，包括海军的战术网络靶场、陆军网络靶场等。

1. 美国海军开发战术网络靶场

战术网络靶场由海军研究办公室开发，可模拟隐藏在嘈杂、密集电磁频谱中的地方通信信号，是一套可模拟真实电磁评估作战环境的虚拟训练系统。该网络靶场包含网络、通信系统、传感器、无人系统以及增强现实技术设备等，可极大地扩大部队网络空间训练范畴，将射频物理环境囊括进来，同时将信息能力和传统作战能力进行整合以形成战术优势，从而支持任务目标的达成。战术网络靶场等技术手段的开发属于美国海军制信息权计划的组成部分。未来，美军所有军种通用的联合信息作战靶场也将应用美国海军研究办公室开发的上述技术。2014年11月，"英勇美洲鳄"演习对战术网络靶场进行了测试。在该演习中，海军陆战队在城市作战环境下利用该网络靶场对网络战和电子战行动进行协调，支持了更大规模的军事行动。

2. 美国陆军网络靶场主要针对网络安全训练

美国陆军通信电子司令部建立用于网络安全训练的网络靶场。陆军方面称，该网络靶场最初由第7网络防护大队申请创建，2015年夏末投入使用，可节省从制定训练计划到实际操作所需的时间和成本，该网络靶场为陆军人员提供真实的作战环境，参与者可使用小规模测试实验室无法提供的企业级工具和服务。该网络靶场还可支持多种环境和配置，并将现实环境网络行为者/网络威胁的特征、动态威胁行为者/代理的网络攻击能力纳入训练中。

（五）以提高三通性为目的的国防部企业网络靶场环境

随着分布式交互式仿真和高层体系结构技术日趋成熟，网络靶场设施和试验评估资源的联合成为可能。为改善网络靶场基础设施和试验技术，提高试验设施和试验资源的互联、互通、互操作性，美国联合参谋部J6筹划建设国防部企业网络靶场环境，国防部企业网络靶场环境（DECRE）主要包括国家网络靶场、联合信息作战靶场、网络靶场，以及联合参谋部J6指挥控制通信与计算机评估分部。DECRE使烟囱式分布的网络靶场集成为一个联合体，构建了一种各类网络靶场、试验设施、仿真资源之间互操作、可重用、可组合的逻辑靶场，可以更好地支持装备体系作战的测试、实验与评估。

DECRE 的指挥控制信息系统提供了一种可以真实运行的网络靶场能力，可以定量测量网络威胁、网络探测与阻止工具的效果、对蓝军任务及 C^4I 任务能力的网络效果，以及在真实环境中蓝军网络响应行动效果。可再生能源控制中心的协同能力改善了网络的完整性，能更好地保护网络与系统。美军已通过一系列验证活动证明 DECRE 能够更好地满足各种指挥与信息系统的安全、弹性以及互操作性的需求。其他在用或开发中的一些环境，包括导弹防御、卫星系统也可以连接到 DECRE，通过访问信息交换需求来确认系统的互操作性以及受网络攻击的系统软件，并且接收系统软件的自动网络安全与互操作状态报告。

二、世界各国在推动网络靶场建设方面的最新动态

2018 年以来，世界各国积极发力，从顶层设计、人才培养、国际合作等方面不断推动"网络靶场"建设。

（一）明确网络靶场分类

美国将网络空间靶场分为模拟类、仿真类和临时类。模拟类：对真实世界建模，通过模型之间的互动，分析各单元的行为表现。模拟类靶场部署容易，安装和维护费用较低；但是有研究指出，其测试结果准确性存疑。仿真类：使用独立的物理测试台，配置出需要测试的环境，运行真实的软件。这类靶场要求能对硬件进行重新配置，可根据测试需要，采用不同的拓扑结构。仿真类靶场使用真实的计算机、操作系统、应用软件、有限的资源，能反映真实环境；当然，硬件投入比模拟类要高得多（这一点可以

通过虚拟化来降低）。临时类：这类靶场也称为"叠加"（overlay），即在实际的生产现场软件上进行测试，使用实际的生产资源，而不是使用专门的网络靶场实验室。这类靶场在规模、费用和保真度方面都有优势，缺点是不够正规，如重复测试，试验控制性较差，可能对实际网络造成不利影响。

（二）建设网络靶场训练网络战人才

1. 美国部分州郡开设社区网络靶场训练网络安全人才

密歇根国防中心赞助在密歇根艺术和技术中心建设了首个基于社区的网络安全中心，既作为网络安全部门提升技能、测试产品和网络的地方，同时对外开放并作为美国最大的非机密网络靶场（图1）。网络靶场中心将密歇根州作为训练安全人才的国家中心，举办活动、演习和训练课程。密歇根网络靶场提供网络演习、产品测试、数字取证以及基于国家网络安全教育计划框架的40多项专业认证。

图1 密歇根网络靶场工作中心

2. 澳大利亚国防创新中心建设网络靶场训练网络战专家

2018年9月，澳大利亚国防部长克里斯托弗·派恩宣布，2018—2019年，国防创新中心的投资重点将转向情报、监视、侦察、电子战、地面作战和空战等领域。此外，国防部授予防务承包商Elbit系统公司为期3年的合同，该公司将提供临时网络靶场、网络设计和构建、网络靶场训练等，负责为澳大利亚国防部人员提供网络安全训练。按合同要求，从澳大利亚国防军加速防御网络训练计划毕业的49名网络战专家将使用新网络训练靶场提升技能。

3. 马来西亚设立网络靶场培养下一代网络防御者

2018年10月，马来西亚科学、工艺及革新部长拿督斯里威尔弗表示，马来西亚通过网络安全机构致力于促进与多个组织在相关事宜的国际合作。他表示："在网络安全威胁方面，我们实际上已在技术上做好准备，尤其是能力建设方面。而我们迫切需要的是可以从事网络防御的人才。"为了有效解决该问题，政府在9月成立了"网络靶场"，以作为培养下一代网络防御者的平台，站在打击网络威胁的最前线。这是目前东盟区域内第一个网络靶场，可将现实生活中的网络攻击在指定空间内以模拟的方式进行，而学员们可以学习到网络防卫经验和及时应对网络攻击。该网络靶场计划未来将培养约1万名网络专业人才。

（三）积极开展网络靶场建设国际合作

1. 美国和韩国军队合作"开发网络靶场环境"应对朝鲜威胁

2018年2月，美国国防部作战试验与鉴定办公室表示，美国驻韩国和太平洋军队正在演练发起进攻性网络行动的能力，这一迹象表明数字战争将成为美国打击朝鲜的潜在武器。该办公室主任罗伯特·贝勒1月末向美国国会提交报告表示，其正与美国和韩国军队合作"开发网络靶场环境"，提供对网络域作战训练。

2. 欧盟与北约合作网络靶场项目

2017年5月，欧洲防务局启动网络靶场联盟项目，目的是联合欧盟11个成员国的国家网络靶场并提高各自的网络防御训练能力，目前已经完成其第一个开发阶段。该项目的第一阶段由荷兰领导，重点是制定正式要求和高级技术架构草案，以便将国家网络靶场相互连接。北约作为观察员参与了第一阶段。2018年6月，欧洲防务局的6个成员国（奥地利、比利时、爱沙尼亚、芬兰、德国和拉脱维亚）签署了关于汇集和分享各自网络靶场能力的谅解备忘录。据欧洲防务局网站介绍，该备忘录被看作是网络靶场联合项目的第一个重要成果。9月，由芬兰领导的项目第二阶段在赫尔辛基举行的一次会议上拉开序幕。第二阶段的目标是使欧盟11个成员国在以下几个方面进行交流：建立一个兴趣小组；进行网络防御训练和专家交流；改善该领域的资源和实践共享。

3. 新加坡设立网络靶场供东盟成员国进行虚拟训练

2018年9月，新加坡负责安全事务的通讯及新闻部长易华仁在第三届东盟网络安全部长级会议开幕式上宣布，东盟—新加坡网络安全卓越中心（ASCCE）将会设立一个网络靶场训练中心，为东南亚国家联盟各国提供虚拟的网络防卫训练和演习支持。

（四）企业深度参与网络靶场建设

1. 洛克希德·马丁公司为美军国家网络靶场进行深度升级和能力扩展

美国洛克希德·马丁公司2018年1月宣布，将为美军国家网络靶场进行一系列例行维护和能力提升项目，旨在使国家网络靶场具备测试和验证更先进的网络战技术的能力。根据要求，洛克希德·马丁公司将对国家网络靶场的现有能力进行深度升级和大幅扩展，能够演示和研究目前最具破坏性的网络病毒以及隐蔽性最强的恶意代码，同时将其传播有效控制在靶场范围内，避免向公用或军用网络泄漏。此外，国家网络靶场还将有能力测试和评估更多复杂的网络攻防技术，包括恶意软件、木马程序、主被动防御手段等。

2. IBM 开发车载网络安全靶场

2018 年 10 月，装载着网络战术行动中心的拖车将在美国和欧洲巡游，进行事件响应训练、安全支持和安全教育（图 2）。IBM X – Force 网络战术行动中心将事件响应训练搬上路面，在一辆拖车里装载了全功能安全运营中心，可容纳 24 名操作人员、分析师及事件指挥中心员工（图 3）。这辆重达 23 吨的仿制军事指挥车和急救指挥中心大拖车可扩展至 3 辆悍马的宽度，容纳 20 台工作站、6000 米网线和 2 个碟形卫星天线。车载数据中心装有 100 太字节固态硬盘阵列，拥有 10 吨以上的冷却能力，由 47 千瓦自发电供电。企业可用该中心训练员工，通过模拟真实入侵场景训练员工如何响应攻击，且不局限于技术性响应教育，还可引入高管、人力资源、公关团队等担负部分响应工作。

图 2　网络安全靶场　　图 3　IBM X – Force 网络战术行动中心

（哈尔滨工业大学控制与仿真中心　张冰　李伟　马萍）

网络空间作战建模仿真研究综述

网络空间（Cyberspace）既是国家安全的新疆域，也是信息化战争的新战场。未来依托网络信息体系开展的全域多维联合作战中，网络空间将既是陆、海、空、天等物理作战空间的维系纽带，同时又将是决定作战成败的重要作战分域，网络空间作战正日益成为联合作战所不可分割的组成部分。由于网络空间作战的行动保密性以及效果级联性，采用建模仿真的方法是研究网络空间作战军事理论与攻防装备的有效与不可或缺的手段。

目前，国外针对网络空间建模仿真的研究集中在网络电磁攻防装备与攻防技术的建模仿真等领域。本文将从网络空间作战建模仿真演化特征、相关技术研究进展以及面临的新挑战等三个方面，介绍并分析国外网络空间作战建模仿真领域的研究现状。

一、网络空间作战建模仿真演化阶段特征明显

仿真系统是提升网络空间作战能力以及辅助网络电磁攻防装备体系顶

层设计的重要科学手段，以美国为代表的发达国家尤为重视，开展了一系列网络空间建模仿真重大工程。目前，从演化阶段分析，这些网络空间建模仿真重大工程经历了从支持网络电磁攻防装备研发与测试的网络空间武器装备试验靶场，到服务网络空间作战概念设计演示的网络试验场，再到支撑网络空间实际作战的指挥信息系统的阶跃式转变，而建模仿真正是这一转变的关键驱动力。

（一）网络空间武器装备试验靶场阶段

网络空间武器装备试验靶场暨"网络靶场"，是为了测试与鉴定网络电磁攻防装备作战能力而出现的新兴试验手段，是主要依靠建模仿真技术打造的服务于技术研发与装备验证的高质量测量、测试与评估环境。美、英等国为了构建大规模、高逼真度、高自动化的网络靶场，抢占网络空间制权技术制高点，纷纷推出了国家级的网络空间武器装备试验靶场建设项目。业界影响较大的包括：一是DAPRA启动的有"数字曼哈顿"之称的国家网络靶场（NCR）项目；二是英国启动的由诺斯罗普·格鲁曼公司承建的联邦网络靶场（FCR）项目。目前，NCR项目应用得到不断拓展。

此外，雷声公司也建立了军民两用的雷声网络靶场，为客户测试网络电磁攻防武器装备关键技术的敏捷性、灵活性与伸缩性提供了可靠环境。客户可以在数小时内订制复杂的网络靶场试验计划，极大地提高了网络电磁攻防装备试验鉴定效率。雷声网络靶场由雷声网络空间作战、发展与评估中心、通用网络电磁环境以及雷声全球网络中心等部件组成。

（二）网络空间作战概念演示环境阶段

"网络试验场"（Cyber Proving Ground，CPG）是网络靶场的更高级阶段，是网络空间作战新概念、新战法、新技术的"思维广场"，美国空军网络司令部司令克里斯·P·温格曼将其视为网络空间作战能力的"铸造工厂"。简而言之，"网络试验场"的职能就是聚合军内外网络业内人才与技术形成开放式协同工作环境，并且识别与推进创新性概念与技术的应用，从而提高空军的网络空间作战能力。

从目前美军对"网络试验场"的职能定位与建设规划来看，"网络试验场"实际上承担着美军网络空间作战部队虚拟演兵场的重任，标志着美军正在从国家网络靶场、虚拟控制系统环境等网络空间武器装备试验靶场规划建设阶段，转入到网络空间作战概念开发与作战力量训练的虚拟演习环境建设应用阶段。"网络试验场"的建设应用几乎与美军网络空间作战力量建设同步，预示着美军网络空间作战力量已经具备了较强的实际作战能力。

在"网络试验场"构建、开发与应用过程中，建模仿真技术是其核心技术。"网络试验场"由网络试验环境、新兴概念团队、转换团队及运营搜索与网络元素库组成（图1）。其中，网络试验环境是"网络试验场"关键物理设施，其核心是铸造层，具备四大特征：一是快速可订制，网络试验环境跨域快速订制所需的网络、装备与建模仿真工具，为促进网络空间作战新质能力的创新、发展与选择提供易接入的环境；二是一体化集成，网络试验环境将已有的网络开发与测试环境加以整合，外部团队可以远程接入并安全利用仿真网络；三是模型高分辨率，网络试验环境能创建与定义高分辨率的网络空间系统与网络模型，刻画它们的弱点、威胁源与防御措施；四是面向实战，网络试验环境还提供一些网络电磁攻防装备实例，以便进行快速测试与评估。

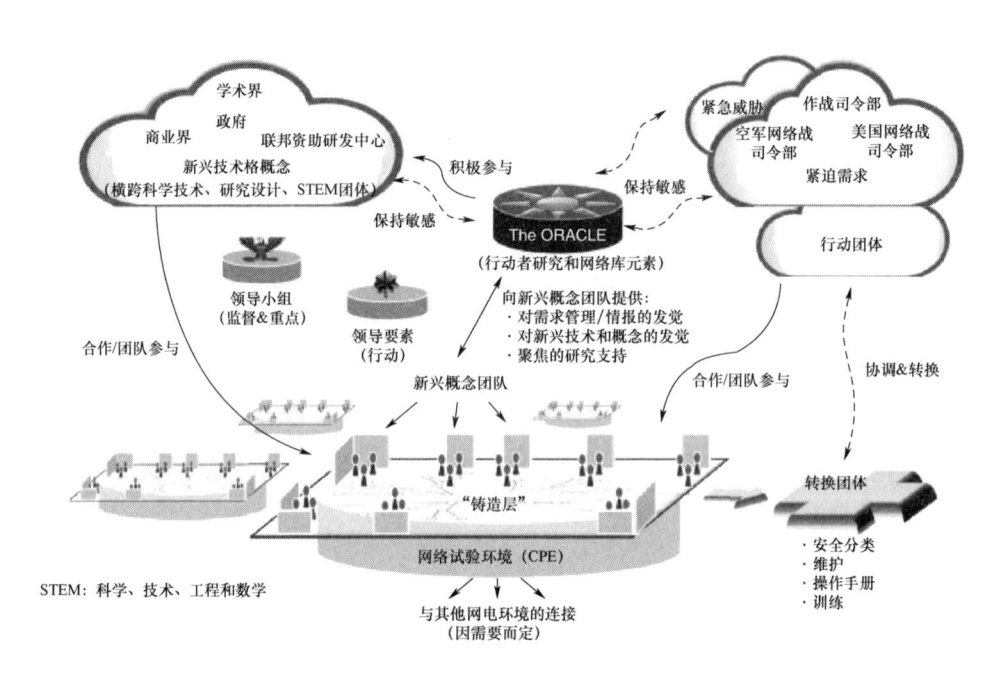

图 1　CPG 组成结构示意图

（三）网络空间作战指挥信息系统阶段

"X 计划"于 2013 年由 DARPA 组织实施，根本目的是为网络空间作战人员提供首套通用性网络空间作战规划系统，是美军第一次系统性地研发联合作战网络空间作战分域指挥信息系统，解决之前在多次网络空间作战演习中暴露的网络空间对抗态势难展现、交战规则不明确、指挥控制系统不匹配以及作战效果难以评估等制约网络空间作战融入联合作战的瓶颈问题。在 2017 年 5 月美国欧洲司令部与战略司令部组织的一级联合演习"严峻挑战/全球闪电 2017"活动中，"X 计划"项目已投入使用，并颇受好评。在此次军演中，"X 计划"全面用于辅助联合部队指挥部空军网络战分部的指挥决策，同时网络空间的机动与作战融入了联合作战的筹划、机动、目标选择与火力协同之中，与其他作战行动完全同步，标志着网络空间作战将成为联合作战的"常规选项"。作为"X 计划"的衍生品，DARPA 于 2017 年 6 月启动了"利用自主系统对抗网络对手"（HACCS）项目，并于 2018 年 8 月向网络安全公司 Packet Forensics 授予一份开发合同，目的是能够自动定位、识别与瓦解僵尸网络，并将在未来的网络演习中使用。

从概念上分析，"X 计划"将网络作战空间定义为三个主要概念：一是网络地图，二是作战单元，三是能力集。从技术上分析，"X 计划"的关键技术领域包括网络空间作战开放式系统结构设计技术、网络空间战场分析技术、网络空间作战计划生成技术、网络空间作战任务执行技术以及系统界面人机交互技术。在这些技术之中，网络空间作战建模仿真方法将发挥重要的作用。

二、网络空间作战建模仿真研究取得重大突破

在网络靶场、网络空间作战概念演示环境与网络空间作战指挥信息系统等建模仿真重大工程建设中，其底层的建模仿真技术是相通的，主要包括网络信息环境建模仿真技术、网络空间作战实体建模技术、行动与效果建模仿真技术等，这些技术已取得重大突破。

（一）网络空间网络信息环境建模仿真技术

对于网络信息体系而言，网络是中心，是形态；信息是主导，是灵魂；两者相结合才形成了体系，是信息化的基石，是战争与军事冲突的主体。无网不成体系，体系因网而聚，网络信息环境对于网络信息体系和网络空间既是基础环境，又是对抗和作战的目标背景。无论是国家关键基础设施还是军事信息网络，在体系背景下的网络信息环境都具有复杂网络特性，异构、大尺度、动态演化等特征明显，在网络空间作战建模仿真研究中网

络信息环境建模的难度始终非常大。

由于复杂网络与网络信息环境的相似性，采用复杂网络与超网等建模方法描述与构建网络信息环境是当前国外研究网络空间作战建模仿真领域的研究热点之一。民用基础网络信息设施是未来网络空间作战的重要目标之一，意大利热那亚大学、美国霍普金斯大学、美国普渡大学等国外研究机构将超网和信息物理系统（CPS）相结合并综合运用，开展了通信网络、电力网络、食物供应网络、石油网络、天然气网络和应急响应网络等民用基础网络信息设施建模仿真的研究，并取得重要进展，构建了网络空间作战的虚拟目标背景体系，同时又分析了一些作战手段与作战策略对于民用基础网络信息设施的影响，为网络空间作战战术战法研究提供定量的依据支撑。此外，新加坡南洋理工大学、法国橘色实验室、意大利国家研究委员会等研究机构将人与人、人与组织、组织与组织的社会关系网加入信息物理系统中，提出更为复杂的社会物理信息系统（CPSS）建模理论，核心思想是构造虚拟的人工环境，实现物理、认知、计算和社会等资源的一体化融合建模，该理论已成功应用在电力网、交通网、反恐作战等领域。当网络信息环境数据难以获取、网络动态特征明显时，通行做法是采用以 BA 算法和 ESF 算法等为代表的各种拓扑动态生成算法。

此外，运用复杂网络脆弱性相关研究成果，研究网络空间作战目标选定问题，也是网络信息环境建模仿真的热点研究领域之一。网络空间作战目标选择的重点是寻找体系的重心。对脆弱性导致的体系能力坍塌的分析已经被列入现行的美军联合战役规划中，即重心分析。

（二）网络空间作战实体建模仿真技术

与传统的物理空间实体建模相比，网络空间作战实体有很多不同之处：一是网络空间作战力量属于新质战斗力范畴，已不能以火力、人数、机动等指标来衡量其作战能力；二是网络电磁攻防装备如病毒、软件系统等，多以代码等软体形式存在。以往注重火力、机动的物理实体建模思路和方法已不能满足这些网电空间新型实体的建模需求，需要创新和突破。

关于网电空间作战实体的建模方法可以分为两大类：一是采用面向对象的还原论建模方法，详细模拟网络电磁攻防装备，如区分病毒类型、用途、战术技术参数和各种行为；二是采用面向效果的"黑箱"建模方法，跳过特定装备实体建模，直接针对可能的攻防效果建模，如某型装备可能降低指挥控制能力等。在实际建模过程中，具体采用哪种建模方法，往往与建模目的和建模层次有关。目前，这两种建模方法都有一些研究成果，如加利福尼亚大学"Bionet Project"中的 Cyber Entity 建模，采用自底向上的基于 Agent 建模方法，就是非常典型的面向对象的还原论建模；虚拟控制系统环境（VCSE）采用 Cyber 攻击脚本的方式，忽略网络电磁攻防装备，主要对攻防效果进行建模，是面向效果的"黑箱"建模方法的典型代表。

（三）网络空间作战行动建模仿真技术

与传统的物理空间行动建模相比，网络空间作战行动建模更加强调虚拟空间中对信息流以及人的认知行为等复杂性行动的建模。目前，国内外对于网络空间作战行动建模做了大量的工作，但是大部分工作都是为了网络安全服务的，体系对抗的背景性不强。

关于网络空间作战行为等复杂系统自适应行为建模，主要采用基于复杂性理论的行为建模方法，如 Agent 行为建模、基于元胞自动机建模、协同进化计算建模等，典型代表有"阿尔伯特计划"及其资助完成的 EINSTein 系统、澳大利亚防务学院开发的 RABBLE 系统、新西兰国防技术局开发的 MANA 系统等；在网络空间攻防行为的描述方面，主要采攻击/防御树、攻击/防御图、攻击/防御网，以及攻击/防御语言等方法。常用攻击模式列举与分类（CAPEC）项目受到美国国土安全部的支持，目的是抽象出网络攻击与防御的共性特征，目前一共收纳了 512 种攻击样式，并提供了每种攻击以及对应防御手段的细节信息，如目的、方法、执行流程、目标、利用漏洞及对抗手段等。关于网络空间传播行为建模，以蠕虫传播为典型应用，主要基于蠕虫传播特性和防御策略分析，相继有双因素模型、Kermack – Mackendrick 模型、AAWP 模型等数学解析模型、采用蒙特卡罗算法的仿真方法，以及美国社会学家罗格斯针对网络传播行为提出的"信息流"和"影响流"的行为建模概念及方法；关于面向认知规则的攻防行为建模，美军的指挥兵力系统（CFOR）、近战战术训练系统（CCTT SAF）、战区作战仿真分析系统（JWARS）、新一代半自动兵力生成系统（OneSAF）等，均采用基于规则的建模方法，即采用一组较为简单的规则替代复杂的甚至难以表示的数学模型，用于表征个体的行为以及个体之间的相互作用，非常适用于个体自身行为较为简单且实体规模较大、交互频繁的应用场景，从模型底层涌现出系统整体的功能与特征。基于规则的建模方法可以表示确定性或不确定性，在生物体的生化建模、社会系统建模等领域应用非常广泛，对于体系对抗条件下的网络空间作战建模仿真具有很强的指导意义。

智能技术、大数据技术与新材料技术等高新技术的迅猛发展与广泛应用，带来了网络电磁攻防装备研发以及作战样式的新变革，针对网络空间智能作战行为的建模仿真也必将成为网络空间作战建模仿真的新热点与新难点。认知电子战能够自主感知复杂战场电磁环境、适应未知威胁，并能够智能优化干扰波形，实现精确灵巧干扰与在线实时评估，将成为网络空间作战的一种颠覆性作战样式，取得与智能化电子信息装备博弈的主动权。洛克希德·马丁公司的专家认为，认知电子战可以提高态势感知能力，颠覆传统的人机接口，减少效能评估所需的有人平台数目，提高任务执行效率，降低频谱管控负担，缩短电子战装备从概念设计到实战运用的时间。认知电子战的关键技术包括基于自适应机器学习的认知侦察技术、基于频谱知识的认知建模技术、智能化干扰措施合成技术与高度自适应的电子进攻技术等。目前，国外针对认知电子战的建模仿真在装备层面的研究成果与作战层面的研究成果均较少，正处于起步阶段。在装备层面，业界影响较大的认知电子战项目包括美军自适应雷达对抗（ARC）项目、自适应电子战行为学习（BLADE）项目、下一代干扰机（NGJ）项目等。在作战层面，南非比勒陀尼亚大学从电子战训练的角度先后研究了基于干扰方的威胁评估、干扰资源智能分配以及认知电子战在电子战辅助训练中的应用等内容，并针对认知电子战辅助航空兵突防的想定开展了仿真实验。

（四）网络空间作战效果建模仿真技术

与传统领域作战效果相比，网络空间作战更经常引发"多网联动""跨域铰链"和"级联失效"等新的复杂交互现象。要想从防御角度来描述并揭示网络空间作战的网络化效应机理，建模仿真要重视网络信息体系的整体性效应，网络空间作战效果建模不仅要考虑从行为到效果的问题，更要考虑从效果到效果的级联关系建模问题。

关于攻防行为的关联影响建模，国外研究机构一般将关联影响细分为网络属性、外部环境、运行状态、关联类型、耦合关系和事故类型等。美国桑迪亚国家实验室下属的国家基础设施仿真分析中心针对关键基础设施及关联依赖开展了一个长期研究计划——高级建模与技术研究（AMTI）项目，旨在针对国家关键基础设施攻防行为的关联影响，提出一套建模理论、方法和分析工具（FAIT），对于攻防行为级联关系的建模仿真具有较强的指导意义。其他一些研究机构针对具体的关键基础设施，分别建立了有针对性的网络级联失效模型，比较有代表性的包括美国爱荷华州立大学提出的基于直流潮流方程的 OPA 模型、弗吉尼亚理工学院提出的基于负荷转移的 CASCADE 模型、加利福尼亚大学提出的基于渗透原理的连锁故障模型等，这些模型对于分析网络攻防对电力网、国际互联网等造成的级联失效特点与规律有重要的参考价值。这些模型均是建立在数学公式推导和参数统计分析基础之上，是一种基于数学推理的认识论。Agent 建模方法为认识网络级联失效现象提供了新途径，用网络节点和边的动态 Agent 模型表示连锁故障的传播，为探索抑制网络级联失效的有效方法提供了新思路。

三、网络空间作战建模仿真面临的新挑战

2016 年 5 月，美国《训练与仿真》杂志的前编辑迈克尔·佩克在老乌鸦协会的官网上发表了一篇名为"网络空间作战模拟路在何方？"的文章，主要介绍了美军在网络空间作战建模仿真方面的困惑与思考，很值得业界共同思考。文中引用了多位美军网络业界最顶级专家的话："网络空间作战是战争模拟的'圣杯'"，既神圣，又神秘；"网络电磁攻防装备密级过多，网络空间作战实战经验太少，具体参数、技术机理很难得到"；"网电空间作战快速波动，网电攻防武器多数还没有机会使用，对方系统打个补丁，就要重新设计"。目前，虽然网络空间作战建模仿真的研究成果已经非常丰硕，但是随着网络电磁攻防装备体系越来越完善，网络空间作战力量编制体制建设越来越明晰，颠覆性技术在网电空间作战中的运用越来越广泛，网络空间作战建模仿真正面临着巨大的挑战，尚有很长的路要走，具体表现在：网络空间愈发成为一种关键性的联合作战行动；跨域协同正成为网络空间作战融入联合作战的关切点；颠覆性技术将为网络空间作战带来巨大变革。

（一）网络空间作战愈发成为一种关键性的联合作战行动

目前，美军等军队正通过完善网络空间作战法规制度、建立健全网络空间作战力量编制体制、研发新型网络攻防装备等手段，推进网络空间作战与联合作战的深度融合。

一是网络空间作战力量已经成为联合作战的主导作战力量之一。2018年5月，作为整合美国及盟国网络空间作战行动的联合作战中心，"网络整合中心"正式竣工；7月，北约宣布在比利时建立网络空间作战中心，同时在美国弗吉尼亚州的诺福克建立"联合部队司令部"；美国国防部将网络司令部升级为一级联合司令部，并相继更换了总部与各军兵种网络司令部的指挥官，其133支网络空间作战部队已经具备完全作战能力。

二是对网络空间作战的运用正在经历着从"偏重威慑"到"突出实战"转变。演习训练方面，2018年8月，洛克希德·马丁公司举行了第四次多域战兵棋仿真推演，由空、天、网络各界专家组成的综合团队进行任务计划并产生动能和非动能效果，并且以洛克希德·马丁公司内部网络为目标体系，运用网络攻击仿真器推演了网络攻击的过程与效果；9月，美国陆军在新泽西州的拉赫斯特联合基地举行了"网络闪电战2018"演习，研究了将战术网络战、电子战、信息和空间效应带入战场的新途径，组建了由多域特遣部队的情报、网络、电子战和航天（ICEWS）分队、网络作战支援营，以及远征网络电磁活动（CEMA）小组混合编组的、多样化的战术网络空间作战部队，此次演习是一次真正的融合，将新兴技术、概念和力量整合到网络空间作战部队，可帮助陆军明确新部队的发展与部署方向；10月，英国进行对俄罗斯网络攻击的军事演习，通过利用建模仿真技术，英国锻炼了"可给莫斯科断电"的网络空间作战能力。

三是网络电磁攻防装备研发正向着多军兵种统一融合的方向发展。

2018年7月，美国网络司令部开始为其网络空间作战部队采办"统一平台"系统。该系统具备网络进攻、网络防御、指挥控制、态势感知以及辅助决策等功能，是"网络司令部成立以来最为重要的采办项目之一"，将对于网络空间作战行动具有关键性影响。

在联合作战的背景下开展网络空间作战行动的建模仿真，不仅需要模拟网络空间作战行动自身的作战过程与效果，更重要的是模拟网络空间作战行动与其他联合作战行动的交互过程与效果，这将面临着实战案例较少并且密级较高，网络空间作战力量编制体制不断变化，网络空间作战行动种类多样、机理复杂，网络电磁攻防装备不断更新，跨域跨网级联效应突出等难题，需要在网络空间作战建模理论与方法上有更大的突破。

（二）跨域协同正成为网络空间作战融入联合作战的关切点

网络空间作战在联合作战中效能发挥的关键在于网络空间作战的跨域协同，通过网络信息体系广泛而复杂的跨网跨域级联关系，将主要在信息域发生的网络空间作战的效果扩展到传统的物理域以及与指挥员密切相关的认知域，从而降低敌方整个作战体系的效能。跨域协同正是网络空间作战的本质所在。在联合作战中，网络空间作战与陆、海、空、天、电等作战域的作战行动密切跨域协同，这是网络空间作战融入联合作战的接口与关键点，也是国内外网络空间作战业界专家关注的焦点之一。

网络空间构成了全域多维联合作战的"筋脉"，没有网络空间就没有跨域作战。2018年11月，美国陆军发布了《多域作战2028》作战概念，着眼于未来对抗"反介入/区域拒止"体系的复杂战争局势，突出多种作战域能力的联合互补运用，通过建立灵活的作战编队，从物理上和认知上挫败高端对手，提升在网络空间与太空等新型空间领域创造"优势窗口"的能力。目前，美国陆军通过投入大量资源建设网络空间作战力量、采办先进的网络电磁攻防装备以及加大战术单位网络/电磁行动能力训练等方式，大力提升其网络空间跨域协同作战能力。为此，美国陆军组建了"陆军网络卓越中心"，借助于建模仿真等手段，开发全新跨域作战概念，制定网络空间作战条令法规。此外，在美军"全球公域进入与机动联合"作战概念、俄军应对乌克兰危机的"混合战争"作战概念等未来联合作战纲领性、构想性设计中，都特别强调网络空间跨域作战的重要性。

仿真系统是部队为了提前适应战争开展实战化训练的有效手段。针对多域作战的训练问题，美国著名智库战略与预算研究中心发布的《决胜跨域——未来战场的训练》研究报告，特别突出了仿真系统与仿真技术对于多域作战中网络空间作战相关训练的重要性，并提出为了达到较好的训练效果，需要注重开发战术性网络空间作战的仿真效果，重视网络空间作战行动仿真模型的逼真度，以及重视多域作战想定对于一体化综合训练体系架构评估与测试的支撑作用等观点。目前，美军也比较缺乏能够指导多域作战背景下网络空间作战训练的仿真系统，正在大力探索网络空间作战跨域施效的作战手段、表现机制与作战效果。跨域协同将是网络空间作战建模仿真的一大挑战。

（三）颠覆性技术将为网络空间作战带来巨大变革

未来的网络空间将是高智能化装备与高素质人才密集的作战空间，谁掌握了网络空间技术的制高点谁将掌握网络空间争夺的主动权。随着智能技术、大数据技术、信息技术等高新技术的迅猛发展，各主要军事强国都在着重设计颠覆性的网络空间作战概念，研发颠覆性的自主智能化网络电磁攻防装备。由于无人集群作战的自主性、群智性、高效性与低成本，未来无人集群搭载网络电磁攻防装备应用于网络空间作战将成为必然的趋势，这也是美国"第三次抵消战略"的重点发展方向之一。

美军正在研究无人集群实施网络空间作战的作战概念、装备需求以及战术战法，不久的将来很可能投入网络空间作战实践。2017年10月初，美国战略与预算评估中心发布了《决胜灰色地带——运用电磁战重获局势掌控优势》研究报告，提出了网络空间"无人敢死队"这一颠覆性的作战概念，为美军提升"反介入，区域拒止"能力提供了新思路，设计了无人集群网络电磁一体作战、破击综合防空体系等典型作战想定，并分析了相关装备建设与发展需求。该报告认为，由于未来无人集群将具备较强的个体自主性以及群体协同性，并且成本低廉，因此无人集群网络空间作战将完美契合网络空间作战智能性、高速性与对抗性等作战特点，将有可能成为争夺网络空间控制权的"杀手锏"。此外，具备较强复杂电磁环境适应能力与学习能力的认知电子战技术，具备绝对安全、超空间与超光速能力的量子通信技术，具备"不战而屈人之兵"能力的脑控技术等颠覆性技术都有可能带来网络空间作战指导原则、作战样式、战术战法等的巨大变革。

颠覆性技术本身技术机理复杂，对于网络空间作战行动带来的影响尚在定性研究之中。通过作战概念仿真演示等方式，能够有助于预先研究网络空间颠覆性作战行动与攻防装备的战术战法，规划论证颠覆性装备体系，牵引颠覆性技术的发展进步，为网络空间作战行动的建模仿真提供了新的迫切需求。

（四）网络空间作战跨域跨网效能评估问题亟待解决

网络空间作战发生在网络空间，作用于整个联合作战体系，其效果具有非常明显的跨域跨网特征，并且具有不确定性、隐秘性、破坏性等特点。因此，网络空间作战跨域跨网效能评估面临着效果难描述、指标难确定、数据难获取等难题，也是国外建模仿真领域的研究热点之一。大数据方法提供了认识世界的第四种范式，提供了探索网络空间作战效能评估的新思路、新方法。利用网络空间作战建模仿真系统开展的作战模拟与探索性仿真产生的海量仿真数据，通过深度挖掘等先进数据科学技术，有可能从这些仿真大数据中挖掘出联合作战条件下网络空间作战效能关键的指标，建立网络空间作战效能指标网，并评估网络空间作战力量的体系贡献度。

（国防大学联合作战学院　司光亚　张阳　王艳正　胥秀峰）

美军网络安全仿真和试验能力现状及发展分析

随着网络空间对抗的日益发展与演进，未来战争已不再局限于火力摧毁和电子干扰等传统手段，正逐步演变成为一种全新的作战模式——网络空间战。网络空间将成为未来信息化战争中一个新的作战领域，网络空间控制权将同制天权、制空权、制海权和制陆权一样，成为夺取战争胜利的重要保障。

美国高度重视网络安全建设，在国家战略、部队编成、对抗演练等多个方面对网络安全领域进行了整体布局和规划，构建了完善的网络安全体系，并将网络空间对抗上升为国家战略，列为优先发展的任务。美军作为美国网络安全建设的主体之一，为了最大程度地降低网络安全风险，在系统规划阶段通过网络安全框架制定、威胁情报支撑等一系列举措，为网络安全提供基础保障同时，在系统设计、仿真、测试和试验等各阶段，创新采取多种措施，为解决网络安全威胁提供全维度支撑。

一、网络安全已成为美军优先发展的任务

在网络安全战略方面，美国持续出台网络空间战略性文件。自 20 世纪

90年代起,美国政府依据国内外战略环境和网络空间安全形势变化,先后制定了40余项相关战略文件。2015年4月,美国发布了《2015年国防部网络战略》,明确提出"网络战",将俄罗斯、中国等列为重要威胁对手。2017年5月,美国总统特朗普签署行政命令,要求联邦政府加强对联邦网络以及美国关键基础设施的防护,提高美国国家整体网络安全防护和能力。2018年3月,美国网络司令部发布《实现和维护网络空间优势:美国网络司令部指挥愿景》,将网络空间领域的军事优势争夺提升到了全新的高度。2018年9月,美国又发布《2018年国防部网络战略》,重申了来自中国、俄罗斯的网络空间竞争,并明确了应对网络空间竞争的战略途径,将取代《2015年国防部网络战略》。

在作战力量建设方面,美国积极组建并扩充网络战组织机构与军事力量。2016年10月,美国网络司令部133支网络任务部队全部具备初始作战能力,时隔8个月之后,70%的网络任务部队训练都已到位,已达到全面作战能力水平。2017年8月,依美国总统特朗普的指示,美国国防部将网络司令部升级为一级联合作战司令部,升级后,网络司令部将成为美军最高级别的联合作战司令部之一。

在网络对抗演练方面,美国常态化开展网络对抗演习,提升网络对抗能力。"红旗"军演是美军开展的常态化实地训练演习,2016年2月29日至3月11日,美国空军举行"红旗16-2"演习,目标是挑战美国和盟军部队正确响应并克服模拟威胁的能力。2017年2月27日,美国空军举行"红旗17-1"演习,展示了网络化的情报监测侦察和战场空间定位能力。2018年,美国空军又举行了多次"红旗"演习,通过分布式加密安全网络将包括数百名模拟器飞行员和构建的数字兵力模型从全国各地连接到同一个战场环境中,演习中充分应用了LVC技术,展示了先进的联网与情报共享能力。

二、美军网络安全保障能力现状

近年来,美军提供了全生命周期的网络安全保障能力,覆盖设计、仿真、测试和试验等各阶段,为解决网络安全威胁提供全维度支撑。在设计阶段,通过信息共享、多元化发展、创新设计等一系列举措,提出网络安全解决方案,为网络安全设计提供有效约束。在研制阶段,通过构建安全且真实网络环境、提供威胁建模仿真手段等一系列举措,确保安全设计有效实现。在测试和试验阶段,通过搭建不同层级的试验与验证环境、构建仿真演练环境等一系列举措,为网络安全提供测试验证能力。

同时,美国国防部逐年加强网络安全测试和试验鉴定能力建设,先后发布了多个网络安全试验鉴定指导文件,并大力建设网络靶场及相关试验设施,要求各级试验鉴定机构尽快形成网络安全试验、鉴定与评估能力。美军将网络安全试验鉴定活动分为6个阶段:确认网络安全需求、表征网络攻击面、协同脆弱性确认、对抗性网络安全研制试验鉴定、协同脆弱性与侵入评估、对抗性评估。其中,前4个阶段主要对研制试验鉴定提供支持,后2个阶段主要对作战试验鉴定提供支持。美国国防部明确要求,应将网络安全试验鉴定尽早并持续纳入到装备采办全生命周期,在系统架构或系统环境发生变化时,网络安全试验鉴定还要迭代多次反复进行。另外,为应对不断出现的新的网络威胁,应加速开展网络安全评估手段与技术研发。

三、美军网络安全保障能力最新进展

为推进网络安全试验鉴定活动开展,美军持续加强网络安全保障能力建设,大力发展网络靶场及相关试验设施,确保满足对试验资源需求同时,开展了大量的网络安全评估试验。

2018年1月,美国国防部作战试验鉴定局向国会提交上财年作战试验鉴定和实弹射击试验鉴定年度报告,重点关注软件密集型系统及网络安全试验、一体化试验、试验基础设施以及建模仿真等领域的建设。其中,美国导弹防御局高度关注导弹防御体系的网络安全问题,启动了针对弹道导弹防御系统的网络安全试验评估工作。美国陆军研究实验室生存性/杀伤性分析小组完成了对弹道导弹防御系统的网络安全评估,并发现了系统中存在的网络安全漏洞。基于此,美国导弹防御局下一步将为弹道导弹防御系统提出复杂的网络安全试验和评估战略,包括:为当前弹道导弹防御系统各分系统进行规划,开展独立的网络安全评估,从而能够更好地了解和掌握当前弹道导弹防御系统网络安全态势和作战环境;在研制过程中,网络安全试验活动应该提前进行,从而能够发现系统设计和软件结构的改变;进行更为严苛的网络对抗试验和评估,从而能够针对已部署的能力发现作战风险,弥补网络安全漏洞,提升网络防御能力,最终使弹道导弹防御系统和网络能够有效应对对手的网络攻击。

2018年2月,美国陆军领导开发了持续性网络训练环境(PCTE)来开展网络训练工作,这种高端训练环境之所以被快速推进,是因为现阶段网络战士没有类似于传统作战人员用于战备的训练形式。雷声公司对PCTE项目进行了概念验证,不仅融合了传统的集体远程训练能力,如分散人员可以访问功能模块，而且还为网络战士提供创造沉浸式体验的虚拟现实解决方案。10月，美国陆军完成了对PCTE的首次用户评估。美国陆军代表美国网络司令部运行PCTE，为分布式个人和集体训练以及任务预演提供平台。11月，美国国防部在跨军种/工业界训练、仿真与教育会议中简要介绍了开发PCTE的计划，PCTE是一个基于云的训练平台，将连接到6个地理上分散的网络工作地点，支持网络任务部队利用当前网络工具套件在模拟的网络环境中进行训练，为网络任务部队提供一个标准化的平台，该平台具有"能够同时形成多个环境的生态系统，具备快速执行和重用场景能力"。正式的PCTE网络训练系统征询方案预计将在2019年发布，其潜在价值高达7.5亿美元。

2018年2月，洛克希德·马丁公司宣布其下属的导弹与火控系统分部将为美军国家网络靶场进行一系列例行维护和能力提升项目，旨在使国家网络靶场具备测试和验证更先进的网络战技术的能力。根据合同要求，洛克希德·马丁公司将对国家网络靶场的现有能力进行深度升级和大幅扩展，能够演示和研究目前最具破坏性的网络病毒以及隐蔽性最强的恶意代码，同时将其传播有效控制在靶场范围内，避免向公用或军用网络泄露。此外，国家网络靶场还将有能力测试和评估更多复杂的网络攻防技术，包括恶意软件、木马程序、主被动防御手段等。国家网络靶场还将具备测试新的网络协议、卫星和射频通信系统，以及战术机动通信和海事通信系统的能力。

2018年7月，美国国防部发布《网络安全桌面推演指南》1.0版，描述了网络漏洞早期识别和分类的方法，以及识别相关的关键任务和系统功能。网络安全桌面推演是一种最佳实践，包括智力游戏，如演习，然后分析，用以探索网络攻击行动对美国系统执行任务的能力的影响。它也是一场实战演习，侧重于两个具有相反任务的团队：一方是负责执行作战任务的军事力量，另一方是试图抵抗那些军事力量的网络任务部队。网络安全桌面推演为系统工程师、项目经理、信息系统安全管理人员、信息系统安全工程师、测试员和其他具有可操作信息的分析员提供任务执行的网络威胁信息。可操作的信息包括潜在的系统漏洞、漏洞挖掘的演示方法，以及对所产生的任务影响的评估。这一信息使领导者能够更有效地分配有限的资源，从而提供一个在网络对抗环境下安全运作的系统。网络安全桌面推演与其他工具和过程相结合，为项目工程和测试团队提供了在整个采办周期中降低风险的机会，并在作战试验期间减少发现网络漏洞的可能性。

四、美军网络安全保障能力发展分析

综上所述，美军高度重视系统全生命周期的网络安全，从设计、研制、测试和试验等各个环节出发，建立了较为完善的工具手段和技术服务体系。同时，借助先进的云架构，建立了统一的集成服务平台，提供软件设计工具、通用模型、通用测试验证工具等服务。

未来，美军仍将积极开展全生命周期的网络安全保障能力建设，构建更加全面的网络安全保障能力体系。在设计方面，将提出更全面的网络安全解决方案，为网络安全设计提供有效约束；在仿真方面，通过威胁建模仿真、构建安全且真实网络环境等一系列举措，基于真实数据的网络条件下进行产品原型开发与研制，确保网络安全设计正确实现；在测试和试验方面，通过搭建试验与验证环境、构建仿真演练环境等一系列举措，为网络安全提供更充分的测试验证能力保障。另外，未来将着重发展测试和试

验验证能力，加大对已部署能力的网络安全测试和试验评估，弥补漏洞和不足。除此之外，美军将发展更加接近真实作战环境的网络攻防训练平台，实现网络杀伤全链条的模拟和训练，推进美军网络安全部队人才培养和实战能力提升。

（中国航天科工集团公司第二研究院二部　吕西午）

军事训练与体系作战仿真技术

军事训练与体系作战仿真技术是军队技术训练、战术训练和联合训练的重要支撑技术,对战斗力生成和提升具有重要作用。2018年,国外发达国家在模拟仿真、网络化仿真和体系仿真等领域持续增量投入,尤其在虚拟/增强/混合现实、虚拟游戏、人工智能、LVC体系集成、指挥控制仿真融合等方面成果突出,效果显著。

一、模拟仿真技术快速发展,不断提升军事专业技能训练水平

(一) 虚拟/增强现实+人工智能,打造混合现实虚拟训练建设新范式

近年来,增强和虚拟现实技术不断发展,与人工智能技术结合,并且正在打造新的混合现实,这种形式超越了传统的虚拟建设范式,为用户带来更强的沉浸感、临在感,提供了更为丰富、有效的交互方式,加速了军事训练器材升级,甚至代际替换,极大提高训练效率,节约训练成本。2018年,F-35飞行员虚拟现实头盔显示器可以与其机载光电分布式孔径系统(EODAS)和光电跟踪瞄准系统(EOTS)随动并成像,为飞行员提供

全向预警，为红外格斗弹提供目标指引，对敌机进行锁定，有利于发挥飞行员的战斗力；美国海军的混合现实技术作战空间开发实验室开发 GunnAR 统一射击系统，使用增强现实头盔作为武器系统的一部分，改善了美国海军传统获取信息和授权炮手开火的方式；基于先前为 F/A-18 战机开发的训练系统，波希米亚互动仿真公司构建了第二代 VR-PTT，该系统利用生物传感技术创建一个直观的用户界面，使飞行员能够选择虚拟按钮、仪表和开关并与其进行交互，以便针对特定需求进行训练；法国 Go Touch VR 公司和纽约 FlyInside 公司合作开发了 VRtouch 技术，使飞行员利用触觉或触觉感知的反馈更快地达到训练效果，支持用户在会话期间改进控制，具有灵活性和可扩展性，可以适应各种场景；BAE 系统公司为英国皇家海军计划开发一套新的增强现实工具，包括三维指挥台，将桥梁与作战中心连接起来，舰上值班人员可穿戴 AR 眼镜等产品更有效控制局面，无需依赖控制台或机组人员的说明。

增强现实技术发展对军事装备升级和战斗力提升也具有很大推进作用。美国陆军与微软公司合作开发可自动识别目标的增强现实头盔，该系统可自动识别坦克等威胁并提醒作战人员，或将目标数据传输到远程导弹发射台，使每个士兵都成为传感器，通过无线网络向其他部队提供情报；雷声公司采用 CAVE 自动虚拟环境技术构建了三个沉浸式设计中心，支持国防部官员在采办任何现实设备之前通过 3D 虚拟模型进行验证，减少了昂贵的返工和设计变更风险，提升了装备采办能力；Magic Leap 公司参与了美国军方集成视觉增强系统项目，致力于为作战士兵提供头戴式增强现实设备，该设备可增强军方先敌人一步进行侦查、决定和行动的能力，提升了战斗力。

（二）模拟训练器材推陈出新，有效促进了武器装备操控水平提升

2018年，美国陆军对重要的模拟仿真系统——近战战术训练系统进行广泛而全面的升级，与洛克希德·马丁公司签订总额3.56亿美元的合同，开发近战战术训练系统现代化载人模块，为美国陆军近500台人在环战术车辆仿真器进行升级改造。近战战术训练系统由计算机驱动的人在环仿真器组成，可以模拟近战中车辆搜寻场景，集成了作战车辆操作的各个方面，使士兵沉浸在现实世界的作战场景中。主要亮点是可重构车辆战术训练系统，包括可重构车辆仿真器在沉浸式360°环境中提供高机动性多轮战车或重型扩展机动战术卡车等多种变体，车载人员可下车战斗。每个固定站点的近战战术训练系统包括30～40台装甲战车仿真器和4台可重构车辆仿真器。

2018年，国外陆、海、空等军种现役模拟训练器材的改进和发展，对军队装备操控专业技能训练和网络、智能、要素齐备的基础训练具有较大促进作用。美国陆军专门成立了一个团队来重新设计美军的模拟训练环境，"综合训练环境计划"第一阶段将替换现有的车辆仿真器，第二阶段将为步兵建设"沉浸式"虚拟训练环境；2018年3月，美国陆军透露，将在18个月内对一款名为HUD 3.0新型头盔安装显示器并进行测试，该新型头盔显示器可帮助士兵更好地瞄准和导航，甚至可以使虚拟的敌人显示在他们的视野中以进行训练，这种技术在作战飞机训练中已经普遍运用，但此前针对单兵的小型化努力却没有取得成功；2018年，美国海军航空兵运用"联合作战虚拟环境"仿真器训练联合末端攻击控制员，该仿真器将帮助联合末端攻击控制员在地面协助飞行员识别和标记需要攻击的目标，使训练目标更高效、更网络化和更高端；Indra公司为德国和法国空军提供空客防空A400M运输机的全新飞行仿真器，支持与虚拟飞机、舰船和陆地车辆进行

互动，也适用于夜视飞行训练，这将使德、法两国空军基地的飞机训练能力翻一番；波希米亚互动仿真公司为美国海军提供了 T-45 仿真器驾驶舱，该仿真器将为飞行员提供 360°的视野，使受训者沉浸在高逼真度的虚拟环境中，支持基本的飞行、熟悉驾驶舱、机身操作等课目训练以及基本的作战演习，能从根本上改变机组人员训练方式，提高飞行员的战备能力；挪威皇家海军接收最新版 SEA DECKsim VR 训练器，该系统可以轻松配置特定的机身、平台和场景需求，使受训者能够在任何舰船或任何地面设施上进行个人训练；Virtalis 公司向澳大利亚海军交付了一个后舱虚拟现实训练器和直升机机组人员现实产品，后者为直升机机组人员提供虚拟现实训练环境，以便在复杂的训练任务中培养团队间的沟通技巧；意大利与美国空军和北约合作进行了一场虚拟飞行训练演习，将部署在两个国家的 22 台仿真器连接起来，这些仿真器在一次虚拟冲突中彼此并行飞行；来自日本三泽空军基地的两台 F-16 仿真器首次联网并作为阿拉斯加"红旗"演习的一部分，使演习参与者可以获得更好的训练体验，并获得在战斗情况下可能拥有的所有作战工具。

（三）虚拟游戏与军事训练实践结合，拓展了军事训练的手段方法

美军开始注重军事游戏在军事训练领域的应用，采用军事游戏实施在线虚拟训练、指挥素质训练等科目，并利用网络战术对抗推演方式研究战法，进行战役战略预演。美军联合参谋部研究、分析和博弈部门两位领导人评估了两年来增加、改进和提高的作战对抗推演活动，分析了作战对抗推演的影响力。2018 年 10 月，英国国防科学与技术实验室顶级分析师在竞争城市环境演习的后台，研究如何用作战对抗推演赢得未来战争；Presagis 公司宣布与 Epic 游戏公司（虚幻引擎和 Fortnite 的制造商）进行战略合作扩展虚幻引擎功能，开发新的沉浸式仿真功能和解决方案，帮助仿真行业

实现从地理空间数据创建逼真的虚拟环境和高质量数据,在陆地、海洋和空中领域提供全球支持。美国海军陆战队寻找类似 IBM Watson 式人工智能来规划大型作战对抗推演,并在沉浸式环境中规划未来战斗。不仅如此,美国陆军正加速与非传统承包商合作,促使更多公司加入到军事游戏开发的行列;美国大西洋理事会正在开发一款竞争战略类游戏,模拟外军研发预算以及如何让他们与美国竞争等;Matrix 公司正在开发基于陆战的军事仿真计算机游戏,使用开源数据尽可能逼真地模拟战斗场景。

美军正采用商用游戏行业的虚拟现实、大型多玩家网络以及其他创新来取代其 20 世纪八九十年代的旧式训练仿真器,增强训练效果。美国陆军打算用仿真的第一视角射击游戏技术来更换目前那些过时的虚拟模拟设备,这些技术主要来自 Xbox 和 PS4 游戏机中的游戏;立方全球防务公司的全球防务业务部门为海军的濒海战斗舰开发沉浸式游戏课件,该课件让学员沉浸在一个真实逼真的 3D 虚拟环境中,训练与现实生活场景几乎完全相同的各种任务;飞行甲板机组人员通过更新训练扩展包(TEP)接受计算机仿真训练;雷声公司新型"爱国者"控制系统在便携式控制台中引入了视频游戏风格的 3D 图形,并将其打包成旅行箱,士兵可以在帐篷、办公楼或任何地方操作"爱国者"系统。

同时,美国也非常注重战略、策略类游戏的开发,部分即时战略游戏对作战实验、评估和指挥员训练具有重要意义。美国海军研究生院的学员创建了一个计算机游戏,用以增加玩家对网络安全策略和作战方面的知识和经验;2018 年 10 月,矩阵公司 Veitikka 工作室设计开发了即时战略游戏"装甲旅",它与实时游戏区别在于其具有全局与详细局部战斗的结合,既能够放大并看到坦克指挥官扫描周围以及个人和伤员,也能缩小并浏览整个战术地图以显示 122 毫米火炮的全部射程范围,游戏可灵活配置,支持实时或超实时多种播放方式、人工智能对手等，具有无限的可重玩性；海战游戏"指挥：现代空中/海军作战"（CMANO）具有强大的功能、可扩展的模拟引擎、灵活可定制的用户界面和强大的开源数据库，2018年发布了以日本与俄罗斯在北方四岛冲突为背景的DLC扩展包——"现场：千岛日出"；10月，著名的"战争艺术4"（TOAW IV）正式发行，相较"战争艺术3"而言，拥有更多变数，增添了许多新机制，可重现自20世纪伊始直至今日的典型战役，甚至包括从未发生过的战争。

二、网络化仿真技术快速发展，有效提升了联合作战训练水平

（一）持续聚焦 LVC 仿真架构和标准，聚力提升虚实融合的联合训练互联、互通、互操作能力

美国参议院2018财年国防授权法案中提到"虽然大力支持各军兵种开发LVC能力，但委员会更关注各军兵种正在执行的提供训练解决方案的各种研制计划。目前，这些方案的集成度和互操作性不足，从而限制了充分利用这些系统实现部队联合训练的潜力。"因此，该军事委员会指示空军、陆军和海军部长在2018年3月1日之前向国会国防委员会提供其LVC训练计划的报告。

美国陆军未来司令部成立了由联合军训中心副司令玛丽亚·热维斯少将领导的"合成训练环境"跨职能小组，专门负责为美国陆军建立一个统一的虚拟训练架构体系，将当前的LVC–G训练环境整合到一个共同的环境中，基于云计算技术构建"同一世界地形"，支持士兵随时随地进行逼真的作战训练，使陆军更容易管理陆、空、海、天和网络领域的集体训练。最终确定的"合成训练环境"所需的必要组件包括空地可重构的虚拟协同

训练系统、同一世界地形、训练仿真软件、训练管理工具和士兵/小队虚拟训练系统等。"合成训练环境"项目要求将在2019年最终确定，利用工业化虚拟现实技术和游戏行业产品，该跨职能小组可节省一些关键项目研制时间，预计提前到2021年形成初始作战能力，2025—2030年之间完成开发与集成。

美国空军提出了仿真器通用架构要求和标准（SCARS）倡议，尝试解决不同仿真系统集成和安全问题，计划将40多种不同的仿真器集成到一个通用体系结构中；美国海军在奥兰多的海军空战中心训练系统分部搭建了一个新LVC训练设施，包含14个具有多种功能的工作站，能够实现虚拟战场复制并通过现实的作战训练网络与真实的作战中心相连接，其中一个区域包含了陆军新型合成训练环境系统，在2019年4月开放使用，支持政府、工业界和学术界成员全年开展LVC训练和研究；美国跨军种/工业界训练、仿真与教育会议上设立了"混合作战勇士"展厅开展年度演示，将真实飞机、虚拟仿真器和模拟威胁的构造性要素等结合在一起，使训练场景变得更为复杂；立方全球防务公司与泰勒斯公司联手竞标英国训练与仿真系统——联合火力综合训练项目，系统包括网络安全、演习管理和事后评估工具、先进LVC架构和合成环境以及训练服务管理等，提供沉浸式联合火力解决方案来提高英国陆军的训练能力，在陆、海、空各领域进行个人和战术级别联合火力集成训练；诺斯罗普·格鲁曼公司开发的LVC实验集成和作战套件（LEXIOS）应用于美国空军年度"红旗"军演中，它定义、开发并实施了按需训练架构，集成了现有LVC训练解决方案，主要是提供了一个逻辑战场空间，LVC平台可无缝地相互通信、交互和训练，如美国空军的分布式任务作战网络和空军机动分布式训练中心网络，以加强综合机组人员训练和实战化训练。

（二）网络信息领域新成果推动联合训练仿真系统发展，促进了战术协同训练支撑能力提升

2018 年，美国陆军的仿真、训练和仪器项目执行办公室多次举行持续性网络训练环境（PCTE）项目研讨、发布和行业日活动，促进其快速推进。PCTE 是一个基于云的训练平台，支持网络任务部队利用当前网络工具套件在模拟的网络环境中进行训练，正式的网络训练系统需求方案预计将在 2019 年发布，其潜在价值高达 7.5 亿美元。PCTE 不仅是一个网络靶场，还将网络战威胁放在一个逼真的战场环境中，目的是使网络任务部队能够进行联合训练、演习、任务演练、试验、论证和网络能力评估，它将成为未来美国陆军提升全方位网络训练和协同训练能力的重要手段。雷声公司对 PCTE 概念进行演示验证，主要是满足"建立联合的、可互操作的通用训练使能器，实现从个人能力到小组、班组、队、部队训练、演习、战术—技术—程序开发和任务演练方面进行全方位的训练框架"。2018 年，美国陆军将陆军体系级训练支持系统合同授予科学应用国际公司、CALIBER 系统公司等，合同为期 5 年、总额 5.54 亿美元，为作战人员开发、交付和实施作战相关的且完全集成 LVC–G 训练环境，在 5 个主要任务领域提供广泛的训练服务和解决方案，包括训练靶场持续发展计划、作战训练中心、一体化任务与 LVC 仿真集成架构、士兵训练和训练发展支持等。

波希米亚互动仿真公司 VBS3 战术仿真平台为陆、空和海上训练以及任务演练应用程序提供多人虚拟训练环境，已成为基于游戏的军事仿真的行业标准，并在 50 多个国家广泛使用，每年训练数十万军事人员。2018 年，该公司发布了两款软件开发工具包：桌面军事仿真训练包 VBS3 和兼容 3D 全球图像生成器 VBS Blue IG。VBS Blue IG 是一种 3D 的基于云计算的仿真，具有地球特有的圆形程序渲染和编辑功能，支持 CIGI 和 VBS3 仿真主机和

虚拟/增强现实头戴式显示技术，其目标是使用基于游戏的技术及其军事客户需求的知识来占领图像生成器市场；VBS3 平台集成了美国陆军研究实验室等开发的 DeepGen，使用深度强化学习技术，根据受训者与每种场景的交互方式来改善它创建的场景，从而生成可定制的虚拟训练场景，已经被美国陆军用于步兵训练，它还支持了 3 个澳大利亚国防军项目，包括 L200-2 作战管理系统、Land 400 阶段 2（作战侦察车辆）和武器训练仿真系统。

2018 年 5 月，CAE 公司为海湾合作委员会多国联合仿真中心开发 GlobalSim，该系统将罗兰公司的联合战区级仿真系统（JTLS）与 CAE 公司 GESI 相结合，将战区级的构造仿真（JTLS）与高分辨率的实体级构造仿真（GESI）结合在一起，作为指挥和人员训练的集成构造仿真系统；意大利空军最近在阿门多拉空军基地接受了"捕食者"任务训练系统的服务，该系统配备了高精度传感器仿真、完全交互式的战术环境，用于增强任务训练，使用开放地理空间信息联盟通用数据库架构，用于互操作和联网的训练能力；4C 策略公司推出了 Exonaut 仿真扩展，可支持 Exonaut 演习管理工具控制连接的仿真器和 C2 系统，从而改变演习管理并减少演习控制组织所需的人力资源，Exonaut 软件被多个国家的武装部队用于对训练与演习进行编程、设计、交付和评估，瑞典军队对 Exonaut 仿真扩展进行了评估，并于 2018 年 4 月第一次在"海盗 18"演习中首次成功部署；巴西陆军陆战司令部使用 COMBATER 构造仿真系统参加巴西陆军司令部和总部参谋学校第一年指挥与总参谋部课程，以模拟和评估军官技术专业能力，巩固陆军在旅级与师级别的进攻和防御作战课中所获得的经验。

（三）人工智能和大数据分析助力兵棋推演系统发展，促进了联合作战指挥训练水平提升

兵棋推演作为指挥决策仿真的一种重要手段，近年在国内发展迅猛，

军用建模仿真领域发展报告

其不但可以推演战略战役演变进程，对决策过程起到支撑作用，还可以在推演过程中训练指挥人员。兵棋推演决策过程支撑严重依赖双方操作人员的素质、决策模型和背景想定等，需要进一步优化目标途径，但在训练操作人员指挥决策水平方面的贡献是实实在在的，尤其有助于战略战役层面的指挥训练水平提升。2018年8月，美国联合参谋部研究、分析和推演部门的两位领导人专门撰文评估了"重振兵棋推演"项目的发展情况，该项工作构建了一个兵棋推演数据库平台，国防部相关人员可分享已完成的兵棋推演报告、工具、方法、时间表和数据。目前已有超过500人参与了700多场推演基金和非推演基金资助活动的大量信息，涉及太空和网络空间作战等广泛领域，其令人印象深刻的广度及其对未来规划的有用性不容小觑；2018年，美国空军和陆军官员通过桌面演习，将进一步深入了解联合、多域作战，包括如何在有争议地区及时击败敌军，利用空中、陆地和海上力量来压制和摧毁敌方的间接火力、防空体系和后备力量，使地面部队击败附近的敌人等；洛克希德·马丁公司推出了多域作战兵棋推演新技术，该系统包括通用任务软件基线、网络攻击仿真器、iSpace指挥控制系统、多域同步效果工具和空中任务命令管理系统，能够从遍布世界的传感器中融入数据，实现与部队快速通信；DARPA的战略机制设计基础部门试图开发一个更好的高层战略性作战仿真工具来研究防止敌方实施新型作战行动，或者为美军提供新型作战样式以出奇制胜，该工具具备一定的精确判断能力，能够用来防止未来战争中战略性错误和当前不切实际的装备采办计划，避免灾难性后果的发生；帕森斯公司购买了MASA SWORD兵棋系统来开展作战研究和武器平台评估，为军事和应急管理场景提供训练和分析解决方案；美国训练与条令司令部陆军分析中心与法国巴黎的分析技术中心开展兵棋推演，分享分析技术、兵棋推演方法，加强了与盟友的伙伴关系，并有助于提升无缝合作的能力；2018年3月，美国陆军能力整合中心未来战争部门在尤斯蒂斯堡进行了"统一寻求2018"（UQ18）机器人和智能系统（RAS）应用研讨会，特别介绍了2018年5月在深度未来战争兵棋推演（DFWG）期间，检验下一代旅战斗队作战设计和火力打击功能情况，验证机器人和智能系统直瞄射击系统在敌方武器系统范围内提供火力支持以实现代差等能力。2018年6月，北约联合作战中心举行了北约两栖和海上高级指挥官指挥控制兵棋推演，并召开了两栖领导人远征研讨会（ALES），ALES兵棋推演将海上和两栖指挥官聚集在一起，探讨指挥控制挑战，讨论未来的能力和互操作性；2018年美国海军战争学院的国际项目部和运筹系联手推出了第一个国际兵棋推演课程，向国际合作伙伴介绍兵棋推演的基本概念，为期两周的国际课程是在课堂环境中通过讲座和演讲提供的，其中包括指导讨论、实际应用，以及小组活动和现有兵棋推演的分析，之后举行了5次兵棋推演活动，其优势是将学员团队与现实世界的发起人相匹配，使其拥有一个现实世界的问题牵引。

（四）LVC体系对抗仿真技术助推虚实结合的军事演习，不断提升联合作战训练水平

虚实结合的LVC体系对抗仿真系统广泛应用于联合军事演习中，较大地提高了联合训练效率，提升了战役战术联合训练水平。2018年，美国空军在拉斯维加斯内利斯空军基地太平洋阿拉斯加联合靶场举行了4次"红旗"演习，其中从1月26日持续到2月16日的演习，是历史上最大规模的一次"红旗"演习，每天起飞多达160架飞机，参演部队不仅包括美国空军、海军陆战队，还包括澳大利亚、英国等盟国空军；夏、秋两场演习中，来自日本三泽空军基地训练中心的虚拟驾驶舱首次联网参加了"红旗"演习，采用了诺斯罗普·格鲁曼公司的LVC实验集成与作战套件（LEXIOS）

和相关解决方案，将虚拟驾驶舱、构造（计算机生成）飞机和武器以及实况训练演习集成到太平洋阿拉斯加联合靶场基地的训练中，它负责所有虚拟站点与计算机生成资源的调度、任务规划和执行，使演习参与者可以获得更好的训练体验；2018年，美国空军开始改建太平洋阿拉斯加联合靶场基地，主要是增加威胁仿真器、靶标和诱饵等"入侵者"能力，不仅有部署在阿拉斯加州埃尔森空军基地的第18"入侵者"中队，还通过合同制采办"红色空军"陪练服务，以加强"红色空军"的规模能力。

异域异构系统互联互通技术助力北约部队开展联合军事演习。2018年4月，"海盗18"演习在瑞典联合训练中心举行，部署地点涉及6个国家的9个地点，约50个国家、35个组织和2500名个人参与了复杂的跨国和跨部门作战规划和执行工作，演习的技术平台基于北约建模仿真即服务（MSaaS）框架，采用4C策略公司Exonaut演习管理系统进行管理控制，通过HLA联邦集成了MASA公司SWORD系统、BAE系统公司CATS TYR系统、VT MAK公司VR-Forces系统、北约综合训练能力系统等多种元素，Exonaut的仿真扩展仿真环境提供了一个可配置的接口，实现插件适配器支持不同类型的模拟仿真器和指挥控制系统。2018年7月，意大利与美国空军和北约合作开展一场名为"斯巴达联盟"的虚拟飞行训练演习，该演习采用莱昂纳多公司的高逼真度智能代理计算机环境（RIACE），连接了位于意大利、德国多个地点的22个仿真器，并在一次虚拟冲突中彼此并行飞行。

世界各国利用网络化仿真手段开展编队飞行、导弹防御、网络攻防、太空旗等兵种专业军事演习训练，提高了战术对抗能力。2018年3月，美国和以色列举行"杜松眼镜蛇2018"弹道导弹防御演习，演习采用计算机模拟仿真和现场场景相结合方式进行，主要对共享功能和互操作性方面进行了强有力的训练；美国陆军和导弹防御局从新墨西哥州白沙导弹靶场成功进行了导弹防御跟踪演习，完成"萨德"与"爱国者"反导系统互操作性验证试验；9月，英国联合部队空中组成总部在MASS公司开发的仿真系统支持下，开展了"格里芬猎鹰18"演习，重点是训练空中作战指挥控制人员；英国皇家空军举行了"钢铁龙"演习，主要开展炮兵联合火力和空地一体化训练，Inzpire公司为演习提供了网络化仿真服务；美国海军在"综合训练单元演习"中部署"虚拟宙斯盾"系统；美国海军陆战队参加"2018年城市第五代海军陆战队探索与实验"演习，重点关注面向海军陆战队步兵连及下属单位的潜在技术改进；美国陆军举行了"动态前沿18联合火力综合"演习，来自26个盟国和伙伴国家的3700名军方人员参加了此次演习，波音公司的Tapestry（挂毯）为演习提供了全套LVC–G的解决方案。世界各国在网络网络空间举行多场网络攻防演习，提升了网络作战能力。美国国家警卫队、国防部文职人员举行"北极鹰"演习，关注网络安全；美国陆军"网络闪电战2018"演习将发展三支新的战术网络部队，进一步整合电子战能力；英国举行"信息勇士演习2018"，旨在通过聚焦现代战争的计算机化来推动战争能力的未来发展；卓越协同网络防御中心举办"锁定盾牌"演习，是2018年最大、最复杂的国际实弹网络防御演习。

三、体系作战仿真技术快速发展，有力支撑了作战概念演示验证和作战效能评估能力提升

（一）体系作战仿真软件升级发展，有效提升了体系作战综合分析、效能评估和辅助决策能力

体系集成技术和试验（SoSITE）项目完成演示验证，标志臭鼬工厂的开放式系统架构向实际应用跨出了重要一步，对未来战场环境中多域作战

和保持作战优势具有重要支撑作用。DARPA 提出的 SoSITE 项目,由洛克希德·马丁公司臭鼬工厂和美国空军牵头,参研者包括诺斯罗普·格鲁曼公司、BAE 公司、通用动力公司等,旨在通过创新的体系架构发展和演示保持空中优势能力的作战概念,体系架构中包含飞机、武器、传感器和任务系统,并把空战能力分布于大量可互操作的有人和无人平台上。2018 年 7 月,臭鼬工厂和美国空军在中国湖的海军空战中心进行了一系列试验,利用"爱因斯坦盒"的开放系统架构任务计算机作为开放计算环境("爱因斯坦盒"可对新能力进行快速且安全的试验,然后再将它部署运用到作战系统),演示了地面站、地面驾驶舱仿真器、C-12 和实时飞机系统之间的实时连接能力和互操作能力,体系方法如何减少数据到决策的时间线,以及 APG-81 雷达和 DARPA 自动目标识别软件之间的集成。SoSITE 项目立项表明美军目前正在开展一项更加灵活的体系技术方法研究,目的是构建作战体系时能够更加快速且更低成本地将全新技术集成进来,它代表了武器装备体系作战能力建设的发展方向。

2018 年 2 月,美国陆军太空和导弹防御司令部与 Teledyne 技术公司签订合同,继续开发美军扩展防空仿真系统(EADSIM),用于导弹防御建模仿真工具软件,合同为期 5 年、总额 4570 万美元;2018 年,美国陆军新一代计算机生成兵力系统 OneSAF 选定 Riptide 软件公司为主要承包商,签订了为期 6 年、价值 1.03 亿美元的合同,OneSAF 能为构建所有作战单元的行为模型提供支撑。美国海军陆战队系统司令部和作战实验室联合开发战术决策工具(TDK),用来模拟实际作战情景,将士兵置于班或排级的部队对抗场景,帮助作战人员更快、更有效地做出决策,该系统 5 月开始在海军陆战队部署使用;5 月,VT MAK 公司发布仿真软件套件更新,包括 VR-Forces、VR-Vantage 和 VR-Engage,为计算机生成兵力带来更好的视觉关联,VR – Forces 仿真引擎专为 VR – Engage 中沉浸式的第一人称体验而量身定制,软件的每一次更新都可传递给该软件套件的其他产品;美国陆军和海军陆战队推进"雅典娜"系统研制,为探索如何将人工智能整合到军事决策过程提供了一个测试平台;2018 年,实时创新公司宣布与 VT MAK 公司建立合作伙伴关系,两家公司将通过提供目前在底层仿真器和操作系统中使用的不同标准之间的互操作性来加速先进的分布式训练环境的应用,这些标准包括在操作系统中广泛使用的数据分发服务(DDS)、高层体系结构(HLA)和分布交互式仿真(DIS);美国太平洋空军建设面向对抗环境的分布式任务作战行动训练环境,特拉华资源集团为美国空军夏威夷州珍珠港 – 希卡姆联合基地第 766 专业合同中队建设"太平洋空军分布式任务作战行动/实况、合成和混合作战训练"环境,该环境将使机组人员能够联系基本的紧急的规程,并能体验高级的武器系统能力和磨练各项复杂的战术能力。

(二) 作战指挥系统与仿真系统持续融合,呈现一体化发展趋势

在无人作战系统中,作战指挥系统、仿真评估系统和各类控制算法呈现一体化融合特征。2018 年,BAE 系统公司响应 DARPA "分布式作战管理"(DBM)项目需求,首次披露 DBM 为期 11 天的 7 次飞行试验情况,验证了系统有能力在缺乏通信的环境中提供有人/无人机之间的态势感知和协调支持。有人—无人机编队作战是美军未来"体系作战"构想的关键组成部分,但在强对抗环境下,卫星通信和战术数据链可能降效或失效,致使编队协同作战存在较大的不确定性。为此,DARPA 要求开发可辅助机载战斗管理人员及飞行员管理空对空、空对地作战任务的作战辅助决策软件,确保有人—无人机编队在不能持续稳定通信情况下继续执行作战任务。DBM 项目涉及系统集成和技术开发两大主要技术领域,在项目两个阶段中并行推进。第一阶段为期 14 个月，聚焦规划和控制、态势感知等；第二阶段为期 30 个月，重点开展系统集成和在虚拟/真实环境下的演示验证。目前处于第二阶段，主要开发验证两种能力，即可在协同作战飞机之间共享的通用作战图和面向有人/无人编队的分布式、自适应任务规划与控制系统，试验"对抗网络环境态势感知系统"和"反介入实时任务管理系统"（ARMS）两个软件。DARPA 在 LVC 仿真环境中对"拒止环境协同作战"（CODE）项目进行了系列试验，构建 6 架真实和 24 架虚拟无人机编队实施打击任务，验证了在通信降级或被拒止环境中 CODE 无人机互联互通、协同作战能力。

依托仿真评估的指挥决策系统与作战指挥系统趋于融合，仿真评估结论在观察—调整—决策—行动循环（OODA）环中起到了重要作用。2018 年 6 月，美国海军海上系统司令部下属的宙斯盾一体化作战系统项目办公室主持研发的"虚拟宙斯盾"系统已在"阿利·伯克"级驱逐舰上完成首次上舰试验，并将再次安装到 DDG-114"约翰逊"号驱逐舰上进行测试。"虚拟宙斯盾"系统虚拟了部分"宙斯盾"系统的核心硬件，并包含了"宙斯盾"作战系统基线 9 的全部代码，可执行"宙斯盾"作战系统的全部功能，该成果应用后将缩短"宙斯盾"作战系统的升级与部署周期，甚至改变作战系统能力升级模式。BAE 系统公司推出"未来舰载作战系统"先进技术方案，为未来舰队指挥信息系统应用研发增强现实与人工智能技术，将人工智能工具整合到作战系统中，使用户快速处理信息，加快作战决策速度，增强海军官兵在未来战场空间的决策能力，这些技术或将颠覆海战样式，空前提高舰艇的态势感知能力和官兵的效率；美国陆军指挥所计算机环境的任务指挥核心软件—"SitaWare 总部"指挥控制软件集成了美国科尔工程服务公司行动方案分析决策支持工具—"聚焦作战的仿真"

(OpSim),为指挥官提供了创建和管理高级战略计划、指令和报告的工具,能够很好地支持指挥决策流程,该软件采用高性能 Web 技术,使用方便、部署灵活快捷,能有效整合大量军用、民用数据形成联合共用作战图,供多机构作战行动所用。

(三)利用作战实验仿真方法演示验证多域作战、"蜂群"战术等新型作战概念,持续推进体系作战能力建设

聚焦"多域作战""蜂群"战术和"太空旗"验证演习等热点问题,开展体系仿真和作战实验,演示验证新型作战概念,研究未来作战战法和指挥。自从"多域战"概念提出后,2018 年美国陆军将"多域战"升级为"多域作战",并发布"多域作战 1.5",加强联合部队和多国部队的协作,计划 2019 年升级到 2.0 版本。为了验证"多域作战"概念,驻欧美军运用新的"联合作战评估"(JWA)系统,推动"多域作战"概念从理论走向实践,进而更好地理解陆军及其合作伙伴在未来的联合作战方式。2018 年 8 月,洛克希德·马丁公司举行了为期 4 周的一系列多域指挥控制桌面演习活动,开展了第 4 次多域作战仿真推演。此次推演中,空、天、网络各界专家组成综合团队,代表"太平洋"国家利益,进行任务规划,并产生动能和非动能效果。验证通用任务软件基线、网络攻击仿真器、iSpace 指挥控制系统、多域同步效果工具和空中任务命令管理系统等多个系统,这些系统能够从遍布世界的传感器中收集数据并进行融合,实现与部队快速通信。2018 年,DARPA 快速推进"进攻性蜂群战术"(OFFSET)项目,设想未来的小单位步兵部队将使用 250 架或更多的小型无人机系统和/或小型无人地面系统组成蜂群机器人,在复杂的城市环境中完成不同的任务。OFFSET 五个核心技术领域包括蜂群战术、蜂群自治、人机组队、虚拟环境和物理实验床。项目分三个阶段实施,第一阶段利用 50 架无人机蜂群定位一个目标,

军用建模仿真领域发展报告

第二阶段对 100 架无人机在城市中开展的一次攻击进行虚实结合的演示验证，第三阶段在想定背景下构建 250 个无人系统抢夺一片地域的战术对抗演示。目前，第一、二阶段合同已经签订，第三阶段需求已经发布。美国空军太空司令部为了推进外太空空间作战能力建设，8 月采用虚拟现实模拟进行"太空旗"军事演习，研究太空防御战术；10 月在阿拉巴马州的麦克斯韦空军基地举行"施里弗演习 2018"太空战演习，主要关注一些重要的太空议题，并研究如何协调相关的部门与机构开展太空联合作战。

采用体系仿真的方法演示验证"马赛克战""分布式防御""蜂巢"补给、无人平台等先进的作战概念。DARPA 推进"马赛克战"概念，这个概念的一部分是"以新的令人惊讶的方式组合当前已有的武器"，重点是有人/无人编组与分解的能力以及支持指挥官根据战场情形无缝配置海陆空能力，而不管哪支部队在提供能力。为实现"马赛克战"概念，DARPA 建立了自适应能力办公室，试验和开发一种建模仿真能力，以探索不同技术如何协同工作，通过与军种合作，将不同的部队结合起来，便于军种在新的作战架构中使用；为了演示"分布式防御"作战概念，诺斯罗普·格鲁曼公司采用仿真技术对一体化防空反导作战指挥系统（IBCS）组网和信息交换能力进行了演示验证，IBCS 目的是连接其所有的防空反导传感器和发射器，在面对敌人反制措施的情况下，不同的雷达可以协同定位和确认难以发现的目标，然后将目标数据传递给处于最佳位置的发射器，在美国陆军牵头组织的为期 5 周的测试验证中，IBCS 展现了优异性能和高互操作性，利用 IBCS 指挥官使用任何可用的通信方式远程调配部队；英国陆军开展"无人操控战士"机器人演习，在战场上对各种机器人展开测试，找到如何将它们整合到现有军队、实现共同作战的方法，还举行"自主勇士"演习，测试一系列无人机和自主地面车辆的原型，旨在减少战斗期间部队的危险；

美国海军陆战队在弗吉尼亚州匡蒂科基地开展了无人机集群"蜂巢"补给系统演示验证,这一概念的主要目的是取代危险而耗资巨大的地面补给行动,在减少人员伤亡和物资投入的同时,满足海军陆战队的分布式作战概念需求,"蜂巢"补给系统可根据需求确定物资优先顺序,并可实时追踪物资运送情况;英国皇家空军举行"鹰战士"演习,重点关注2030年战争将会如何发展,同时基于作战对抗推演的环境中测试各种概念和平台;美国陆军和美国总务管理局授予科学应用国际公司一项任务订单,为佐治亚州本宁堡机动卓越中心提供支持,该公司将联合武器LVC-G的试验支持机动作战实验室的任务,这种支持可以提高士兵的战备能力,重点聚焦士兵和步兵、Stryker和装甲旅战斗队。

四、结束语

纵观以美国为代表的发达国家军事训练与体系作战仿真技术的发展,有两条主线贯穿其中:一是充分利用人工智能、大数据等信息技术领域的新概念、新方法、新成果,推动仿真系统的转型升级;二是坚持军民融合发展,军方对军事训练与体系作战需求把握准确,充分利用企业先进、尖端技术,有力推动军事训练和体系作战仿真技术蓬勃发展。

(陆军装甲兵学院　董志明)

美军安全实况虚拟和构造先进训练环境空战训练系统分析

2018年10月30日,来自日本三泽空军基地的美国空军机组人员首次从三泽任务训练中心的飞行模拟器实时参加了两场在美国阿拉斯加州举办的"红旗"19-1军演任务(图1)。这次活动展示了美军采用LVC技术的"安全实况虚拟和构造先进训练环境"(SLATE)训练系统的进步。LVC技术使驻日美军飞行员可以在基地内使用飞行模拟器参加在美国本土的实时飞行对抗训练。

图1 美国空军F-16战斗机在"红旗"军演现场

一、美军安全实况虚拟和构造先进训练环境空战训练系统简介

SLATE 是美国国防部和军兵种为了加快国防高技术预研成果的转化应用而推出的先期技术演示（ATD）项目，以评估 SLATE 对于空战训练的技术可行性、作战适应性和经济承受能力。SLATE 系统组成如图 2 所示。

飞行员对 SLATE 训练系统非常认可，对系统的工作方式也提出了很好的优化建议。因为该系统使他们能够在日常的模拟训练任务场景中及时发现自身的错误，而不是在致命的真实战斗情况下才第一次暴露问题。能模拟出真实的复杂场景开展日常训练，对于未来的体系化战争至关重要。美国空军分布式任务作战网络支持全球各地的不同飞机平台在虚拟环境中无缝地互操作和共同训练。

图 2 SLATE 系统组成

（一）项目背景

SLATE 项目基于 2012 年美军空战司令部和美国空军实验室共同开展的 LVC 飞行员项目。在 SLATE 项目演示之前，LVC 的综合评估是有局限性的。美国空军实验室在 2003 年开始演示 LVC 训练技术，旨在将仿真器数据和构造信息融入真实飞机，并于 2005 年首次演示 LVC 技术。到 2013 年，LVC 项目的资金支持一直不稳定。美国空军战略总体规划认为，需要对 LVC 进行更多改进，从而推动 SLATE 训练系统的发展。

美国空军采办后勤助理秘书、空中作战司令部司令和空军装备司令部司令确定了在 2014 年 4 月之前对 LVC 所需的增加技术成熟度和降低项目风险的计划。美国空军研究实验室被要求开展先期技术演示以降低技术风险。由美国空军实验室出资 4000 万美元，空军采办后勤部门出资 700 万美元，用于全额资助 2014—2017 年的研究经费。SLATE 项目在 2015 年 2 月成为先期技术演示项目。虽然是由美国空军研究实验室管理，但是 SLATE 是一个美国国防部项目，它联合了美国空军研究实验室主要部门、空战司令部、空军全生命周期管理中心和美国海军等部门的专业支持。SLATE 系统能够充分展示技术能力和替代方案，以降低 LVC 技术作为未来战备训练手段的风险。SLATE 系统组成元素之间关系如图 3 所示。

（二）训练环境需求

（1）第五代训练系统必须提供单机训练、体系规模对抗和编队协同作战训练等多种不同规模的训练能力。

（2）训练系统应能够连接 LVC 环境，包括支持航空兵在基地开展训练和在异地之间开展分布式训练。

（3）需要能够覆盖飞行员的全训练流程。

（4）训练系统必须与美国空军、美国海军陆战队、美国海军和英国军队的训练实现分布式互操作，实现共同训练。

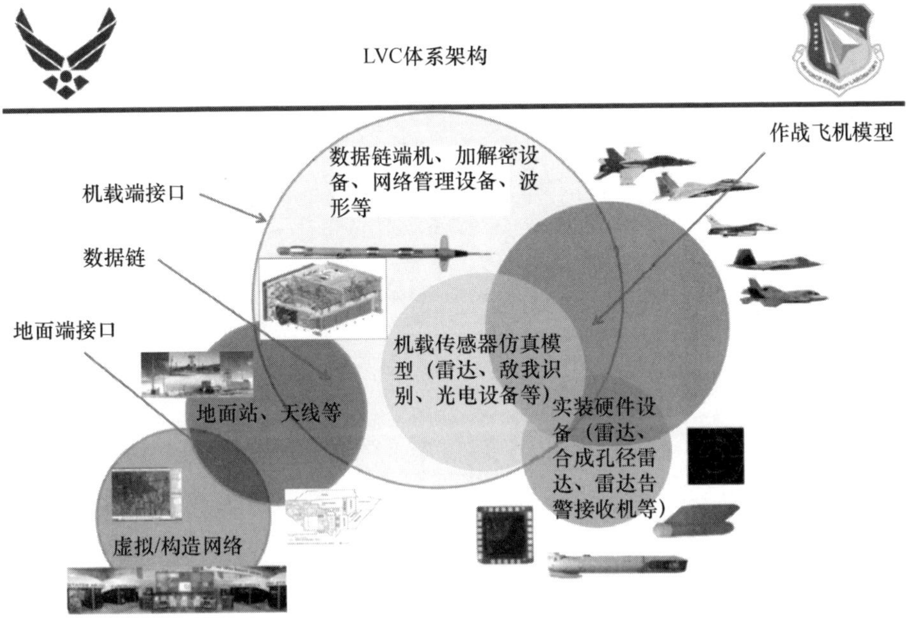

图 3 SLATE 系统组成元素之间关系

（5）训练系统必须为空勤人员和地勤人员提供持续的学习交流环境，包括简报、汇报、任务规划和训练任务/维护任务。

（6）训练系统必须含有向飞行员提供训练效果反馈和训练评估工具。

（三）项目进展

2018 年 11 月，美国空军实验室结束为期 40 个月的开发和演示。从 2018 年 6 月至 9 月中旬，美军在内华达州内利斯空军基地开展为期 4 个月的 SLATE 第三阶段顶点演示，现场演示圆满结束（图4）。现场演示数字环境与真实飞行环境相结合而形成的实际训练效果，可以查看虚拟空间中正在发生的情况，并在这两个环境之间安全无缝地传输数据。

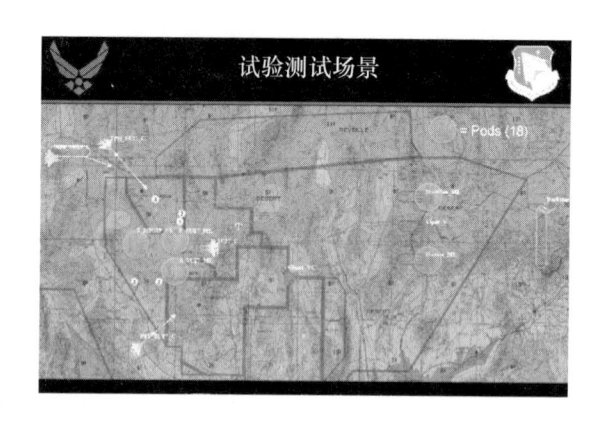

图4　现场演示态势图

现场演示包括8架F-15和8架海军F／A-18、F-16与F/A-18仿真器，以及在高度安全的虚拟环境中构建的兵力。重点是测试数据传输和系统集成，确保所有硬件和软件都能正常工作，同时也确保大量的共享数据不会使基地内其他设备瘫痪。美国空军实验室认为这次展示效果比预期的更成功。即使测试的场景很复杂，但是通信带宽还没有达到极限，数据丢失的程度可以令人接受。

SLATE还致力于确保其系统的技术与现有的仿真体系架构（称为分布式任务作战网络）兼容，包括服务器、仿真器和操作平台等。

美国空军实验室官员表示，在理想情况下，SLATE成功演示将确保在2020财年预算中获得更多资金支持，以便在未来一年左右开展更多的实况飞行活动。尽管目前SLATE还没有后续具体计划，但还存在进一步降低风险和提高技术成熟度的空间。当项目启动时，许多设备处于成熟度3或4级，截至目前完成的演示验证大多数设备处于成熟度5级，有些设备处于成熟度6级，项目最终目标是让SLATE系统成熟度到达7级。

二、美军 LVC 技术发展现状与下一步规划

（一）北美防务公司积极参与 LVC 技术研究

在 SLATE 项目中，美国空军实验室是 SLATE 主责单位，立方全球防务公司为系统集成商，并将与其他参与公司一起交付 LVC 机载子系统和地面子系统，将各种技术（如包括专用电台和数据保密机）集成并安装在飞机外部的吊舱中（图 5）。

立方全球防务公司早在 20 世纪 70 年代初期就发明了空战综合训练系统（ACMI），LVC 是 ACMI 的演进版本。LVC 将提供更高的威胁密度、更广阔的虚拟空域和安全的互操作环境，飞行员可以在最高逼真度环境中使用先进的传感器和武器系统"在战斗中训练"。

图 5　SLATE 吊舱内部结构

多家公司为 SLATE 系统贡献力量。波音公司、诺斯罗普·格鲁曼公司、柯林斯航空航天系统公司等军工企业也参与 LVC 的研制。重点突破：地面模拟传感器和飞机传感器之间数据传输技术；雷达、平视显示器、态势显示和电子战系统地面模拟技术；安全认证的多通道加密数据链技术；开放式系统架构技术。其目标是实现模拟威胁无缝集成到驾驶舱环境的处理能力，高度还原真实的空战过程，并能够与现有的战术作战训练系统兼容。把数字构建的合成元素融入到实战训练中，飞行员会获得更好的体系化训练经验，从容应对各种作战情况。

（二）LVC 技术在日常训练和演习中发挥作用

2016 年 8 月，美国空军通过 LVC 技术成功将 4 架真实的 F-16 战斗机和 2 架模拟的 F-22 战斗机相互连接，开展 6 名飞行员的异地"4 对 2"空战训练。F-22 战斗机飞行员在地面飞行模拟器中驾驶模拟飞机通过具备高等安全级别的网络模拟器与空中的 4 名 F-16 战斗机飞行员一起参与同一对抗空战任务。F-16 战斗机来自驻扎在韩国群山空军基地的空军第 80 战斗机中队，F-16 战斗机在艾尔森空军基地起飞，而模拟的 F-22 模拟器由位于阿拉斯加州安克雷奇的埃尔门多夫-理查德森联合基地的第 90 战斗机中队飞行员驾驶。美国空军研究室专家在奈利斯空军基地与真实飞机训练如图 6 所示。

LVC 技术已经用于包括在阿拉斯加州的"红旗"军演（2013—2018 年）和"北方利刃"演习（2015 年和 2017 年）。

图 6　美国空军研究实验室专家在奈利斯空军基地与真实飞机训练

"红旗"军演是美国太平洋空军司令部开展的一系列针对美军的实地训练演习，在模拟作战环境中提供联合空对空作战、空对面作战、拦截、近距离空中支援等内容的训练（图 7）。在 2018 年的军演期间，LVC 技术在全部 5 次"红旗"军演中都得到了应用。通过分布式加密安全网络将包括数百名模拟器飞行员和构建的数字兵力模型从全国各地或新墨西哥州科特兰空军基地连接到同一个战场环境中。

"北方利刃"演习是美国太平洋司令部在阿拉斯加开展的两年一次的空战演习。在2017年的军演中，演习涉及近6000名飞行员、海军陆战队员、海军和陆军人员，200多架飞机以及海军船只和商船，并且集中演练形成战术空中优势、打击陆地和海上目标。在此过程中，LVC技术训练方案模拟了远程轰炸机、预警机、指挥机等模拟器，以及通过计算机生成的友军和敌军的武器系统，增强了作战场景的真实度。美国太平洋司令部已确认将在2019年度"北方利刃"演习中继续使用LVC技术。

图7 美军军演地面模拟中心

（三）SLATE后续将投入更多资金

美国空军实验室提出了2018年SLATE训练系统能力新要求，随着更多的第五代F-35联合打击战斗机服役美军，需要将F-35战斗机纳入到SLATE中，为F-35战斗机飞行员提供更加真实的训练环境。此外，需要通过更好地整合LVC技术，克服目前阻碍一些高端训练演习的问题，提高空军训练环境的质量。

美国空军近期发布了一项关于加强假想敌的建议书，要求每年额外增加3万架次飞行和近距离空中支援训练。美国空军还计划到2020年新增15

套联合威胁生成设备来支持 F-35 战斗机作战能力形成和评估。

美国空战司令部也表示，2020 财年预算将为关键训练能力提供额外资金，支持 SLATE 训练系统更好地支持战备训练。但是，美军仍然面临着是提高现有装备的飞行训练小时数所需经费以加强战备训练，还是提高未来训练技术投资这两者之间的如何平衡问题。美国国防部长和空军部长表示，空军还将继续为 LVC 技术演示提供资金。LVC 场景示意图如图 8 所示。尽管最近国防部的收入增加，但空军用于投资其训练资金仍然存在限制，其中一些资金要保障海外应急转场，因此部分资金将无法用于训练系统的投资。

随着对手能力的不断提高，增强 LVC 的能力以便真实地模拟出威胁程度对 F-22、F-35 战斗机飞行员的训练至关重要。由于大多数未装备新飞机的部队不愿意和装备 F-22、F-35 等飞机的部队进行对抗训练，所以需要通过 SLATE 训练系统为五代机提供一套非常复杂的蓝军来开展日常训练，要求第四代和第五代飞机新飞行员们能够对在现实环境中无法承受的训练场景下完成训练，使他们做好准备迎接即将到来的复杂挑战和威胁。

美国空军实验室项目负责人在 2018 年 6 月表示，此次现场演示是 SLATE 项目的高潮。虽然该项目得到了高级官员的支持和重视，但仍然面临是否会获得短期资金支持的问题。

图 8　LVC 场景示意图

三、总结

当 SLATE 项目刚启动时，一直被视为一种辅助能力。但是，随着 SLATE 演示进展顺利，使高层领导越来越意识到该训练系统的重要性，成为必不可少的设备，从美国空军到美国海军，从战斗机到直升机，正日益受到军方更多部门的关注。SLATE 训练系统将实况飞机、模拟器中的飞行员和计算机生成兵力模型集成在一起，增强了战斗机端到端的作战训练经验，能够提供全面的作战训练，真正改变飞行员的训练方式。该系统不仅增加飞行员训练的真实性和复杂性，而且支持记录飞行员的表现，从而提供更多关于训练效果的反馈。

该系统在仿真复杂的体系化对抗场景时，会产生巨大的实时仿真数据，通过高安全、高带宽的通信链路在"L-V-C"三种形态中实时传输，对链路的各项能力要求较高，对现有飞机平台和飞行模拟器在信号处理等方面也要进行适应性升级。此外，还需要进一步研究如何增强网络弹性和更好地分配瞬时带宽限制。在传感器信号仿真方面也需要进一步提高置信度。

真实训练场景。SLATE 训练系统用数字构建生成的兵力扩大了场景范围，并真实地创建了与飞行员在实际冲突中看到的相似训练环境。这种飞行训练的好处是使飞行员获得更好的训练效果和更加全面训练任务。SLATE 训练系统将蓝军的空中、地面和海上装备也集成在同一任务场景中，提供了大量的敌方兵力来配合飞行员训练，使得蓝军更贴近实战化，以最大限度地发挥蓝军的反抗力量，更好地为飞行员提供一个更加强大的对抗训练方案。尤其是可以给第四代和第五代飞机提供一个旗鼓相当的实战化训练场景。

军用建模仿真领域发展报告

节约训练成本。在没有 LVC 技术之前，要开展大规模的对抗训练，需要调集各地的兵力集结到同一个区域。这种大规模演习成本高，需要大量的组织协调工作，导致演习的频率不高，达不到体系对抗训练的效果，如把一个整建制的"爱国者"防空反导系统带到阿拉斯加州的"红旗"军演要花费 100 多万美元。在 LVC 技术推广应用之后，在相同或更高水平的训练效果下参演的真实装备数量降低，转场费用也相应地降低，支持飞行训练所需的日常保养和维护费用也减少了，较少的飞行小时数伴随着减少设备磨损，有效缓解了军费的压力。此外，采用模拟发射数字武器的对抗方式，减少了对训练弹的消耗。SLATE 训练系统的大量仿真数据可让部队在低成本的环境中训练。

注重安全训练。在 LVC 技术推广应用之后，随着参训飞机数量的减少，空域内的飞机密度降低，减少了发生碰撞的概率，有效缓解空域管制的压力。另外，SLATE 训练系统的有线网络覆盖美军大多数基地，分布广泛，需要的保密要求很高。无线通信涉及到空空和空面两种，需要防监听防干扰，给整个训练系统提供安全可靠的网络环境。在追求高逼真度的训练环境的同时，也必须确保防止训练过程中的数据被对手截获。

此外，SLATE 训练系统采用外挂吊舱的模式与飞机总线交联，避免了对机身内部安装设备或者飞机蒙皮安装通信天线的问题，但是也带来了使用上的不便利，如需要训练前安装吊舱和专人维护保障。同时，吊舱安装在翼尖会被机身遮挡影响无线链路收发质量，导致需要在左右翼尖各安装一个 SLATE 吊舱。

（中国航空工业发展研究中心　何晓骁）

美军持续性网络训练环境项目最新进展及分析

虚实结合的训练（LVC 训练）一直是美军持续推进的重点和未来重点发展的训练模式，也是未来训练方式转型的重要方向。作战牵引训练，训练反过来也能促进作战。美军一直关注多军种联合作战问题，而虚实结合的训练能改变军种训练中缺少联合条件支撑的问题，并能将指挥员放在逼真、现实的、对抗的训练环境中进行训练和决策，从而促进训练转型升级。

一、持续性网络训练环境项目背景

2016 年，美国陆军牵头联合各军种计划开发"持续性网络训练环境"（PCTE）项目，以帮助美国网络司令部作战人员在 LVC 环境中进行训练。该项目由美国陆军仿真、训练和仪器项目执行办公室负责推进。当前，美国网络司令部已升格为联合作战司令部，肩负着攻防兼备的网络作战任务，而现阶段网络战士没有类似于传统作战人员用于战备的训练形式，仅在大规模的年度演习中测试战备情况。因此，在美国陆军牵头及各军种大力支持下，PCTE 项目通过使用多种方式和手段得到快速推进。

据美国国防部发布的文件称，PCTE 项目是"一个基于云的训练平台，作为一个互联互操作的通用训练使能器，构建一个联合的网络训练环境，为网络任务部队提供个性化和团队训练，使网络作战人员能够培养执行任务所需的技能，如进行全方位的联合训练（包括演习和任务演练）、试验、认证以及网络能力评估和开发等能力，以支持美国国家安全战略。"PCTE 平台可共享场景和内容等资源，提供额外的"机动空间"，如模拟红/蓝/灰军和工业控制系统（ICS）环境等，具有"能够同时快速形成、执行和重用场景与环境的能力生态系统"。最终理想状态的 PCTE 平台将使用一体化虚拟机连接网络训练和测试靶场，将连接到 6 个地理上分散的网络工作地点，支持多军种同时访问并参与分布式训练。本文通过介绍 PCTE 项目演进及最新发展动向，探讨该项目对美军网络作战的影响，并分析美军虚实结合的训练未来发展趋势。

二、持续性网络训练环境项目进展及举措

（一）PCTE 项目合同及内容

PCTE 项目开发是一个持续的、敏捷的构建和反馈过程，采用一种增量方法来获取每一阶段连续的构建任务，将 PCTE 项目分解为一系列被称为"网络创新挑战"（CIC）的子项目和原型，以实现最终解决方案。PCTE 项目通过竞争性的"网络创新挑战"不断评估原型功能，如事件管理、环境创建/复制以及与多军种训练设施的连接等功能。同时，根据评估结论、技术、威胁、战术—技术和程序（TTP）的变化来改进 PCTE 平台开发。美国陆军计划发布 5 个阶段的"网络投资挑战"合同，通过使用其他交易权

（OTA）的快速采办方式和工业界多方支持的方式来推进 PCTE 无限期交付/无限期数量合同授予。

第一阶段"网络投资挑战"合同的目标是评估与项目相关的特定重点领域中解决方案的技术可行性。2016 年，美国陆军通过一个名为"网络空间指挥、控制和通信联盟"公司构建了 PCTE 第一个"网络创新挑战"系统。在 2016 年 11 月举办的第一次 PCTE 行业日活动中，该项目引起了众多国防承包商的关注，包括 ManTech 公司、雷声公司和洛克希德·马丁公司等。

第二阶段"网络投资挑战"合同的重点是通过门户访问 PCTE、训练辅助工具和作战内容存储库，同时评估将这些功能集成到 PCTE 基线训练解决方案的技术可行性。2018 年 2 月举办的 PCTE 行业日活动中，对 PCTE 项目需求进行"更新概览"，并透露有关由新型训练和战备技术加速器（TReX）主办的"网络创新挑战 2"信息。建设的门户网站包括持续通告、网络用户界面等内容，具有检查用户认证、配置训练、订购训练、日程计划训练、访问训练、训练活动后发布训练评估、访问内容存储库的个性化训练方案等功能。

2018 年 6 月，美国陆军发布了 PCTE 的首批原型项目，由 ManTech 公司、Simspace 公司、Metova 公司和 Circadence 公司获得原型项目合同，目标是开发用于构成美国国防部综合网络训练靶场的组件初始原型。此次原型项目中，ManTech 公司将提供规划网络、调度工具和部署环境。Metova 公司将提供蓝军、灰军、流量生成和威胁仿真以及与作战人员训练平台的网络集成。第一次原型挑战发生在 7 月底。8 月，各军种抽调网络作战人员组建团队以提供对第一原型的概述，并于 9 月进行第一原型的首次受限用户评估。7 月，第 2 批原型项目授予 SimSpace 公司，于 8 月交付第二批组件。分阶段的原型方法允许美国陆军提供有限的能力来联合网络团队，同时降低风险并确定最终下一阶段合同需求，而军方则担任最终实现各种功能的集成商角色。

根据2018年9月公告，暂停原计划在6、7月发布的第三、四阶段合同，推迟到2019年发布。其中，第三阶段重点关注红军规划以及演习控制；第四阶段侧重于训练评估（该功能将应用人工智能和机器学习技术）。目前还未公布第五阶段的信息。

（二）项目资金支持

美国陆军在2018年跨军种/工业界训练、仿真与教育会议（I/ITSEC）上表示，PCTE提案的申请将在2019财年发布，并将在2020财年初进行，该项为期7年合同的估计价值可能高达7.5亿美元。而在美国陆军的研发预算文件中，2019财年为训练环境提供6580万美元的资金支持，到2023财政年度需要4.294亿美元。美国陆军还要求在2019财年的基础预算资金中拨款300万美元，用于填补在硬件和软件基础设施方面与网络作战训练所需的虚拟环境有关的缺口。额外的资金将用于构建机动的虚拟空间环境。此外，美国陆军将通过使用其他交易权（OTA）快速采办工具进行合同授予，以更快地获得网络作战人员的临时解决方案，以更好地确定最终项目需求。该项目通过能力增量方式交付，并指出将在2020财年颁发全面开放的竞争合同，以进一步整合新的或改进的能力、更新硬件和软件认证及许可。

（三）PCTE项目进展及分析

PCTE项目利用现有的网络工具套件在仿真网络环境中进行训练，美国陆军将其作为美国国防部的网络任务部队的训练靶场。目前，PCTE主要集中于现有应用程序的集成，以提高自动化程度，最终支持多个同步训练活动。但是，PCTE只是美国网络司令部训练计划的一部分，未来可能会与美军基地及附近的训练靶场相结合。

美国海军第 10 舰队/舰队网络指挥官迈克尔·吉尔代介绍了海军防御性网络团队参加训练模拟以应对网络空间挑战的情况。美国海军在不同的地点使用虚拟训练环境，包括夏威夷、佐治亚州和得克萨斯州等地。这些环境可以模拟网络攻防和对手等场景，使团队更好地了解网络并制定攻击计划，以遏制网络攻击行动并恢复网络正常运行。

这种高端训练环境之所以被快速推进，是因为现阶段网络作战人员没有类似于传统作战人员用于战备的训练形式。每年只进行 1 次或 2 次顶级网络演习对于网络作战部队和作战人员来说是不够的，据军方称，多数情况下，第一次进行网络对抗的作战人员会在现实世界中与对手交战，而不是在模拟网络中。

美国陆军未来可能会将 PCTE 作为下一代网络作战人员训练的基础，每位作战人员将被赋予不同的动态任务，其不同于美国国家安全局的黑客任务。联合特遣部队指挥官正在考虑如何融合网络，训练计划将推动开发战术—技术—程序（TTP）开发，以有助于制定统一标准来应对某些突发情况。PCTE 将成为网络作战人员能够持续进行个人和集体训练的有效模块，可以与步兵的步枪靶场和旅级的作战训练中心相媲美。

三、雷声公司瞄准网络部队训练需求演示概念 PCTE 平台

2018 年 1 月，雷声公司利用虚拟现实软件和硬件对其开发的概念验证的网络训练系统 PCTE 演示平台进行了测试。演示主要是为了展示学员如何了解以及应对分布式拒绝服务（DDoS）攻击。在演示场景中，DDoS 攻击切断了模拟战场中无人机和其他车辆的通信。雷声公司声称其虚拟训练环

境涵盖了所有国防部的需求，该公司正在寻求增加更多的能力，特别是在博弈和分析方面，以及使该系统可供移动设备使用的能力。

在雷声公司 PCTE 版本中，佩戴虚拟现实护目镜的用户可以访问一个网络作战中心的模型，通过添加或移动工作站、墙壁大小的显示屏以及虚拟 3D 桌面表示来定制网络作战中心。在虚拟桌面上展示了真实任务世界的 3D 表示，包括坦克、直升机、无人飞行器和军用卫星，所有这些都通过无人机的网络通信链路连接（图1）。这些网络连接使用蓝色或红色表示不同状态，其中红色表示黑客入侵的链接。

图1　虚拟 3D 桌面展示美国陆军任务中无人机和
空中与地面平台之间的网络连接

通过遵循特定的红色网络链接，用户可以识别哪些服务器受到拒绝服务（DoS）攻击的影响。训练系统可以扩展网络链接，以查看攻击来自哪个工作站。在环绕训练环境的虚拟墙壁显示屏上，用户可以逐分钟追踪攻击事件发生。其他屏幕显示了可能需要采取的补救措施和再训练步骤，以及实时监控网络攻击。

这个虚拟训练区内的场景可高度定制，以便在不同场景中进行训练或远程协作任务。PCTE 还为指挥官提供虚拟规划区，供其协调并制定战略。

在任务演练区域可以看到不同的网络工具和技术对网络的影响。用户可通过 HTC Vive 头戴式显示器查看主流网络安全软件产品加载的数据和其他情报，包括与 Norse Attack Map 网络攻击实时监测地图。该项目旨在让美国军方领导与作战人员更易理解如何部署网络能力和防御网络攻击。

雷声公司使用人工智能来扫描数据库中所有可用的训练、场景和练习。然后，人工智能通过定制的练习和场景构建学习计划，帮助作战人员提高技能。用户可以自行训练，系统部署在虚拟的基于云的环境中。用户可以随身携带训练练习，并从便携式计算机上继续进行训练。雷声公司的网络训练环境可以容纳任意数量的用户。当然，确切的数字可能受到可用带宽的限制。

由此可见，PCTE 不仅仅是一个网络靶场，它需要事件管理、训练练习的调度、场景设计功能、练习控制、评估、红方兵力、能够与设计对手网络模型相关联的能力库（这将需要良好的情报），以及把所有这些集成在一起的训练室。

雷声公司正在对美国陆军的联合项目进行概念验证，该项目不仅融合了传统的集体远程训练能力，如分散人员可以访问的模块，而且还提供为网络作战人员创造沉浸式体验的虚拟现实解决方案。雷声公司的解决方案将网络任务部队人员安置到一个"虚拟空间"内，包括各种可从任何地方接入的工作站、图形、白板、视频屏幕和指导员。除了个人和集体训练的组成部分，最终 PCTE 解决方案的任务预演部分将至关重要，其目标使网络作战人员的技能始终保持最佳状态。

四、总结

美国国防部下一代训练战略提出，将集成 LVC 能力和提升驻地联合训练等主流训练手段的精度水平，作为建立平衡多样化联合作战部队的重要组成部分。

（一）新兴技术促进虚实结合训练向体系化发展

未来虚实结合训练，需要通过技术创新不断走向体系化，而体系支撑下的训练发展是趋势。雷声公司的解决方案通过融入虚拟现实技术、人工智能、云计算等新兴技术，使得PCTE不仅仅是一个网络靶场，更是一个体系化的训练模式。

（二）高逼真沉浸式训练与训练体验是未来发展方向

未来虚实结合对抗式训练与训练能够迅速提升部队作战人员多种应对技能。美军不断加大相关项目投入力度，大力推广对抗式训练应用，希望借助高逼真的场景模拟，帮助训练人员全面理解作战内容，综合分析对抗行动，对作战人员的决策以及相关操作进行有效训练和评估，以期大幅度提高作战人员在面对实际威胁时的反应能力。

（三）面向应用的LVC多系统集成成为基本形态

通过军事演习与靶场试验不断改进LVC训练和试验环境的建设，未来LVC多系统集成将成为基本形态，在兼顾有效节约经费的同时，提升训练的实战化水平。

（中国航天科工集团第二研究院二〇八所　李莉）

无人集群作战仿真建模研究综述

随着智能技术、大数据技术、增材技术等高新技术的迅猛发展，未来以无人化装备作为战场主力的无人化、智能化战争新形态逐渐浮出水面。无人集群相比于只能执行单一任务、鲁棒性差、造价高昂的单个平台，具有无中心、自主协同等特点，在未来战争中将具备情报优势、速度优势、协同优势、数量优势以及成本优势。世界各主要军事强国将无人集群作战视为未来信息化战争的重要作战样式，纷纷投入了大量人力物力，研究无人集群作战的军事理论，谋划无人集群装备的发展蓝图，研发无人集群装备并进行实践检验。

对于无人集群装备的作战运用研究、发展论证与作战试验鉴定而言，建模仿真是具有天然优势的有效手段。通过对无人集群装备以及作战行动的建模仿真，可以在虚拟的环境中测试装备的战术技术性能，验证与改进集群协同行动的相关算法，并通过"虚拟实践"的方式探索面向不同使命任务的无人集群最佳作战运用方式，为无人集群的作战概念与作战条令的形成提供数据与模型的支撑，并指导无人集群技术的发展方向。

一、无人集群的基本概念分析

无人集群最初是由无人机发展起来的。随着飞行器技术、信息技术等技术的进步，以及无人机在军事上运用范围的不断扩大，无人机逐渐由单机形成具有地面控制站、测控系统、通信系统等组成的无人机系统。近年来，智能技术和自组网技术的飞速发展，使得众多无人机可以聚合起来形成共同完成作战使命的整体，成为"无人机集群"。目前，智能技术不仅可以应用于无人机，还可以应用于无人地面车辆、无人水面舰艇、无人潜航器等，美国国防部已经将"无人机集群"扩展为"无人集群"（Unmanned Swarm），使得该概念能够涵盖陆、海、空、天等各作战域。"无人集群"装备研发与军事运用研究的重点是"无人机集群"。目前，对于"无人集群"并没有权威的定义，由于研究人员具体研究领域的不同，存在着多种内涵相同或相近的描述，如"无人机集群""无人机群组""无人蜂群""群机器人"等。这些表述本质都是相同的：大量相对简单的个体通过合作在整体层面涌现出集群智能，从而完成复杂任务，是集群智能的一个具体应用领域。

二、无人集群作战概念与实践现状

（一）无人集群作战概念研究现状

作战概念是装备设计与研制的重要牵引，特别是对于颠覆性装备，必须运用战争工程理念的科学思维方式指导装备需求论证与开发，超前性地设计作战概念，从而实现"打什么仗用什么装备"。

美军特别重视无人机集群相关作战概念开发，形成了"国防部—军兵种—专业智库—军工企业"作战概念开发的"金字塔"体系。2017年10月，美国战略与预算评估中心发布了《决胜灰色地带——运用电磁战重获局势掌控优势》研究报告，提出了网电对抗"无人敢死队"这一颠覆性的作战概念，为美军应对"反介入/区域拒止"能力提供了创新思路，并针对无人集群网电对抗打击一体化防空体系想定和无人集群网电对抗支援高超声速武器打击行动想定等典型想定，进行了初步的作战行动设计，分析了无人集群网电对抗装备需求。该报告认为，由于未来无人集群具备很强的个体自主性和群体协同性，并且成本低廉，将完美契合网电对抗智能性、高速性、体系性与对抗性等作战特点，因此无人集群在网电空间控制权的争夺中将大有作为。2018年8月，美国国防部公开了《无人系统综合路线图（2017—2042）》第8版，强调为适应未来联合作战的需求，无人集群等无人系统应聚焦于全域作战，同时相关技术应支撑跨域指挥控制、跨域通信以及与联合部队的集成，从而通过无人系统与有人系统无缝协作，大力压缩作战人员的决策时间，同时降低其生命危险。2018年11月，美国陆军发布了《多域作战2028》作战概念，着眼于未来对抗"反介入/区域拒止"体系的复杂战争局势，突出多种作战域能力的联合互补运用，通过大力加强无人集群等颠覆性武器装备的运用，从物理上和认知上挫败高端对手，提升在网电空间与太空等新型空间领域创造"优势窗口"的能力。

在作战概念的牵引下，近几年来美国围绕无人集群作战启动了多个演示验证项目，包括"微型无人机高速发射项目"（Perdix）、"低成本无人机蜂群技术项目"（LOCUST）、DAPRA的"小精灵项目"（Gremlins）和"进攻性使能蜂群战术"（OFFSET）项目等。

（二）无人集群的作战试验与实践

无人集群的作战试验是验证无人集群作战理念、检验集群装备设计的有效手段。目前，美军已经开展了多次无人集群作战概念的仿真演示与测试，并以此来提高无人集群的作战效能，引领无人集群装备的发展。早在2002年，美军联合部队司令部"阿尔法计划"实验室对无人集群的效能进行了研究，结果初步表明无人集群作战具有较高的效能优势。2012年，美国海军研究生院进行了无人集群与"阿利·伯克"级驱逐舰的攻防仿真试验。结果表明，当由8架无人机组成的无人集群进行攻击时，平均有2.8架能够避开"宙斯盾"系统与"密集阵"系统的跟踪与拦截。2015年，美国海军研究生院开展了"空中作战集群"竞赛，参加竞赛的无人集群规模达到50vs50级别。该竞赛作为无人集群作战创新的"试验床"，通过提供基础性的建模仿真软件、半实物以及硬件环境，旨在激发新的无人集群作战理念，探索与测试无人集群作战与反无人集群的最新技术与战术。2017年4月，美国空军研究实验室与著名的"臭鼬工厂"等机构合作完成了基于"忠诚僚机"概念的有人—无人混合编组演示实验，实现了作为僚机的无人战机与有人长机编队飞行与对地攻击试验。2018年11月，英国陆军举行史上最大规模的无人集群演习，通过在最艰苦的仿真作战环境中对70余种无人作战系统进行作战试验，旨在测试无人集群自主监视、远程精确瞄准、增强机动、增强态势感知等方面的关键技术。近期，DARPA"拒止环境中的协同作战"（CODE）项目进行了强干扰环境下的无人机集群作战试验，证实了无人机集群能在高强度的电子干扰条件下自主协同执行攻击任务的可能性，即便受到强烈的电子干扰造成通信被阻断、GPS信号不可用的恶劣情况，无人机集群中的个体也能根据作战规则打击目标，同时集群也能实施协同，应对战场环境的不断变化，精确地完成打击任务。

三、无人集群作战建模仿真现状

澳大利亚集群智能领域著名专家约翰·佩奇教授在2017年澳大利亚仿真大会上指出："仿真是研究自组织集群的唯一方法"。无人集群作战仿真系统是无人机业界研究的热点与难点之一，是开展无人集群作战研究、装备研发与技术测试的重要手段与工具。目前，国外正在同步开展装备层面的无人集群装备仿真系统，以及作战层面的无人集群作战概念演示验证系统的设计、论证与开发工作。

（一）无人集群装备仿真系统

装备层面，国外已经开发了大量无人集群装备仿真系统，通过全数字或半实物的系统应用模式，促进了无人集群关键技术的研究与验证，加快了无人集群装备研制进程。比较有代表性的无人集群装备仿真系统包括美国布朗大学"PR2远程实验平台"、英国约克大学Pi Swarm系统、美国俄克拉荷马州立大学COMET系统、美国乔治亚理工学院Robotarium系统等。其中，约克大学机器人实验室开发的Pi Swarm系统降低了无人集群研究工具与编程语言的难度，能够为无人集群算法与运用的研究提供成本较低、可扩展性较强的仿真平台。在美国国家科学基金资助下，乔治亚理工学院开发的Robotarium系统能够为无人集群群体协同行为研究提供一个物理安全、维护成本低廉、操作使用简单并且可远程访问的"试验床"，全数字与实物仿真相结合提升系统性能，支持用户快速编写集群信息融合、集群编队控制、集群覆盖区域控制等无人集群关键算法。

（二）无人集群作战概念演示验证系统

作战层面，无人集群作战概念演示验证系统既能够从作战层面验证作战概念，评估作战概念的有效性，又能够从装备层面驱动无人集群装备研制与关键技术发展，起到了无人集群从技术到作战的关键性纽带作用。由于无人集群实战经验较少、装备尚处于研制阶段、关键技术尚有待检验，当前国外无人集群作战概念演示验证系统的设计与开发是相关领域的难点之一。

2018 年 10 月，DARPA 征集 OFFSET 项目中"蜂群冲刺"第三阶段提案，寻求突破性的蜂群战术与人机编队战术。OFFSET 项目的目的不仅促进城市战中蜂群相关技术的突破，更重要的是通过建模仿真技术为蜂群战术的创新提供软件与硬件研究环境，弥补技术推动与军事需求之间的"战术短板"，打造无人集群作战研究与作战概念验证的"试验床"，OFFSET 项目方法框架如图 1 所示。

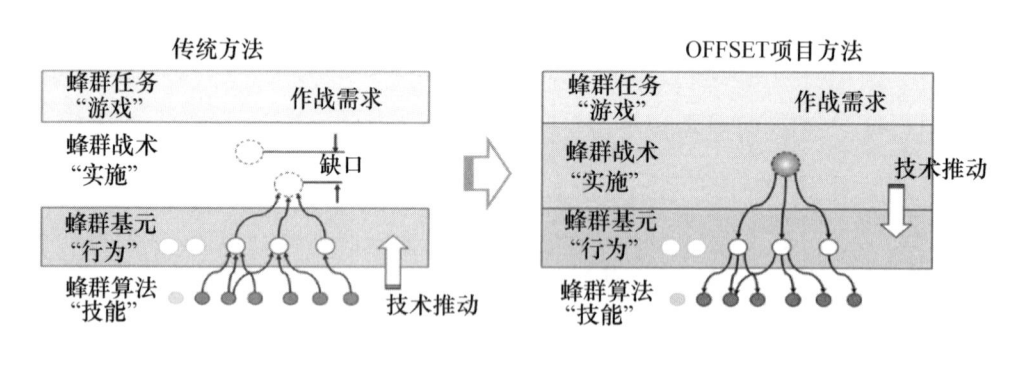

图 1 OFFSET 项目方法框图

目前，国外无人集群作战概念演示验证系统的设计与开发尚处于起步状态，且作战概念涉及的想定场景相对较小，参战实体数目有限，模型分辨率较高，作战规则不够完善，难以用于验证评估联合作战层面的无人集群作战概念。

四、无人集群作战建模技术现状

目前，国外对于无人集群作战建模的研究工作主要集中在技术层面，包括指挥控制架构、编队生成与控制、航路规划、任务分配、自组网通信等实现方法，以及粒子群算法、蚁群算法、遗传算法等关键算法。研究人员希望突破无人集群相关的关键技术，研制出无人集群产品；同时，建模技术也是无人集群作战仿真系统的实现基础。

（一）无人集群建模框架

在无人集群建模框架研究方面，国外关于无人集群军事概念建模研究均较少，尚未形成统一的标准的框架与规范，通用性不强，难以指导无人集群军事实践。在机器人合作性技术联盟研究基础上，美国国防部概括并抽象出了无人集群作战建模问题域框架"思考—观察—移动—会话—工作"，并给出解决这些问题需要做的工作。该框架指明无人集群作战建模中需要解决的若干重要问题以及难点。美国海军研究生院提出一种无人集群作战条令与体系设计一体化框架。该框架认为未来无人集群作战条令必须体现集群去中心化、自组网、扁平化结构等特征，研究无人集群的指挥控制架构，并建立无人集群作战"使命—战术—行动—算法—数据"五层任务框架，分析每层任务中指挥员与无人集群具体任务，并以无人集群 ISR 及空战任务为例给出其作战行动军事概念模型示例。此外，美国西点军校开展了针对无人集群行动控制的相关研究，包括目标探测、对敌攻击等，并进行了仿真验证。

目前，国外针对无人集群作战关键技术的研究，最主要的是指挥控制与任务规划技术。其中，指挥控制的研究重点是无人集群指挥控制架构的设计与分析，任务规划的研究重点是无人集群的任务分配与航迹规划方法。

（二）无人集群指控架构

将多平台协同控制延伸至大规模集群指挥控制时，需要从指挥控制架构、指挥控制流程等指挥控制机制上进行更多本质上的改变。如何高效地指挥控制无人集群，如何设计并构建鲁棒性强、运行效率高的无人集群指挥控制架构，如何快速构建适应性好、扩展性佳的无人集群编队队形、如何分析无人集群指挥控制架构面对不同环境不同任务的动态演化机理，已经成为集群智能相关的新兴研究领域。

国外一些研究成果借鉴了作战体系指挥控制架构与多 Agent 系统架构，开展了无人集群指控架构设计，将其分为集中式、分布式与集散式等，并认为为了提高集群的自主能力，降低指挥员的认知压力，指挥员应对无人集群发挥任务级的监督作用，并将任务的自主权分散到集群中的众多个体中。美国海军研究生院定性地分析了集中式架构与分布式架构各自的优势与劣势，认为集中式将限制无人集群中个体之间的交互，而分布式架构将可能会导致通信阻塞，由此提出了一种面向作战使命的混合式指挥控制架构，如进行态势感知时采用分布式架构，进行目标分配时采用集中式架构等，并运用有限状态机方法自动地进行集群指挥控制架构的动态调整。该研究成果有效地将集中式与分布式架构的优势相结合，但是具体的动态调整方法尚有待深入研究。在美国海军研究办公室的资助下，印度新德里大学开展了无人集群领队位置与数量对于无人集群控制能力影响研究，提出引导效率与能量消耗两个衡量指标。仿真结果表明，领队位置对于无人集群转向能力具有决定性影响，且领队处于集群中心或外围将会使得集群转向能力更好。

（三）无人集群任务规划

无人集群任务规划从功能上包括无人集群任务分配与无人集群航路规划。任务分配是指为无人集群协调一致完成任务，考虑各种约束条件，为集群分配攻击目标，并设计粗略航路。航路规划是指根据集群任务的约束条件、集群性能以及战场环境等因素同时为多个个体设计完成任务的飞行航路，并满足集群在空间与时间上的协调一致关系。目前，国外针对任务规划的研究集中在技术层面，开发了大量的飞行器任务规划系统，并研究了多种任务分配与航路规划方法。

1. 无人集群任务分配方法

无人集群任务分配实质是多目标多约束的最优化问题。针对无人集群集中式与分布式指挥控制架构，无人集群任务分配方法可以分为集中式任务分配方法与分布式任务分配方法两大类。集中式任务分配方法主要包括整数规划算法、搜索算法、群智能优化算法以及基于图论的算法等，其中运用较多的是整数规划算法与群智能优化算法，一般用于已知且确定的环境并且系统的规模较小。分布式任务分配方法包括基于行为激励的算法、基于市场机制的算法、基于空闲链的算法和基于群智能的算法等，其中运用较多的是基于市场机制的合同网协议算法与拍卖算法和群智能优化算法，适用于动态环境并且系统中等至大规模。

2. 无人集群航迹规划方法

航迹规划是任务分配的基础，其实质也是多目标多约束的最优化问题。为了满足无人集群自主运动的要求，提高无人集群生存能力，无人集群必须具有近实时的导航与定位能力以及自适应的在线航迹规划能力，对于航迹规划算法的实时性要求非常高，国外相关研究成果还很不成熟。在线航迹规划算法不仅要缩减搜索空间，降低问题求解的复杂性，还需要考虑集群个体之间的协同约束，保证个体与集群的安全。目前，常用的在线航迹规划算法可以分为基于数学模型的航迹规划方法与基于学习的航迹规划方法两种类型。基于数学模型的航迹规划方法由环境建模和基于代价函数的最小代价航迹搜索两部分组成，常用算法包括启发式 D*搜索算法、图搜索算法、群体智能算法和混合式算法等。基于学习的航迹规划方法主要包括基于强化学习的航迹规划和基于经验学习的航迹规划两种。

五、无人集群作战仿真建模面临的挑战

无人集群作战作为未来战争中一种颠覆性的作战样式，对其开展预先军事理论研究与装备体系顶层设计，具有非常紧迫的现实性需求。建模仿真作为研究无人集群作战不可或缺的支撑手段与基础工具，从联合作战层次看，尚面临着诸多挑战。

（一）缺乏能够支撑无人集群作战仿真的军事想定

目前，国外关于无人集群作战仿真的成果集中在装备层次，重在介绍无人集群装备的作战效能与作战过程，应用场景相对较小，仿真实体数量有限，缺乏能够从整体上描绘与刻画未来无人集群基于联合作战体系支撑实施作战行动，又作为联合作战"杀手锏"破击敌体系的军事想定。无人集群作战军事想定的缺乏将制约军事概念模型的构建与作战仿真的开展。美国海军研究生院认为："在无人集群技术不断发展的今天，关于无人集群作战的条令与规定反而被忽略了。必须依赖于建模仿真技术，设计合适的军事想定，形成军事概念模型，从而引领无人集群装备的发展需求。"

（二）缺乏能够刻画自主协同特征的作战仿真模型

群体模型与个体模型是无人集群作战仿真的两类基础性仿真模型。从

无人集群发展趋势看，随着群体智能技术、信息融合技术、自组网技术等技术的进步，群体将能够维持良好的作战状态，以较少的资源消耗达成作战目的，协调组织好各个体的作战行动，形成具备较强协同作战能力的无人化群体；同时，随着认知电子战技术、自主决策技术等技术的进步，个体也将具备对于复杂战场环境的自主态势感知与处理能力、自主学习与经验积累能力、自主决策与自主行动能力，形成具备较强自主作战能力的无人化个体。由于尚未研发出无人集群典型装备，也缺乏无人集群实战经验，目前国外在无人集群自主化个体与协同化群体作战仿真模型方面，相关研究成果并不多。仿真模型是开展无人集群作战仿真的最基础性工作，模型的合理性、有效性、完备性、逼真度将直接影响到作战仿真开展的成效。因此，必须高度重视自主化个体与协同化群体的建模工作。

（三）缺乏能够指导建模的无人集群作战规则体系

"无规矩不成方圆"，作战规则正是无人集群作战仿真建模的依据与遵循，而作战规则体系的缺乏是无人集群作战仿真建模面临的最大挑战。由于无人集群缺乏实战检验、保密性强，目前国外尚未形成相关成熟的、完整的条令条例；同时，通过一系列的作战试验与装备实践，无人集群的相关作战规则的制定一直在进行与完善之中。这需要军事人员与技术人员密切配合，通过作战试验等手段加强装备运用研究与作战仿真试验，逐步探索、制定、构建与完善无人集群作战规则，形成能够指导自主化个体与协同化群体建模的规则体系。在作战规则的制定与优化工作中，人工智能技术将发挥重要作用。通过人工智能对于无人集群的训练，能够不断地迭代与优化无人集群中个体交互的最佳规则，通过个体规则来产生无人集群的群体行为，从而最大限度地达成作战目的。

六、结束语

目前，无人集群装备建设与作战概念正处于快速发展阶段，对于无人集群装备以及作战建模仿真进行研究是开展无人集群作战试验、创新无人集群作战理念以及制定无人集群作战条令的有力支撑。国外在作战层面以无人集群作战概念演示为重点，在装备层面以无人集群装备仿真系统为重点，在技术层面以无人集群任务规划技术为重点，正在全力突破无人集群作战仿真建模的各种瓶颈问题。为了更好地牵引无人集群装备与作战的研究，联合作战背景下的无人集群作战概念与作战规则设计将成为业界关注的热点领域之一。

（国防大学　张阳　司光亚　王艳正）

（洛阳师范学院　李佳琦）

以色列自主研发空战训练系统

以色列空军已经从美国采办了不少于50架F-35A战斗机（图1），但并未安装美军和北约国家普遍使用的空战训练系统。F-35系列飞机的三种型号都是单座飞机，没有双座型供飞行员学习复杂的五代机空战战术，因此LVC技术带来的安全、复杂、真实、经济的训练环境对于五代机的训练效果至关重要。除以色列外，所有装备了F-35战斗机的国家都将使用美国专门为隐身战斗机研发的采用LVC技术的嵌入式空战训练系统。该系统是F-35战斗机的标准配置，提供了大量飞行模拟器生成和数字生成的假想

图1 以色列空军F-35A战斗机

敌，缓解了大量真实飞行训练的经费压力，同时也提供了高逼真度对抗环境，使各国空军的训练方式发生了革命性变化。以色列之所以不安装美国的空战训练系统，一方面是与北约国家开展联合军演的频率低，另一方面

是以色列凭借自身的丰富空战经验和科研技术实力已经开发出了符合其国情的空战训练系统。

一、以色列开展训练历史悠久

Elbit 系统有限公司是以色列一家国际防务公司，在世界各地从事军工项目。Elbit 公司及其子公司在航空航天、陆军和海军指挥控制系统、情报监视与侦察、无人机系统、先进光电系统、电子战设备、信号处理、数据链路、软件无线电等领域开展多种业务，还致力于升级现有装备，尤其在作战训练和模拟系统领域提供一系列支持服务。针对空中、地面和海上平台的全系列训练与仿真系统采用先进的建模、可视化和网络化技术，实现具有复杂作战场景模拟、训练范围从单兵到全面联合作战的 LVC 训练系统。

（一）EHUD 系统（实兵对抗）

Elbit 公司的 EHUD 系统是一个自动化程度很高的空战机动仪表（AACMI）系统，其通用性很强，提供先进的空对空和空对地作战训练模式，具有实时毁伤通告生成、数字武器弹道仿真、实时对抗评估能力。该系统通过 Elbit 专用数据链路进行组网，对实时参训飞机平台的数量无限制。EHUD 系统在 1994 年就在实兵飞行训练中开始发挥作用，分布在四大洲的 17 个国家采办了该训练系统。该系统由标准武器接口机载吊舱、实时监控地面站、实时跟踪定位系统三部分组成。截至 2016 年，已经使用了超过 100 万飞行小时记录，交付了超过 500 套机载吊舱（图 2）和 100 多个地面实时监测站。

图 2　EHUD 训练吊舱

EHUD 系统如图 3 所示，主要特征如下：

（1）专利数据链支持飞机在无需地面规划的情况下入网或退网。

（2）吊舱可安装在美国、欧洲和俄罗斯大部分飞机平台上。

（3）可根据用户要求升级以获得额外的作战能力。

（4）支持与其他系统的互操作性和训练。

（5）无源干扰模拟功能。

（6）高精度 GPS/INS 导航：飞行中数字音频安全警告（空中碰撞、地面碰撞、边界、违反规则告警）——超过 100 条飞行和安全可编程语音信息。

（7）具有高更新率和加密的自适应数据链路网络。

（8）在地面可以预演训练内容。

（9）用于实时监控、导调数据上行链路的实时跟踪定位系统。

图 3　EHUD 系统

（二）LVC 相关训练系统

Elbit 公司拥有支持 LVC 训练的先进技术，可在战斗机、教练机、直升机和其他战术平台上提供作战服务。其产品包括嵌入式虚拟航空电子设备（EVA™）、空中电子战模拟器（IFEWS™）和世界上最先进空战机动仪表系统（ACMI），这些系统都配备训练数据链接以提高训练效率和降低训练成本。

EVA 可以安装在初级或中高级教练机上，将教练机转化为虚拟的先进战斗机。EVA 降低了训练的小时成本，同时使学员能够操作战斗机上航空电子设备，如虚拟雷达、光电设备和电子战系统，以及发射虚拟空对空和空对地武器。

战斗机安装 EVA 系统后，支持在训练中增加虚拟地面和空中威胁，同时操作虚拟武器、传感器进行对抗训练，能提供最真实的作战场景，实现节省蓝军、靶场等成本，提高训练效果。使用 Targo™ 头盔式航空电子设备（HMD）和 EVA 可获得完整的嵌入式训练体验，提供更接近现实训练体验，HMD 头盔遮光板上可显示所有虚拟实体。

EVA 系统如图 4 所示，传感器模拟图如图 5 所示，主要特征如下：

（1）提供虚拟航空电子设备、武器、传感器和复杂且安全的环境。

（2）可与 Elbit 公司 Targo™ 头盔式航空电子设备集成。

（3）记录训练数据，在飞行后提供飞行期间的完整复现。

（4）与其他全球武器平台共同训练。

（5）LRU 级或嵌入式板卡配置。

（6）核心嵌入式仿真软件。

（7）与空战机动仪表（ACMI）兼容。

（8）数据链路支持多用户的分布式训练。

图 4　EVA 系统

图 5　传感器模拟图

（三） Sky breaker 战斗机任务训练中心

Sky breaker™任务训练中心是一个网络化的多模拟器、多数字节点、面向任务的训练中心，基于 Elbit 系统的开放和模块化架构支持多种飞机类型的训练（图6）。任务训练中心使用逼真的飞机系统和任务场景，提供真实的模拟战场训练环境，以提升所有飞行员训练水平。

Skyscen 是一种先进的计算机生成兵力（CGF）技术。在对抗环境中，使用 Skyscen 加入数字兵力可以进行现代空战，通过与作战和其他训练系统连接，可以满足复杂的分布式任务训练需求。Skyscen 是在具有丰富操作经验的飞行员指导下开发的,它能够运行数千个实体,引入了最高级别的人工智能技术。

图 6 任务训练中心系统示意图

二、以色列空军为 F-35 配头盔训练系统

F-35 是 50 年来第一架没有平视显示器飞行的战术战斗机,其头盔显示器(HMD)由 Elbit 系统公司和美国罗克韦尔·柯林斯公司的合资企业 RCEVS 公司研制(图 7),在整个任务期间为飞行员提供关键的飞行信息。F-35HMD 除了提供极端离轴瞄准和提示的能力外,还充分利用了 F-35 先进的航空电子系统架构。F-35HMD 可在白天或夜间提供视频图像和精确指引符号,为飞行员提供前所未有的态势感知和战术能力。F-35HMD 凭借其精确的头部跟踪能力和低延迟的图形处理,为飞行员提供了一个虚拟的平视显示器。

Elbit 系统公司和以色列航空航天工业公司共同为以色列提供 F-35 训练方法,飞行员利用头盔进行对抗训练。对于 Elbit 公司来说,其训练思路是将 LVC 训练与已经部署的 Targo 头盔显示系统相结合。Targo HMD 于 2009 年首次在巴黎航展上展出,它使用一个标准头盔,头盔上安装了一个软件模块。以色列在一架 Piper Cherokee 轻型飞机上演示了该系统如何用于训练编队飞行、空战、空对地攻击和反地对空导弹训练。以色列空军在装备 F-35A 的训练系统之前，已经在 M-346 Lavi 高级教练机使用了 Targo HMD，为将来推广到 F-35A 机队奠定基础。自 2014 年第一架 M-346 教练机交付以来，以色列空军对 Targo HMD 的反馈一直很好。在以色列空军，配备 Targo 头盔已经是 M-346 教练机（图 8）的强制性要求，对 F-16 也推广头盔飞行。因此，以色列空军未来将把 Targo 视为训练的标准装备。

图 7　F-35 头盔显示器

图 8　以色列 M-346 教练机

三、结束语

以色列国土面积小，可利用空域也小，不利于开展实弹训练。以色列可能不需要像美国那种复杂、全面综合、大规模的联合训练对抗环境，导致其对训练系统需求与美军不同。以军的敌对国虽然多，但是相对实力较弱，大规模空战的可能性较小，所以以军开发的空战系统更侧重于小编队这种战术级的对抗训练。

以色列空军官员认为，尽管 LVC 训练对飞行训练有帮助，但真实飞行对于培养战斗机飞行员是最重要的。真实飞行带来的空间定向障碍、飞行员的压力和疲劳等是其他技术不能代替的，所以会控制训练规模，增加更多真实飞行时间。

同样，以色列也存在模型置信度的问题，存在模拟出的武器或传感器与现实情况过于松散地耦合。当这种情况发生时，训练的真实有效性下降，可能导致负面影响。以色列采用 Targo 训练后，也像美军一样不支持视距内的目视交战，地面指挥员将控制那些虚拟敌人并管理他们的战术，确保虚拟对手不会进入可视范围。

随着空战复杂性的不断增长，指挥员和未来的飞行员将依靠 LVC 训练进行最真实有效的空战训练。当然，面临的一个关键挑战是要确定适当的 LVC 混合参训比例，并以不牺牲训练真实度的条件下实现每飞行小时的成本最优。

（中国航空工业发展研究中心　何晓骁）

虚拟/增强/混合现实技术在美军军事训练领域应用的最新进展

随着越来越多复杂装备的出现、冲突速度的加快以及对网络和语言等多种技能的需求不断增长，美军采取虚拟/增强/混合现实技术支持各军兵种的军事训练与想定。这些技术即满足复杂环境所带来的学习需求，为士兵提供综合的专业知识和信心，同时提供迅速决策支持。新的训练技术和环境将支持士兵训练作战技能，如更快地决策以获得优于对手的速度优势；一体化的集成功能提高个人和团队绩效并形成敏捷、适应性领导。本文就虚拟/增强/混合现实技术在美军军事训练领域应用的最新进展进行介绍和分析。

一、美国海军陆战队在战术决策工具中使用增强现实护目镜

美国海军陆战队正在研发虚拟和构造训练系统、增强现实护目镜和其他新兴技术，为海军陆战队员提供更多的重复训练，并且在某些情况下，在训练期间为军队提供较实地训练更多的真实体验。

军用建模仿真领域发展报告

美国海军陆战队的实况—虚拟—构造系统：战术决策工具包（TDK），由美国海军陆战队系统司令部、海军陆战队作战实验室下属快速能力办公室和海军研究办公室联合开发（图1），可训练海军陆战队队员的决策能力，帮助作战人员更快、更有效地做出决策。该工具从一个互动战术决策游戏开始，在这个游戏中，小队领导者可以看到场景、查看可用资源并制定计划。例如，使用微软 Hololens 的增强现实沙盘，支持小队领导者和最多3名队友用增强现实护目镜查看三维地形，并开始思考机枪的设置位置。在虚拟战场空间中，每个海军陆战队队员都化身为一个虚拟角色代表，而海军陆战队可以根据需要在场景中重复进行训练。海军陆战队表示，对增强现实护目镜非常感兴趣，特别是它们可以减轻到与已经佩戴的防弹护目镜的重量和尺寸差不多。新型训练工具操作简单，可根据士兵的需求定制，还有助于士兵提升自己的批判性思维，并更快地适应千变万化的环境，目前还只能在使用 Wi-Fi 网络的连级部队共享。

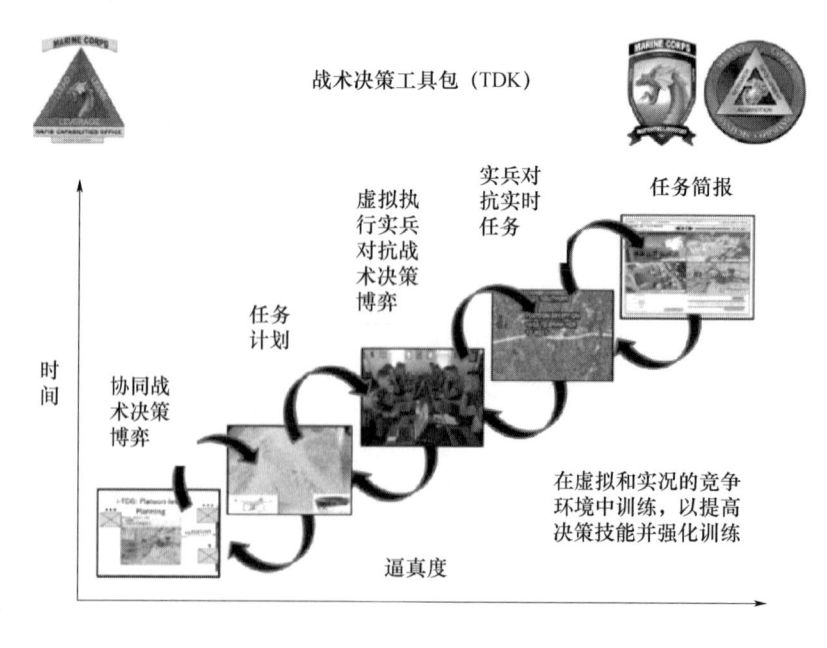

图1 美国海军陆战队战术决策工具包

从系统目前的部署反馈来看，战术决策工具的训练效果显著。早期用户的信息反馈显示，开发团队已实现了一定程度的逼真性。在一次试验中，心率监视器显示一名受训士兵在 20 秒内的心率为 130 次/分钟，这表明交战等级已超出了纯粹的智力级别。这名士兵坐在计算机后面做决策，但他的身体认为他正在疾跑，士兵感受到了做决策的压力，并真切地体验了之后平静下来的过程。

这种虚拟化训练的优势在于，它可使受训士兵重复经历一个场景，以不同方式处理同一问题，直到掌握该项任务。受训士兵从自己在战场上所犯的错误中汲取教训，可以多次犯同样的错误，并观察这些错误的影响。多次重复后，受训士兵会更善于做出正确的决策。但是，虚拟训练也存在某些局限性，如战争的性质、疲劳、摩擦和混乱，这些与人非常相关的东西是无法复制的。美国海军陆战队从 2017 年 5 月开始部署该系统，在 2018 年完成所有步兵营的部署。

二、美国空军利用虚拟现实技术改进飞行员训练

（一）虚拟现实技术应用于飞行员训练，为普及奠定基础

得克萨斯州奥斯汀举行的美国空军新的"飞行员训练训练"计划中使用先进的生物识别技术、人工智能和虚拟现实系统（如 Oculus Rift）的方法来教授飞行员飞行。每个学员将获得 500~600 美元的虚拟现实头盔，以及一个操纵杆、油门和方向舵踏板来创建驾驶舱环境。这种沉浸式的环境比现役的仿真器对学员的影响更大。其中，人工智能将跟踪学员的生物特征，包括压力或情绪，通过调整模拟环境以优化压力负荷来更有效地达成训练目标。美国空军希望为最终在飞行员训练中普及这种技术奠定基础。该项

目将向美国空军教育和训练司令部提供数据："关于为现役士兵训练飞行现代作战飞机的潜力"。

（二）虚拟、增强和混合现实技术变革飞机维护

美国空军研究实验室在联邦商机网发布《应用于飞机维护的虚拟、增强和混合现实技术（VAM）》信息征询书，向工业界寻求如何利用 VAM 来改进飞机维护的相关信息。美国空军希望利用 VAM 技术来彻底变革飞机维护。飞机维护涉及飞行线维护、重大维护（维修点）以及请求、备货、存储和检索维护所需物品等供应链功能。

多年来，VAM 技术正在迅速应用于制造业和服务业，并产生巨大影响。目前，用于训练的完全沉浸式虚拟技术正在研发中。在商业部门，VAM 工具已经用于训练、制造和维修行业，能够有效控制质量问题并显著提高了产量。在早期的制造应用中，增强现实的应用可将质量误差减少 90%，并将工艺产量增加 30%~60%。美国空军研究实验室希望了解 VAM 如何提高维护人员的熟练程度、增强其能力，并可靠地获取维护和维修等数据以进行数据可视化。

三、美国陆军应用虚拟/混合现实技术提升沟通决策能力

美国陆军研究实验室及其学术合作伙伴南加州大学创新技术研究所创造的研究成果使作战人员、美国空军、美国海军陆战队员和美国海军受益匪浅，利用虚拟现实/混合现实技术提高态势感知、人际沟通和决策技能等能力。

团队评估和学习者知识观察网络（TALK-ON），是一款混合现实的测试平台，旨在探索仿真逼真度、评估和可行性问题，如利用虚拟现实技

进行装甲车辆领导力的训练。TALK-ON 原型专注于训练初级坦克排长的认知和沟通技能，训练他们准确地评估战术情况，做出快速决策，并与坦克乘员、其他坦克内部和整个队列以及上级指挥官进行有效沟通。

新兴领导者沉浸式训练环境（ELITE）目标是为美国军队的初级领导人提供领导和基本的咨询服务。该体验融合了虚拟人、课堂反应技术和实时数据跟踪工具，以支持人际沟通技巧的指导、实践和评估。

通过 Bravemind：虚拟现实接触疗法（VRET），支持使用虚拟现实和虚拟人物角色的服务成员重复操作，应用这项技术，创伤后应激障碍的患者可以面对他们的创伤记忆。VRET 是一种认可的、基于证据的治疗方法。该疗法对创伤后应激症状有显著的减轻效果，最近的临床研究支持这一结论：虚拟现实是提供这种"基于证据"治疗方法的有效工具。

虚拟交互退伍军人训练代理系统（VITA4Vets）是一种虚拟仿真实践系统，旨在建立工作面试能力和信心，同时减少焦虑。它最初是由南加州大学创新技术研究所与美国陆军、谷歌和丹·马里诺基金会为患有自闭症谱系障碍和其他发育障碍的年轻人而开发的。

四、美国海军利用增强和虚拟现实技术改变训练方式

美国海军将利用增强和虚拟现实技术开发增强现实视觉系统与教练机虚拟现实专项训练器（VR-PTT）来训练美国海军航空兵。该增强现实视觉系统通过头戴式显示器使学员可以沉浸在高逼真度虚拟环境之中，并能够与 T-45 仿真器驾驶舱互动。此外，还将开发两个 T-45 教练机虚拟现实专项训练器（VR-PTT），以补充现有的虚拟和实况训练。

增强现实视觉系统可使飞行员沉浸在虚拟环境中，但同时可在虚拟环

境中看到物理仿真器驾驶舱并与之交互。其先进性在于它仅使用一个专用头戴式显示器和单图像生成通道就可提供完整的360°视场。一旦研制成功，意味着其增强现实视觉解决方案可与所有目前在用的模拟器结合使用，与传统的图像生成和基于项目的解决方案相比，至少可以节省一个数量级的成本。

VR-PTT将使用VR技术复制T-45教练机的驾驶位、航空电子设备和飞行动力学特征，以便针对特定需要进行训练。该系统利用生物传感技术创建一个直观的用户界面，跟踪用户在现实世界中的手势并将结果显示在虚拟环境中。该界面使飞行员能够选择虚拟按钮、仪表和开关并与其进行交互，就像在真实飞机上训练那样。该解决方案旨在支持基本飞行、驾驶舱熟悉、航母起降和基本的作战演习。

虚拟和增强现实技术有可能从根本上改变机组人员训练方式。这些解决方案为美国海军提供了巨大的好处，从降低成本到按需提供训练，并最终提高飞行员的战备能力。

五、结束语

虽然美军提出采用新兴技术有助于士兵提高执行军事任务的能力，并大力开发多种训练系统以革新训练方式，但在美国军事学院现代战争研究所近期一次战术训练演习以及2017年纽约西点军校城市巷战突袭训练期间，利用虚拟现实护目镜等新技术测试一系列猜想和假设的研究结果却与美军一些想定有所不同。其研究结果表明：第一，在训练和战场上实现技术集成只有在士兵达到一定水平的战术熟练度且没有技术支持的情况下才会发生。第二，认知可视化和逻辑图像的认知能力对于高水平的表现是至关重要的，这种可视化和投影技能应该被视为单兵技能训练的先决条件。研究强调了训练和开发个人空间投影技能的必要性。空间投影是一项基础性技术，需要采用来自虚拟现实护目镜和照片等技术的信息以及用于任务规划的情报、监视和侦察工具的基本技能要求。该项技能可能比向士兵提供技术更重要。研究结果倡议：如果能够在引进这项技术之前通过个别士兵技能水平的协同训练来训练这些基本的认知能力和技能，相信未来的士兵确实能够有效利用新技术并以最有效的方式学习或使用该技术。

技术对战场绩效的影响是军事科学和创新领域一个相对较新的研究领域，因此关于虚拟现实技术对战斗力的影响没有太多经验性的文献可供借鉴。新技术是否能够提高士兵执行军事任务的绩效、低成本训练，以及如何融入现代和未来作战环境的诸多方面还有待进一步研究和论证。

（中国航天科工集团第二研究院二〇八所　李莉）

FULU

附 录

2018年军用建模仿真领域发展大事记

美国空军寻求高性能计算发展 2018年1月4日，先锋中心发布公告寻求提供能够"通过现代的高性能计算生态系统提高国防部的生产力"的解决方案。该方案旨在发现和利用高性能计算软硬件发展趋势，以提高研发能力，降低时间成本。先锋中心是国防部高性能计算现代化项目的一部分，它评估了早期阶段的高性能计算技术，并为政府研究人员提供先进的高性能计算工具。先锋中心特别关注新型高性能计算体系架构、软件、网络和系统方法，以及开发或更新原有软件的方法，并通过现代浏览器和设备提供安全高性能计算接入或访问方式。美国空军预计通过该公告授出一份或多份合同，其中最高限额为4800万美元。该公告将一直持续到2021年12月15日。

兰德公司发布报告评估太空控制方案威慑效能的博弈论方法 2018年1月5日，兰德公司发布《太空博弈：用于评估太空控制方案威慑效能的博弈论方法》报告，研究如何运用博弈论方法评估敌方"进攻性太空控制"以及美军"防御性太空控制"的潜在效能。报告建议：一是为项目研发决策提供支持。为参与国家安全空间系统研发的系统项目办公室和机构提供

"防御性太空分析工具",并鼓励这些机构学习和运用博弈论方法。二是为作战训练和战术决策提供支持。为联合太空作战中心和空军太空作战中心提供防御性太空分析工具;将博弈论方法及其他作战决策工具和程序用于"联合太空作战中心任务系统"以及空军太空作战中心;开发全面的"主要博弈表"。三是为太空作战演习提供支持。鼓励作战演习参演方使用主要博弈表和防御性太空分析工具;使用博弈论方法和工具来支持演习中的太空决策。四是为战略规划和政策制定提供支持。为空军、国防部部长办公室的太空政策制定者以及其他太空相关规划和政策制定办公室提供博弈论方法和支持工具;系统、全面地执行"动态战略评估",在所有防御规划想定中确定太空冲突的可能途径。

美国陆军推进持续性网络训练环境行业日活动 2018年1月8日,据防务内情报道,美国陆军的仿真、训练和仪器项目执行办公室将在佛罗里达州奥兰多举办持续性网络训练环境(PCTE)项目的行业日活动。此次会议旨在对PCTE的需求进行"更新概览",并透露有关由陆军新型训练和战备技术加速器(TReX)主办的相关"网络创新挑战"的信息。美国陆军正在开发PCTE作为国防部网络任务部队的训练靶场。根据通知,该系统应该支持这些部队"利用现有的网络工具套件在仿真网络环境中进行训练"。"网络创新挑战2"侧重于使用户能够通过订购门户访问PCTE和训练辅助工具,以及建立和操作内容存储库。该门户网站包括持续通告、网络用户界面,以及检查用户认证凭证、配置训练、订购训练、日程计划训练、访问训练和在训练活动后发布训练评估等功能。

美国空军国民警卫队寻求分布式任务项目支持LVC飞行计划 2018年1月10日,美国空军国民警卫队发布声明,提出分布式训练业务中心是负责实施在2016年2月发布的LVC飞行训练计划基础设施的主要组织,并且需要对分布式任务操作事件提供额外的支持。声明指出，"分布式任务作战（DMO）的目的是为联合作战人员提供相关的训练机会。承包商应支持通过（空中储备组件网络）和其他分布式训练业务中心相连的网络进行频繁、小规模、高逼真度的训练活动。"该军种正在制定一项采办战略，以支持从7月份开始的分布式飞行任务的外部训练。其计划授予9个月的基础合同，为期8年的期权。该计划旨在确保美国空军国民警卫队能够获得高逼真度的训练，而DMO环境占其中很大一部分。声明表示："使用单位将应用DMO来促进实况和虚拟系统的混合训练，使用全平台能力执行虚拟训练，以实现综合集成DMO项目。"

MASS公司支持英国皇家空军鹰战士演习 2018年1月12日，MASS公司宣布支持英国皇家空军在克兰威尔的英国皇家空军学院领导的"鹰战士"（Exercise Eagle Warrior）演习。该演习持续两周，重点关注2030年的战争将会如何发展，同时基于作战对抗推演的环境中测试各种概念和平台。MASS公司最近扩充了其现有的联合作战支援合同，为英国国防部的联合部队司令部提供训练和演习支持。通过该合同，MASS提供了一个保密的局域网，作为基础训练信息管理设施的一部分，与联合作战支援队伍合作伙伴DXC共同协助"鹰战士"演习。该局域网在整个主要作战对抗推演以及在今年早些时候的一场军事规划活动中进行安装、部署，并在克兰韦尔运行。英国皇家空军准将和游戏总监表示："'鹰战士'的设计旨在实现真正的联合和一体化作战并收集证据，不仅有助于空天地一体化，而且还能在复杂的战场中进行多领域（太空与网络）融合。"

雷声公司开展BMDS雷达测试工作 2018年1月15日，雷声公司宣布获得来自美国导弹防御局的价值高达6.42亿美元的不定交付时间、不定交付数量合同，用于为多个雷达平台进行弹道导弹防御系统（BMDS）测试相关活动。根据该合同，雷声公司将对 BMDS 集成主测试计划中飞行测试与地面测试的传感器性能进行计划、执行和分析。该合同还包括传感器建模仿真活动，包括：开放系统架构传感器模型（OSM）和开放系统架构信号注入器（OSI）的开发和维护；OSI 与硬件在回路雷达的集成；OSI 和 OSM 与仿真框架的集成以及校核与验证。

2018 年仿真创新研讨会召开 由仿真互操作标准组织（SISO）举办的 2017 年仿真创新研讨会（SIW）原定于 2017 年 9 月 10 日至 15 日在美国佛罗里达州奥兰多市的佛罗里达酒店和会议中心举办，因故推迟到 2018 年 1 月 21 日至 26 日举办。2018 年冬季仿真创新研讨会的主题是"仿真——实现真实的创新"，并将探讨如何在仿真中进行创新和仿真本身的创新及实现的标准。会议主题包括：系统生命周期和技术；服务、流程、工具和数据；建模仿真（M&S）专业应用，目前关注重点有网络战、医疗、太空和物联网的应用。

美国国防部作战试验鉴定局局长报告分析建模仿真工作发展重点 2018 年 1 月 23 日，美国国防部作战试验鉴定局局长贝勒向国会提交《2017 财年作战试验鉴定和实弹射击试验鉴定年度报告》，重点关注软件密集型系统及网络安全试验、一体化试验、试验基础设施以及建模仿真等领域的建设。其中，加速威胁仿真能力方面，未来的试验基础设施不仅仅聚焦于开放空域的试验场，还要融合软件试验台、软件/硬件在回路设施、暗室、开放空域仿真器、威胁仿真器、基于效果的建模仿真以及开放空域设施等，采用建模仿真以提升作战真实性，甚至生成完整作战环境。当前的采办项目正变得越来越复杂，多数项目经常依靠建模仿真来填补数据缺口，因此建模仿真对试验鉴定来说越来越重要。因此，要求采办界和试验界提升目前建模仿真的能力，包括建模仿真资源的校核、验证和确认；更新关于建模仿真使用以及模型 VV&A 方面的指南。

CALIBER 获得美国陆军训练支持系统合同 2018 年 1 月 25 日，美国陆军授予 CALIBER 系统公司一份为期 5 年价值 5.54 亿美元合同，以支持其企业训练支持系统（TSS-E）。根据该合同，CALIBRE 公司将在 5 个主要任务领域提供广泛的训练服务和解决方案，包括可持续发展项目、作战训练中心支持、复杂综合性任务和陆军 LVC 仿真集成架构支持、士兵训练支持、训练发展支持等。

美国陆军颁发军队建模仿真奖 2018 年 1 月 26 日，美国陆军公布了 2017 年陆军建模仿真竞赛的获胜者。主题是"在当今复杂世界获胜——任务准备就绪且成本适宜"。美国陆军分析中心评估了 34 项提名，选出 11 名获胜者，包括 7 个团队和 4 个人获胜者。在个人类别中，美国陆军研究实验室车辆技术部门的路易斯·布拉沃博士，凭借其在开发复杂计算机建模方面取得的成就而荣获奖项，他模拟了内燃机中化石和替代燃料相互作用背后的物理原理。美国陆军研究实验室研究人员在超级计算机上使用高逼真度建模仿真技术，为未来的陆军发现、创新和过渡技术提供解决方案。在团队类别中，该实验室的生存性、致命性分析部门的 6 名研究人员获奖，其参赛作品是"'爱国者'导弹对空中威胁的战场致命性分析"。这项分析提供的数据是致命性数据的唯一来源，证明导弹符合其要求。该团队分析了在几乎未命中的情况下战胜空中威胁的有效性。

雷声公司瞄准网络部队训练需求提前展示概念 PCTE 2018 年 1 月 26 日，据简氏国际防务评论报道，雷声公司在美国陆军需求提出前展示了概念验证的网络训练系统——持续性网络训练环境（PCTE）。当前美国军方正在寻求一个训练平台，支持网络任务部队使用当前的网络工具在模拟网络环境中进行训练。根据美国国防部的说法，其目标是"建立一个联合

PCTE，它将成为一个联合的、可互操作的通用训练使能的全方位训练系统"。雷声公司的虚拟训练环境涵盖了所有这些需求。该公司正在寻求增加更多的能力，特别是在游戏和分析方面，并使该系统可供移动设备使用。雷声公司最新版 PCTE 中，佩戴虚拟现实护目镜的用户可以访问一个网络作战中心的模型，通过添加或移动工作站、墙壁大小的显示屏以及任务的桌面 3D 表示来定制网络操作中心。雷声公司使用人工智能来搜索数据库中所有可用的训练、场景和练习后，通过定制的练习和场景构建学习计划，帮助操作员提高技能。

Quantum3D 公司为 iOS 设备开发维护训练应用程序 2018 年 1 月 31 日，Quantum3D 公司开发了一款免费的、运行于 iPhone 或 iPad 平台的基于增强现实（AR）维护训练应用程序。该应用程序提供的演示显示用户在飞机机修的训练过程中，浮动引擎显示在用户面前，可对直升机的涡轮发动机进行修理。该程序还提供关键维修操作的分步说明。Quantum3D 公司表示，AR 作为一种新的增强型训练人机界面，可以实时收集数据，然后以交互式三维模型和二维信息的形式叠加在用户的视野中，创建交互式训练环境，避免现实世界的硬件处于危险之中。

北约开展 MTDS 后续研究 2018 年 1 月，北约建模仿真小组通过分布式仿真任务训练（MTDS）项目启动了关于任务训练的后续活动。这项活动的目的是为北约及其成员国提供切实可行的多国空中作战能力训练。在北约工业咨询小组 - 162（NIAG SG - 162）中讨论了 MTDS 的愿景，并将其描述为"一个共享的训练环境，其中包括在一个通用合成环境中混合 LVC 仿真，允许作战人员在各级战争中单独或集体训练。"前一项研究验证了连接异构操作训练仿真器的技术可行性，以期为多国空中任务演习提供真正的训练价值。后续活动将为所有核心空中力量角色提供任务训练、空中和 C2

系统的作战评估，如海上空中、陆空和联合情报、监视和侦察（JISR）组件，包括联盟地面监视和无人机。NIAG SG – 162 已经建议追求与现场组件更好的集成和互动。

Inzpire 公司设计并交付钢铁龙演习　2018 年 1 月，Inzpire 有限公司在英国皇家空军的空战训练中心设计并交付了 2018 年第一次"钢铁龙"（STEEL DRAGON）演习。为期 4 周的演习集中在皇家炮兵联合火力和空地一体化训练上，每周进行一次为期 5 天的活动。每次迭代都以一系列简报和能力更新开始，随后进行为期 4 天的强化训练，情景的复杂性也逐渐增加。在合成环境中进行训练可以将一系列地面发射的武器效果与喷气式飞机、攻击直升机和情报、监视、目标获取和侦察资产进行安全集成。Inzpire 公司专家直接与军事人员合作支持该演习，演习也得到 QinetiQ、Plexsys 和波音公司的支持。

欧洲防务局调研建模训练场景的大数据资源　2018 年 2 月 1 日，据简氏防务周刊报道，如何将大数据和人工智能融合到建模仿真场景中以便在混合战争中进行决策训练是欧洲防务局的一项新研究的重点，最终结果将在 2018 年底决定。这项名为"MODIMMET"研究的第一项任务于 2017 年 12 月启动，为期 1 年，旨在分析在危机期间可能被挖掘或监控的多源数据阵列，然后识别技术可用于将多源数据转换成可用信息来支持决策。欧洲防务局表示，其想法是创建支持决策的方法，重点放在可以支持指挥与控制的技术上，如将数据挖掘与作战对抗推演相结合。最终，使用神经网络来模拟混合战争情况下不同参与者的行为，或者在作战环境中提取异常行为的大数据指标，谷歌各种开源数据、卫星图像数据以及传统军事情报等都可作为潜在的大数据资源。对诸如金融机构或医院等民用基础设施的服务攻击的大数据监测必须成为建模、仿真和分析的一部分。

雷声公司阐述美军未来网络训练解决方案 2018年2月7日，美国陆军计划通过持续性网络训练环境（PCTE）项目和概念验证来开展国防部的网络训练工作。雷声公司正在对该项目进行概念验证。该项目不仅融合了传统的集体远程训练能力，如分散人员可以访问的模块，而且还提供为网络战士创造沉浸式体验的虚拟现实解决方案。该解决方案支持将网络司令部的网络战士置于一个"虚拟空间"内，包括从任何地方接入的各种工作站、图形、白板、视频屏幕和指导教官等。虚拟现实只是解决方案的一部分。该公司希望根据需求构建一个可扩展的解决方案。除了个人和集体训练的组成部分，最终PCTE解决方案的任务预演部分将至关重要，其旨在使网络战士的技能始终保持最新状态。

立方全球防务公司获得美国欧洲司令部分析支持服务合同 2018年2月7日，立方全球防务公司赢得了继续向美国欧洲司令部联合训练和演习部门提供分析支持服务的合同。该公司将为美国欧洲司令部联合演习项目（JEP）和Title X演习组件提供管理、开发、训练和演习服务。立方全球防务公司着重提供联合/组合作战效果的训练，加强战略伙伴关系，并通过演习加强能力和互操作性。在过去的一年中，立方全球防务公司开展并执行了演习计划和评估活动，以建立北部/南部演习活动、美国欧洲司令部课程学习计划和解决过程，以及所有美国欧洲司令部J7程序标准化。

美国空军开发虚拟训练训练系统 2018年2月12日，据简氏国际防务评论报道，美国空军研究实验室（AFRL）正在开发一个维修训练系统，将学员置于虚拟环境中，使他们能够在取得"真正"上机工作之前获得更多的时间与机上训练。基于自适应游戏环境的维修训练系统使用教学解读引擎（MAGPIE）可以帮助教师跟踪飞行员通过虚拟教练的过程，实时解决错误并向学员提供即时反馈。MAGPIE还将向学员提供最新的飞机更新以及进入机队的最新飞机,而无需等待实际可用的飞机。AFRL 大约需要一年的时间来完成第三阶段工作。一旦完成,MAGPIE 将转移到得克萨斯州谢泼德空军基地学校。MAGPIE 目前正在使用 F-15E 战机航空电子设备作为模型,未来可能会扩展该软件以包含其他机型。

IARPA 期望建立三维地理空间模型 2018 年 2 月 13 日,由于地理空间精确的三维数据对于全球态势感知至关重要,美国情报高级研究计划局(IARPA)一直在寻找一种方法来自动化构建这些模型。IARPA "创建操作逼真的 3D 环境"(CORE3D)项目正在开发自动化系统,可以快速构建来自商业、卫星和航空影像的复杂 3D 模型。拥有这样的能力将使政府能够快速地建立地球上任何地方的模型,并随着卫星数据的更新和视频或图像可用时对其进行更新。IARPA 将 CORE3D 研究合同授予由应用研究协会、通用电气、Kitware 和 Vision Systems 公司领导的团队。

DARPA OFFSET 选择诺斯罗普·格鲁曼公司作为群系统集成商 2018 年 2 月 15 日,DARPA 选择诺斯罗普·格鲁曼公司作为进攻性蜂群战术(OFFSET)计划第一阶段的群系统集成商。为了启动该项目,诺斯罗普·格鲁曼公司将推出首个开放式架构测试平台,供参与者创建并测试基于群系统集成的战术。该公司作为群系统集成商,负责设计、开发和部署基于游戏的环境和物理测试平台的群系统以及基于开放式体系结构。群系统集成技术开发是由诺斯罗普·格鲁曼公司与智能自动化公司以及佛罗里达中央大学合作开展。大约每隔 6 个月,DARPA 计划征集 5 个主要领域的建议:蜂群战术、群体自治、人群合作、虚拟环境和物理试验平台。

Teledyne 技术公司赢得美国导弹防御任务 EADSIM 软件升级合同 2018 年 2 月 20 日,Teledyne 技术子公司 Teledyne Brown 工程公司赢得了美国陆军太空和导弹防御司令部提供的 4570 万美元任务订单,用于导弹防御建模仿真工具和软件升级。工作计划立即开始，并可能延续到 2023 年 7 月。该任务订单是 Teledyne Brown 工程公司的美军扩展防空仿真系统（EADSIM）软件升级，由作战指挥员、训练师和分析人员使用，以建模和评估一系列当前和未来的防御系统在全面作战环境下的性能和有效性。它提供了一个单一的、集成的、模块化的、可扩展的、可重构的空中、空间和导弹作战仿真。

Tenosar 公司与美国陆军签署协议开发 GOAT 2018 年 2 月 22 日，Tenosar 公司与美国奥兰多陆军合同司令部以及仿真、训练和仪器项目执行办公室签署了一项协议，负责领导合成训练环境（STE）项目。该公司正在与 SimBlocks LLC 合作构建面向全球的体系结构拓扑（GOAT），采用现成的商用解决方案并将它们集成在一个解决"单一世界地形"（OWT）计划的体系架构中。OWT 是一个旨在帮助国防部创建最真实、准确与信息丰富的物理和非物理场景表示的项目。目标是建立下一代政府/行业地形标准，用于支撑训练和作战建模仿真平台开发。GOAT 是第一个将虚拟地形和地图集成的工具，支持平台和仿真器之间互操作，最终构成学员的沉浸式训练环境。除了 OWT 计划外，STE 还将利用创新的商业游戏技术，使国防承包商以比传统国防应用开发更快的速度推进工具开发。

美国陆军研究开展 DeepGen 项目 2018 年 2 月 22 日，美国陆军研究实验室和北卡罗莱纳州立大学计算机科学研究人员签署了一项协议，开发名为"DeepGen"的项目，生成可定制的虚拟训练场景。DeepGen 创建的场景将运行在波希米亚互动仿真公司开发的"虚拟战场 3"（VBS3）上，该程序已经被美国陆军用于步兵训练。该团队还与智能自动化公司合作，解决如天气、能见度、物理环境以及训练场景中的更多变量的建模问题。开始时，DeepGen 的研究人员将重点训练军队人员如何呼叫炮击，随着时间的推移，DeepGen 系统也将不断发展和变化，使用一种称为深度强化学习的机器学习技术，根据受训者与每种场景的交互方式来改善它创建的场景。

BAE 系统公司半自主软件加速了竞争环境中的作战决策 2018 年 2 月 20 日，据国际预测报道，BAE 系统公司宣布在分布式战斗管理计划下开发半自主软件。DARPA 分布式作战管理（DBM）项目在通信不确定时向操作员与飞行员提供及时和相关的信息，以便他们能够更好地管理与控制在有争议的环境中的空对空和空对地作战。在最近一次为期 11 天的飞行测试中，DARPA 与美国空军研究实验室合作，在 7 次飞行中首次成功演示了 DBM 的功能，其中包括实况和模拟的混合运行以及仅模拟运行，测试包括 BAE 的反介入实时任务管理系统（ARMS）和竞争性网络环境态势理解系统（CONSENSUS）。

美国陆军计划 4.29 亿美元用于新的网络训练平台 2018 年 2 月 21 日，美国陆军主持开发持续性网络训练环境（PCTE）项目，以帮助来自网络司令部的专家在 LVC 环境中进行训练，并一再表示该项目作为最高级别优先任务之一。在美国陆军的研究和发展预算文件中，请求 2019 财年为训练环境提供 6580 万美元的资金支持，到 2023 财政年度则需要 4.294 亿美元。根据美国陆军研发预算中的各种项目，美国陆军正在开发训练环境事件，希望开发现实的小片断或场景作为个人和集体训练的一部分，包括从分散的地理位置通过按需可靠与安全的物理和虚拟的全球连接，进行真实世界的任务演练。此外，美国陆军还要求在 2019 财年的基础预算资金中拨款 300 万美元，用于填补在硬件和软件基础设施方面与网络运营训练所需的虚拟环境有关的缺口。额外的资金将用于虚拟环境，如用于仿真机动地形下的蓝方、灰方、红方力量以及安装控制系统。

意大利空军接收 CAE 公司开发的"捕食者"任务训练系统 2018年2月26日，意大利空军最近在阿门多拉空军基地接收了"捕食者"任务训练系统。该教练机适用于意大利空军"捕食者"，由 CAE 公司和通用原子航空系统公司联合开发。在第二阶段交付期间"捕食者"任务训练系统的 Predator B/MQ-9 变体将接受意大利空军的验收测试，一旦被接收，将成为 CAE 公司有史以来开发和部署"捕食者"所用的最高逼真度度仿真器，这是一种远程驾驶飞机（RPA）系统。使用新型教练机，机组人员将能够在仿真器上进行所有训练，无需在实际飞机上进行进一步训练。一旦 Predator B 变体被接收，这架"捕食者"任务训练系统将成为首个 D 级等效无人机仿真器。"捕食者"任务训练系统还配备了 CAE 的高精度传感器仿真、完全交互式的战术环境，用于增强任务训练，并使用开放地理空间信息联盟通用数据库（OGC CDB）架构，用于互操作和联网的训练能力。

GameSim 公司获得深度学习研发计划 2018年2月27日，美国陆军承包司令部（ACC）在美国陆军的仿真、训练和仪器项目执行办公室支持下授予 Gamesim 公司从个体结构（特别是建筑物）的点云中提取属性的深度学习技术的"其他交易授权协议"（OTA）研发合同。在此合同下进行的研究将支持从点云中提取更多的地理特征属性，从而最终产生一个更精确和更高逼真度度的合成环境。这些属性包括门窗位置、材料类型和屋顶类型。GameSim 的技术一致性和程序模型生成系统（PMGS）是目前在开发高质量的军用仿真和训练、城市规划和游戏产业的高质量合成环境中发挥重要作用的基础技术。PMGS 能够从属性中创建详细的建筑模型，包括内饰的生成。

幻日软件公司发布 Triton Ocean SDK 第 4 版 2018年2月28日，幻日软件（Sundog Software）公司发布了用于训练和模拟软件开发人员的 Triton

Ocean SDK 第 4 版。Triton 4 已经被重新架构以配合现代 3D 渲染架构，并在 VR 和多通道仿真系统中提供更快的性能。在对 Triton 4 的测试中，可以在商品硬件上以超过 400 帧/秒的速度渲染船舶尾迹和旋翼清洗在内的海洋场景的三个并发视图，远高于 VR 应用所需的 90 FPS。这些改进不仅限于 VR 使用；任何能够从同一个图像生成器驱动多个通道或视图的应用程序都可以利用 Triton 4 的新功能。

英国寻求增强的 JFST 2018 年 2 月，英国国防部发布了下一代联合火力综合训练系统（JFST）的招标邀请，并邀请了 6 家公司竞标该项目。该项目合同额预计在 2700 万美元和 1.1 亿美元之间。据英国国防部称，JFST"将取代目前由分布式合成空地训练系统 2 和基于联合前线空中管制训练和标准单元的沉浸式近距离空中支援仿真器提供的现有的训练能力，以及其他过时和不受支持的功能。"招标邀请需求适用于包含开放式体系结构和体系方法的系统，它将为未来的升级和与其他英国和国际功能的连接提供灵活性。招标将于 2019 年 4 月授予合同，最初的合同期限为 5 年。JFST 解决方案中的关键技术可能是增强现实技术，用于 JTAC 训练的增强现实技术也已由 CAS 在"超真实沉浸式"项目中开发和演示，该项目由国防部通过其国防和安全加速器项目资助。

QuantaDyn 公司交付 JTAC 仿真训练技术 2018 年 2 月，QuantaDyn 公司在赫尔伯特场为第 23 特种战术中队安装 QFires™ Dome D500 联合终端控制训练演练系统（JTC TRS）。QFires D500 是一个为联合终端攻击控制器（JTAC）、前线空中管制和前线观察员提供 5 米的穹顶式完全沉浸式训练系统。QuantaDyn 还将之前安装在赫尔伯特特种战术训练中队的传统空中国民警卫队先进联合终端攻击控制器训练系统装置转换为 QFires D500，提供持续训练、任务演练，并增强战术、技术和程序中的 JTAC 技能，使受训人员在未部署时保持作战准备。赫尔伯特场的这两款设备是 QuantaDyn 在过去 12 个月内交付的第 17 和第 18 台 JTC TRS 设备。

雷声公司采用 3D 技术增强"爱国者"的防御能力　2018 年 3 月 1 日，雷声公司建议升级"爱国者"防空和导弹防御系统的一个关键组件以获得更大的灵活性，新提出的爱国者控制系统在便携式控制台中引入了视频游戏风格的 3D 图形，将其打包成数个旅行箱，士兵可以在帐篷、办公楼或任何有权使用的地方操作"爱国者"。系统用户界面提供了战场空间的全景图，具有三维可视化、易读状态页面、搜索功能和自然界面。雷声公司准备在 11 月向陆军交付 5 套硬件系统，随后将对潜在的新接口进行软件升级。该系统目前正在接受公司和陆军的最终测试。

新型训练仿真器将加速海军航空兵训练　2018 年 3 月 1 日，据美国海军学院新闻网站报道，美国海军航空兵面临的未来作战环境愈发复杂：飞机将集成更多先进技术；飞行员面临的高端威胁激增；海军全球部署的需求增加而国防预算收紧。为此，将引入更多仿真器辅助航空兵训练。美国海军航空作战中心正在利用 LVC 技术推进其航空仿真器的现代化工作，目标是实现训练更高效、更网络化和更高端。美国海军航空作战中心计划在未来 12~16 个月内将"联合作战虚拟环境"（CAVE）仿真器与"海军持续训练环境"（NCTE）联结，实现 CAVE 仿真器、F/A-18 仿真器、F-35 仿真器等的联合训练。目前，美国海军航空作战中心正在建设航空联队训练设施，2018 年 5 月建成；正在建设综合训练设施，2019 年底建设完成，未来 3~4 年即可投入运行，届时将停用防空打击群训练设施。

立方全球防务公司和泰勒斯公司联手投标训练与仿真系统项目　2018 年 3 月 5 日，立方全球防务公司将与泰勒斯公司联手在英国竞标训练与仿真系统项目（TSSP）联合火力综合训练项目（JFST）。JFST 通过提供沉浸式联合火力（JF）解决方案来提高英国陆军的训练能力，在陆、海、空各领域进行个人和集体级别联合火力集成训练。立方全球防务公司和泰勒斯联盟将为英国武装部队提供创新和沉浸式训练系统，提供综合的专业知识、系统理解和全球训练经验。立方全球防务和泰勒斯公司在英国为 JFST 带来了经过验证的、互补的功能，包括网络安全、演习管理和事后评估工具、先进的 LVC 和合成环境以及训练服务管理与交付。

诺斯罗普·格鲁曼公司建模弹道导弹防御系统 2018 年 3 月 6 日，据美国合众国际社报道，美国导弹防御局授予诺斯罗普·格鲁曼系统公司公司一份价值 4.75 亿美元的不确定交付物/不确定交付数量合同，合同涉及开发、集成、测试和部署复杂先进的识别技术与利用复杂的建模仿真技术与工具进行弹道导弹防御系统（BMDS）建模等。根据该协议，该公司将首次开发先进识别算法，以及一些非常复杂的软件和测试。美国国防部表示合同分为两个任务，其中约 990 万美元将用于项目管理任务和另一个超过 1.43 亿美元用于弹道导弹防御系统开发，工作预计将持续到 2023 年 3 月。

FoxGuard 解决方案公司与 CHA 合作 C – ARTS 项目 2018 年 3 月 8 日，FoxGuard 解决方案公司与 CHA 合作完成一项价值 420 万美元的任务订单，该订单涉及设计、开发和交付载体先进的可重构训练系统（C – ARTS）。C – ARTS 是一个移动的、可扩展的、可重构的高速学习环境，由 CHA 的小型商业创新研究的技术产品提供。FoxGuard 与 CHA 合作设计并交付了用于 C – ARTS 构建的专用液冷式高端计算机系统。为了促进包括虚拟现实和密集模拟在内的基于技术的训练，CHA 需要高端计算机和高端图形处理单元，外形小巧。C – ARTS 项目是为了支持美国海军准备相关学习计划而建立的，作为"水手 2025"的一部分。C – ARTS 最终于 2018 年春末交付。

DARPA"COMPASS"项目辅助指挥官决策"灰色地带" 2018年3月14日,DARPA宣布了一项名为"通过活动态势场景收集和监视"(COMPASS,又称"罗盘")项目,通过规划活动态势场景进行收集和监测。COMPASS将利用先进的人工智能技术、博弈论以及建模和评估来识别产生关于对手意图的大多数信息,并为决策者提供关于如何响应的高逼真度情报——每种方案都有正面和负面的权衡行动过程。该项目将利用博弈论开发仿真来测试和理解在灰色地带中活动的对手的各种潜在行为与可能的反应。该项目的最终目标是为战区级作战和规划人员提供强大的分析与决策支持工具,以减少敌对行动者及其目标的不明确性。

北约提高波罗的海各国的威慑和防御能力 2018年3月14日,据简氏防务周刊报道,兰德公司的报告发现俄罗斯可在不到3天的时间内占领爱沙尼亚和拉脱维亚的两年后,有迹象表明北约正在提高其遏制和抵御这种可能性的能力。新一代作战研究中心(NGW)进行了一系列仿真,以帮助军方和文职官员审查部队结构与作战计划。这些场景考虑了俄罗斯吞并克里米亚以来在乌克兰的经验以及开始在顿巴斯的战斗。使用谷歌地球仿真战场,覆盖的战场六边形通常代表一个旅30千米的作战区域和代表海上作战30海里的多边形,模拟空中突袭和战术弹道导弹袭击。但也承认NGW"尚未弄清楚如何模拟所有混合元素",这些仿真显示缺乏装甲、机械化部队和大炮来保卫波罗的海国家。简氏分析认为:从兰德兵棋推演和NGW仿真得出的结论不同在于不同的受众和目标。兰德展示了美国需要保卫或阻止对波罗的海国家的攻击,而NGW则提供了一种工具,用于审查军队结构和军事规划,以达到同样的目的。

美国陆军授予洛克希德·马丁公司35亿美元的战备和训练合同 2018年3月16日,美国陆军合同司令部授予洛克希德·马丁公司为期7年价值

35 亿美元的合同，用于建设训练仿真器和实弹射击靶场，以支持美国陆军在全球 300 多个地点的战备和训练。根据美国陆军训练辅助设备、装置、仿真器或仿真维护计划，该公司有 6 个月的时间对构成 LVC 训练的所有组件、设备和系统进行全面清查。为此，洛克希德·马丁公司将提供模拟实战状态的一系列方案，如该公司生产的 Prepar3D 可视化仿真平台，该平台可模拟空中、海上以及地面等不同的训练场景，甚至还可以模拟在虚拟世界中的不同场景。管理信息系统将被加载到移动设备上，以便维护人员能够跟踪和维护各种训练系统。

立方全球防务公司承接美国陆军 TADSS ATMP 项目部分合同 2018 年 3 月 21 日，立方全球防务公司已被列入洛克希德·马丁公司的获胜团队中，该团队获得美国陆军训练辅助设备、装置、仿真器或仿真维护计划（ATMP）为期 7 年 35.3 亿美元的合同。立方全球防务公司将获得超过 1.85 亿美元的额外工作，如维持 TADSS 在 LVC – G 领域多地支持美国陆军本国站点和作战训练中心的战备工作。立方全球防务公司将负责全球运营，为 10 个州的 21 个地点以及拥有 500 多名员工的三个国家提供支持。ATMP 项目将支持 61 种不同类型的训练助手和设备，包括立方全球防务公司的多用途集成激光作战系统和本地仪器训练系统。ATMP 允许维护人员使用具有先进管理信息技术的移动设备来高效地跟踪和维护各种训练系统。这使得陆军能够最大限度地提高作战意识，并通过按需获取准确、完整和及时的数据做出明智的决定。

美国陆军先进创新技术研究实用化 2018 年 3 月 14 日，美国陆军研究实验室及其学术合作伙伴南加州大学创新技术研究所取得的研究成果，使士兵、空军、海军陆战队员和海军受益匪浅。研究人员在人工智能、模拟图形、沉浸和虚拟现实等领域取得重大进展，以支持军事和民用研究。在军事领域，团队评估和学习者知识观察网络是一款混合现实的测试平台，旨在探索仿真逼真度、评估和可行性问题，已被纳入军队战备的许多解决方案中。为复杂的决策和联合环境的指挥官开发用户驱动的认知训练系统DisasterSim，是一个基于游戏的工具，教导联合工作组的成员如何应对外国的人道主义援助/救灾任务。为了模拟多领域作战，未来的训练必须是混合现实和现场训练的融合，应用研究项目OWT支持陆军现代化优先考虑的综合训练环境。在战略和战术领域之外，为了帮助士兵应对挑战，创建了新兴指挥官沉浸式训练环境，目标是为美军初级指挥官提供领导和基本的咨询服务。

D2 TEAM–Sim 与 DiSTI 公司合作 3D 训练团队 2018年3月19日，DiSTI和D2 TEAM–Sim公司达成合作伙伴关系，为美国陆军和其他国防部的客户开发高逼真度3D虚拟训练解决方案。两家公司正在合作开发和集成D2 TEAM–Sim的分布式教学框架平台中的新型交互式3D内容，以提高美国陆军的学员参与度。通过利用DIF平台和VE Studio内容，美国陆军课程开发人员将能够发布融合交互式3D内容的课程，而无需编写软件代码，并随时随地在任何设备上向士兵提供训练。DIF平台将通过利用一个集中式内容库，实现多级交互式多媒体指令的快速开发和可扩展交付。该方法确保了整个企业的标准化，最大限度地提高了重用性并简化了认证管理，为陆军学习管理系统和企业终身学习中心提供了可共享的内容对象参考模型的集成。

将最低级别的海军陆战队连接到作战仿真器 2018年3月26日，美国海军陆战队正在建立短期课程，教授从私人到重要级别的人员如何利用训练仿真来创造逼真的作战演习环境。该军团继续使用已服役十多年的仿真器，还增加了诸如战术决策套件等项目，由无人机、摄像机和便携式计算机组合而成，使得海军陆战队员可以在任务前扫描一个区域，并虚拟进行演练，使用这些仿真训练可帮助士兵更好地理解其在联合军备演习中的地位。

美国陆军为多域战训练创建虚拟世界　2018年3月26日，据防务新闻报道，目前美国陆军急需的是在多域战的作战环境中，符合陆军最新的多域战作战概念，假定陆军和其他军种将在不同领域集体作战。为此，美国陆军着手建立OWT，它可以编辑现实地图，在某些情况下，可以非常精确地绘制世界各地的虚拟地图。STE团队将能够集中精力建立一支士兵小队虚拟训练系统，这是一个团队身临其境的训练系统，在现实生活中开展更复杂的训练演习之前进行训练，有助于实现重复训练并提高能力。美国陆军将用一个可重新配置的虚拟集体训练器取代之前的航空、坦克和布拉德利虚拟训练器。美国陆军还投入2500万美元研发游戏技术，将支持STE的强大运行引擎，以支持从士兵级到大规模训练演习的虚拟构造训练。该项目将在未来3个月与这些公司合作，然后在7月份进行技术演示，以获取STE的可能原型。该团队还在与工业界进行试验，希望能尽早测试并发现问题以获得更好的解决方案。

SAIC公司获得TSS-E合同　2018年3月27日，科学应用国际公司被授予美国陆军企业级训练支持系统（TSS-E）合同。不定交付时间、不定交付数量合同订单期限为5年，最高限额5.54亿美元。根据该合同，SAIC公司将为遍布美国本地和海外的现役、预备役与国民警卫队士兵、部队、指挥及执行任务装置提供网络化、集成和互操作的训练支持能力。该合同将包括在全球范围内通过陆军TSS-E产品、服务和设施，开发、交付和实施一个与业务相关并完全集成的LVC-G训练环境。这些训练服务和解决方案分为5个主要任务领域，包括：可持续靶场项目；作战训练中心；任务综合体和陆军 LVC 仿真集成架构；士兵训练；训练发展。

4C 战略公司 Exonaut 平台支持全球"海盗 18"演习 2018 年 3 月 29 日，4C 战略公司称其专家顾问与专有软件 Exonaut® 支持"海盗 18"（VIKING 18）演习中复杂的跨国、跨部门作战规划和执行工作。这些工作通过在动态和具有挑战性的模拟场景中进行合作训练来实现。整个演习过程中都会使用 Exonaut，用于规划、执行与评估各级准备和合作。该软件是唯一可用的专业软件，提供端到端的集成接口。在演习期间，4C 战略公司将展示 Exonaut 与 VIKING 联合和仿真集成。这一举措有助于提高演习控制的自动化程度，并显著减少人力和相关成本。

宙斯盾科技集团获得 TRADOC A–VLE 合同 2018 年 3 月 29 日，宙斯盾科技集团有限公司作为 ACLC 成员，已获得美国陆军训练和条令司令部 5 年耗资 2.94 亿美元的陆军虚拟学习环境（A–VLE）不定交付时间、不定交付数量合同涉及的 6 个主要领域之一。在 A–VLE 下，ACLC 成员将支持分析、设计、开发、实施和评估；训练和教育的发展和分配；3D 建模仿真；3D 动画；增强和虚拟现实；严肃的游戏；软件实现；数据分析；试验与鉴定产品验证和测试；符合第 508 条规定。ACLC 由以下陆军试验与鉴定合作伙伴组成：北卡罗来纳州费耶特维尔的学习中心；宙斯盾科技集团有限公司；波希米亚互动仿真公司；CSRA 公司；Eduworks 公司；集成创新公司（i3）和顶点解决方案公司。

美国陆军计划 18 月内完成新型增强现实单兵头盔显示器开发 2018 年 3 月 29 日，据美国陆军协会网站报道，美国陆军官员在陆军协会 2018 年度全球力量研讨会上披露，在 18 个月内，美国陆军将对一款名为 HUD 3.0 新型头盔安装显示器进行测试。该新型头盔显示器可帮助士兵更好地瞄准和导航，甚至可以将虚拟敌人投射到他们的视野中进行训练。除来自战术网络的实际数据之外，HUD 3.0 将能够在佩戴者的视野范围上叠加数字地形、障碍物甚至是虚拟敌军，使部队能够运用更加复杂和具有挑战性的训练场景。这项工作涉及 8 个高级跨职能团队中的两个，旨在迅速实现根本性改进。

钻石视觉系统公司仿真领域取得成功 2018 年 4 月 5 日，钻石视觉系统公司利用美国海军小型企业创新研究项目的资金，将他们的愿景变为现实：让通过仿真器的飞行员训练经验尽可能接近现实生活，并提供最低的成本。该技术最终演变为 GenesisRTX 专利产品线，在军事和商业市场取得了巨大成功，收入达到 2550 万美元。波音公司是 DVC 迄今为止最大的客户之一，在其系统（包括 F - 15、F - 16 和 F - 22 仿真器）上采用 GenesisIG 图像生成软件和 GenesisSN 传感器软件的企业协议。Genesis 被选中用于波音 AH - 64 "阿帕奇"仿真器以及海军的 KC - 130T 和任务部署预演训练系统等。该公司现正在研发海面下仿真模型，以提供逼真的潜艇训练。在水面以上，该公司正在开发一种即将发布的新型水模型。

实时创新公司与 VT MAK 公司的合作 2018 年 4 月 5 日，实时创新公司宣布与 VT MAK 公司建立合作伙伴关系。两家公司将通过提供目前在底层仿真器和操作系统中使用的不同标准之间的互操作性来加速采用先进的分布式训练环境。这些标准包括在操作系统中广泛使用的 DDS，以及在虚拟系统中使用的 HLA 和 DIS。为加速虚拟和操作组件的集成，两家公司已将 VT MAK VR - Exchange 协议转换和桥接软件与实时创新公司的 Connext DDS 集成在一起。这种组合使训练系统开发人员能够快速集成本地使用 DDS、HLA、DIS 和其他标准的组件。2018 年 4 月 10 日，实时创新公司在国家仿真中心和 VT MAK 公司合作举办了一场研讨会，主题为"DDS 进行仿真：连接框架如何满足互操作性挑战"。实时创新公司和 VT MAK 公司演示了 HLA 和 DDS 之间的互操作性，两家公司实况演示了实时创新公司的 Connext DDS 提取 VT MAK 的 HLA – RTI FOM，并将其显示在哈里斯公司（Harris Corp）的符合 FACE 标准的移动地图上，显示基于 HLA 的仿真数据与移动地图之间的通信。

3D 建模可加速海军驱逐舰的采办　2018 年 4 月 5 日，据国际防务报道，美国海军准备为新型"阿利·伯克"级导弹驱逐舰授予一份生产合同，利用先进的 3D 制造和设计技术，降低其主要造船项目的成本和时间。美国海军还实施一项计划，对所有 DDG – 51 进行现代化改造，以维持其预期服役寿命期间的任务和成本效益。已有 65 艘舰船交付给舰队，包括 DDG – 51 至 DDG – 115。另有 12 艘舰船正在与亨廷顿·英格尔斯工业公司和巴斯铁工厂签订合同；根据海军有关文件显示，这 12 艘中有 8 艘目前正在建造。随着海军进一步将新型雷达整合到舰船作战系统中，建模技术已被用来降低风险。增强现实和 3D 建模技术成为一系列更复杂的舰船设计技术的一部分，可以帮助海军在开始施工之前创建成熟的设计。

美国海军研究生院使用游戏化促进网络训练　2018 年 4 月 9 日，美国海军研究生院的学员创建了一个名为"网络战争（CyberWar）：2025"的计算机游戏，以增加玩家对网络安全策略和作战方面的知识与经验。它使用联合出版物 3 – 12（R）网络空间作战中规定的基本概念来规划、准备、执行和评估在整个军事行动范围内的联合网络空间作战。玩家使用攻击性和防御性网络作战以及计算机网络利用来捕获服务器节点。游戏的目的是增进对网络基础设施、威胁行为、进攻性和防御性行动，以及对网络空间作战其他方面的理解。该游戏已在美国海军研究生院的网络安全课程中使用。

TerraSim 公司发布 TerraTools 5.6　2018 年 4 月 9 日，作为一家专门开发快速高逼真度地理空间可视化开发的公司，TerraSim 公司推出了其最新版本的虚拟地形生成软件 TerraTools 5.6。该软件新插件用于生成高分辨率 VBS Blue IG 插件以增强全球数据集。它可以很容易地添加到现有的 TerraTools 中，或者可以使用 OmniWizard 启动一个具有相关地形输出和运行时支持的新项目。TerraTools 是军事仿真和训练行业虚拟地形生成软件。它生成高逼真度的、相关的地理特定环境，用于跨视觉、构造的和严肃游戏运行时的应用。TerraTools VBS Blue IG 源插件为 VBS Blue IG 生成高分辨率插件，覆盖特定区域的全球地形数据库，为用户提供对动力效应模型、卫星图像、模型、表面掩模和道路图层的完全控制。OmniWizard 已升级用于 VBS3 和 VBS Blue IG 之间新项目的快速启动。

波希米亚互动仿真公司发布最新版 VBS Blue IG 2018 年 4 月 11 日，波希米亚互动仿真公司（BISim）发布最新版的高性能、兼容通用图像接口标准的 3D 全球图像生成器产品 VBS Blue IG。随着该公司第二大产品 VBS Blue IG 的发布，BISim 的目标是使用基于游戏的技术及其军事客户需求的知识来占领图像生成器市场。VBS Blue IG 独特的多功能引擎能够为军事和国防机构提供新的训练能力，使其能够在世界任何地方以可视化演练复杂的联合军事行动。VBS Blue IG 已被证明可用于一系列不同的仿真和训练，包括：为美国海军提供的基于虚拟现实的飞行和机组人员训练器；与系统集成商 QuantaDyn 公司合作开发的多通道仿真联合终端攻击控制器/前向空中控制器（JTAC/FAC）训练；由 TRU 仿真 & 训练公司开发的增强现实飞行仿真概念演示器。另外，还用于与美国陆军合成训练环境相关的 OWT 项目的研究和演示，该项目为基于云计算的集体训练设计的综合环境，可用于快速建模世界特大城市地形的地理特定表示。

岩岛兵工厂与 DMDII 合作利用前沿技术改进生产 2018 年 4 月 12 日，美国数字制造与设计创新机构（DMDII）与美国陆军岩岛兵工厂宣布合作改进美国最大的国有武器制造商，以更加快速地为士兵提供装备。双方合作开展基于模型的企业（MBE）能力评估，利用3D模型在整个制造过程中捕获和传输信息，并提出了采用新型数字技术降低成本、缩短生产时间所需的具体步骤。在启动的第二阶段，项目团队对重要的建议进行评估，包括创建机器模型和工具库；将3D模型引入车间，以减少误读二维图纸的风险；采用仿真工具以减少由于试错而需要返工的工作量。受到建模问题困扰的其他兵工厂和生产集成工厂也可效仿该试点项目，通过开展能力评估，使得国防工厂更加灵活、高效、安全，并且能更快速地交付装备，从而提高士兵作战的安全性和效率。

美国陆军推出"全球宽带卫星"训练系统 2018年4月17日，美国陆军启用了由诺斯罗普·格鲁曼公司开发的第一种互动式训练系统，该系统支持宽带全球卫星通信（WGS）项目。军用卫星的WGS星座为美国和合作伙伴国家提供安全、可靠、灵活的全球通信。士兵训练管理和监测WGS卫星通信（SATCOM）将使用宽带训练和认证系统（WTCS）来将课堂学习应用到仿真现实世界事件中。WTCS安装在乔治亚州戈登堡陆军网络卓越中心的工作站。WTCS仿真SATCOM控制器每天使用的各种子系统并为训练创建用虚拟实例，具有指导教学作用，可让学员在模拟环境和计算机的训练模块中自由训练。诺斯罗普·格鲁曼公司于2015年12月获得了1480万美元的5年WTCS合同，有关的工作将持续到2020年12月。

P-8A通过地面测试节省了经费和时间 2018年4月16日，为了提高"成军速度"，美国海军空战中心飞机分部的测试和评估团队，通过创建的LVC环境，成功完成了P-8A海上巡逻机任务系统的测试和评估。该项工作取得两个首次：一是有史以来首次在地面通过在模拟飞行环境仿真空中移动的试验飞机和目标，并成功完成动态敌我识别问答机工作验证；二是首次将整个 P-8A 沉浸在动态 LVC 环境中,以测试其平台上的任务系统。其领导的小组确定,通过使用 LVC 开展测试,使测试周期从 6 个月减少到不到 4 周,成本从 1200 万美元减少到 80 万美元。此外,产生的试验数据量从原先的 4 小时增加到约 15 小时。未来的计划是在 LVC 环境中,使用这种基于能力的测试方法在地面上进行空中交通管制雷达信标系统 IFF Mark IIA 系统的认证飞行。

Indra 公司致力于为 A400M 开发新仿真器　2018 年 4 月 23 日,Indra 公司已经获得合同开发两台新的 A400M 军用运输机仿真器,该仿真器将用于训练德国空军在文斯托夫空军基地的飞行员和法国空军在奥尔良—布里赛空军基地的飞行员。仿真器将使这两个中心的训练能力翻一番,这两个中心已经有一个系统在运行。Indra 公司的工程师模拟了战术环境,重现了必须完成的训练,如低空发射、降落在临时或简易地带、几米距离的临界起飞、恶劣天气条件下的空中加油,以及在许多其他情况下,存在敌机或发射耀斑和使用规避攻击的对策等空中躲避演习。

MODSIM World 2018 会议召开　2018 年 4 月 24 日至 26 日,MODSIM World 2018 会议召开。MODSIM World 是一个用于交流建模仿真知识、研究和技术的多学科会议。会议结合了行业、政府和学术界的理论和实践,提供信息、知识和技术的公开交流。2018 年的 MODSIM World 主题为"设计未来并准备就绪:为任何现实做好准备",重点关注新型建模仿真应用和实践,旨在为快速变化的未来做准备。2018 年的会议侧重于 M&S 实践社区:训练和教育、分析与决策、科学与工程以及可视化和游戏化,将重点介绍一系列相关主题的最新进展并举办特定行业的研讨会。

DSoft 技术工程与分析公司获得建模仿真合同　2018 年 4 月 25 日,科罗拉多州斯普林斯的 DSoft 技术工程与分析公司获得了价值 9590 万美元的不定交付时间、不定交付数量合同，用于空间与网络空间的建模、仿真和分析。该合同为空间与网络空间分析提供客观的建模、仿真、分析和决策支持。工作将在科罗拉多州彼得森空军基地进行，预计将于 2023 年 5 月 31 日完成。2018 财年作战、运维及 2018 财年研究和开发基金的资金为 80 万美元。

关于联盟仿真标准进一步发展研究 2018 年 4 月 26 日，联合部队倡议（CFI）是北约部队 2020 年发展目标的关键推动者。CFI 旨在增强盟军在作战和合作伙伴上实现高水平的互联性和互操作性。CFI 将全面的教育、训练、演习和评估方案与尖端技术相结合，确保盟军在未来的战备合作。北约建模仿真小组在这一倡议的基础上启动 MSG-163 致力于"北约联盟仿真标准的演进"。可相互操作的仿真系统为教育、训练和演习提供了必要的支持。并且，支持将仿真集成到联邦的开放工具，验证标准规范的一致性，并评估和证明了互操作性对战备训练和试验是有益的。由 MSG-163 开发的集成校核和认证工具（IVCT）将提供新版本的认证过程和工具，以及由 MSG-134 推出的北约教育训练网络联邦对象模型（NETN FOM）和相关的联邦体系架构与 FOM 设计（FAFD）的新版本。

"海盗 18"演习目标针对多维挑战 2018 年 4 月，"海盗 18"演习是瑞典第 8 次主办的国际危机管理和和平行动人员训练系列演习。演习涉及 6 个国家的 9 个地点和一个与指挥控制系统集成的构造仿真体系架构。联合训练中心开发了一个技术平台来支持"海盗"演习，包含信息门户、演习管理器、战术图像、文档管理、聊天、仿真、视频电话会议和互联网协议的电话系统。这是该技术平台的第四代，它基于北约的建模仿真即服务（MSaaS）概念。MSaaS 概念旨在提供一个框架，通过该框架，可以经济高效地按需向大量用户提供建模仿真服务。"海盗 18"演习架构基于通过

HLA联邦集成多种不同元素，使用了4个构造仿真系统：MASA公司的SWORD系统、BAE系统公司的C－ITS的CATS TYR系统、VT MAK公司的VR－Forces系统和北约综合训练能力系统，并使用来自4C策略公司的Exonaut演习管理系统进行全局控制。

美国陆军寻求"合成训练环境" 2018年5月1日，美国陆军公布的草案细节显示，美国陆军计划建立一个统一的虚拟训练架构体系，支持士兵随时随地进行逼真的作战训练，并改善整个陆军环境下的训练管理。STE将当前的LVC－G训练环境整合到一个共同的环境中，使陆军更容易管理陆、海、空、天和网络领域的集体训练。美国陆军在需求声明草案中表示，基于云计算的解决方案将有助于"克服多种地形数据库的挑战，并减少固定地点的昂贵硬件"。当前陆军模拟训练环境"缺乏在世界任何地方从士兵/小队无缝地过渡到（陆军兵种构成司令部）梯队进行现实、多级、集体训练的能力"。该草案解释说，目前的系统还需要进行重要的训练和规划。美国陆军正在寻求非专有的、开放的接口以及数据模型，以促进内部组件和外部服务之间的互操作性。STE团队将于5月8日在得克萨斯州的奥斯汀举办工业日。

英国皇家海军"信息勇士"演习探索新兴技术应用 2018年5月4日，萨博公司为英国皇家海军领导的第二次"信息勇士"演习提供了两套系统：萨博9LV作战管理系统（CMS）和TactiCall综合通信系统（ICS）。"信息勇士"演习2018（IW18）在英国皇家海军军营斯通豪斯和英国跨国防御技术公司QinetiQ的波士顿科技园举行，为期3周，旨在探索采用新兴技术以及通过聚焦现代战争的计算机化来推动战争能力的未来发展。作为英国国防部对所有系统新开放标准愿景的一部分，英国皇家海军计划实施系统架构，该系统架构将在其舰船上开放并升级。根据这一愿景，萨博公司的9LV

CMS 基于现代 IT 架构原理，通过实现有效的操作来提高任务能力。Tacti-Call 在 IW18 中的作用是解决现代海军作战的需求，它通常由联合装备组成，并包括大量不同的频段、网络和无线电设备。QinetiQ 公司在波士顿科技园区创建了一个先进的数字环境来测试通信，通过创新地使用现代技术，了解未来的挑战并寻求解决问题的机会。

BISim 公司发布定制 VBS3 和 BLUE IG 的软件开发工具包 2018 年 5 月 4 日，BISim 公司发布了两款软件开发工具包，用于为桌面军事仿真训练包 VBS3 和 BISim 的新 CIGI 兼容 3D 全球图像生成器 VIS Blue IG 创建定制应用程序。VBS 仿真软件开发工具包允许开发人员通过提供应用程序接口和工具套件来定制和扩展 VBS3。VBS 仿真 SKD 包括核心和仿真专用 API、VBS 控制编辑器副本（BISim 人工智能行为编辑工具包）和 VBS3 副本，它提供无需中间层的低级别和直接访问 VBS3 引擎。VBS IG 开发工具包是 IG 开发人员定制或扩展 VBS Blue IG 的一套 API 和工具。VBS IG SDK 包含核心和 IG 专用 API 以及 VBS Blue IG 运行时的副本。

诺斯罗普·格鲁曼公司向美国海军提供先进的 F-35 电子战仿真能力 2018 年 5 月 7 日，诺斯罗普·格鲁曼公司为加利福尼亚州海军空战中心武器部门提供其最先进的电子战测试环境。当前战斗机复杂的电磁作战环境需要先进的测试环境，诺斯罗普·格鲁曼公司的多频谱测试环境可精确模拟真实作战状况，用于评估 F-35 战斗机在真实任务下的表现。该测试环境由作战电磁环境仿真器（CEESIM）、信号测量系统（SMS）和其他激励器组成，所有这些都在同步控制器系统（SCS）的控制之下。环境的核心是 CEESIM，它模拟多个同时发射的射频发射器以及静态和动态平台属性，以忠实地模拟真实战争状态。CEESIM 先进的脉冲生成高速直接数字合成器技术用于生成逼真的电子战任务场景。SCS 提供了一个集成多谱测试场景的工具,包括威胁雷达、通信信号、雷达和光电/红外信号。

SCALABLE 公司为美国海军 FDECO 项目演示水下通信建模仿真
2018 年 5 月 9 日,SCALABLE 网络技术公司为美国海军前沿部署能源与通信基地(FDECO)项目发展高逼真度水下通信和网络仿真工具。SCALABLE 公司在其仿真环境中演示了多种水下能源与通信节点任务场景,包括陆上指挥中心、水面舰、潜艇、无人机和无人潜航器、前沿部署基地。SCALABLE 公司的网络模型支持在所有作战域和网络空间中的中断、断开、间歇性和有限带宽环境的作战,其模拟软件可与其他模拟器相结合,对评估水下网的可靠性和性能做出最优选择。FDECO 集成仿真器建立的高逼真度模型包括前沿基地和平台能源管理,以及岸上指挥中心、水面指挥官和单艘水面舰与潜艇在受限环境中(常规通信方法无法使用或降级)的必要通信。

SISO 发布仿真环境的场景开发指南 SISO – GUIDE – 006 – 2018 2018 年 5 月 10 日,SISO 发布了仿真环境的场景开发指南 SISO – GUIDE – 006 – 2018。该指南的目的是提供有关(分布式)仿真环境场景开发的详细信息,以及场景开发过程与总体仿真环境工程流程之间的关系。该指南概述了可用于场景开发的现有标准和工具,基于分布式仿真工程与执行过程(DSEEP),并为 DSEEP 增加了特定场景开发的附加信息。该指南是 SISO 和北约建模仿真小组密切合作下制定的。这份新的指导文件符合 SISO 在方法论方面的倡导,因为它与 IEEE 1730 DSEEP 和其他支持 SISO 的文件保持一致。

美国海军 LRASM 项目使用建模仿真架构 2018 年 5 月 11 日,美国海军开始对远程反舰导弹(LRASM)进行达到早期作战能力(EOC)前的最终测试。美国海军 LRASM 项目经理表示,"快速反应评估"已经开始,将在整个夏季进行建模仿真，并对得到的数据进行解析以决定导弹是否达到EOC。LRASM项目中美国海军建立了一套强大的建模仿真架构，可以在有代表性的实战环境下评估武器的性能类型。

立方全球防务公司赢得美国海军基于游戏的训练课件新订单　2018年5月14日，立方全球防务公司的全球防务事业部从美国海军合同中获得价值1600万美元的订单，用于支持海军的濒海战斗舰（LCS）的沉浸式游戏课件。立方全球防务公司为LCS提供的沉浸式虚拟舰载环境学习产品的开发工作符合海军的准备相关学习项目。立方全球防务公司的IVSE让学员沉浸在一个真实逼真的3D虚拟环境中，训练与现实生活场景几乎完全相同的各种任务。这些新订单将向当前的LCS虚拟训练环境增加功能和虚拟内容。

Leidos公司获得SE Core合同　2018年5月14日，Leidos公司宣布获得美国陆军合同司令部不定交付时间、不定交付数量的价值2.1亿美元合同，以支持陆军合成环境项目。该合同旨在开发并提供模拟训练环境以满足美国陆军的需求。Leidos公司的合成环境核心（SE Core）提供的数据库具有现实世界的3D和2D地形，支持高分辨率、逼真的训练场景，并在所有训练环境中完全集成并运行。SE Core允许作战人员获得环境的完整图像，如地图、道路、桥梁、行驶中的车辆和建筑物。该能力为士兵进入真实的战场条件前提供训练支持。

ITEC 2018会议召开　2018年5月15日至17日，作为军事仿真、训练和教育界国际论坛ITEC，第28届会议在德国斯图加特召开，会议主题是："准备2025：未来10年及以后的教育与训练创新"。会议重点关注4个方面：训练和演习、教育与教学、人为因素和性能、建模仿真。这次会议研讨了影响当前、下一代甚至未来几代的训练与教育环境以及新兴技术的发展。同期召开了SISO研讨会。

VT MAK 公司更新软件套件　2018 年 5 月 15 日，VT MAK 公司发布了仿真软件套件更新版本，包括产品 VR – Forces、VR – Vantage 和 VR – Engage。这三种产品共享软件技术，VR – Vantage 的视觉质量渗透 VR – Forces 的 3D 视图，为计算机生成兵力带来更好的视觉关联。VR – Forces 的仿真引擎专为 VR – Engage 中的沉浸式的第一人称体验而量身定制。在 VR – Forces 4.6 中，电子战战场的建模得到了显着改善，特别关注雷达系统和干扰机。VR – Engage 是 MAK 的多角色虚拟仿真器。版本 1.2 增加了新功能，包括 VR – Engage 工作站的远程角色分配、与模拟控制面板和可视界面交互的能力、改进的武器姿态和扩展的飞行仿真能力。

澳大利亚陆军授予"泰坦先锋"仿真环境许可协议　2018 年 5 月 15 日，澳大利亚陆军签署了为期两年"泰坦先锋"仿真环境许可协议。这项新协议将先锋队置于陆军陆地仿真环境核心（LS Core）位置，并增强了澳大利亚陆军支持仿真使能集体训练能力。根据澳大利亚陆军仿真手册，LS Core 是陆地仿真能力的焦点，负责提供和维护支持 LVC 仿真训练领域所需的软件、数据和工具。LS Core 提供增强的仿真互操作性，同时降低了维护和训练开销成本。"泰坦先锋"使用 Outerra 仿真引擎，由泰坦综合军事公司和 Calytrix 技术公司开发。

APL 赢得 DARPA "真理根基"（Ground Truth）合同　2018 年 5 月 16 日，DARPA 授予约翰·霍普金斯大学应用物理实验室（APL）参与"真理根基"（Ground Truth）项目的测试工作，以检验最先进的社会科学建模方法能否在模拟但复杂的社会系统中揭示隐藏的"真理根基"。在长达两年半的时间里，耗资 370 万美元的研究过程中，APL 将尝试逆向工程设计人造世界，揭示模拟代理如何以及为何如此行事，并预测未来结果，最终目标是帮助 DARPA 提高对一系列社会科学建模方法的能力和局限性的认识。

"真理根基"将展示一种原则性方法，用于测试各种社会科学建模方法的能力和局限性，探索用于描述和预测各种复杂社会系统的新的建模方法，并通过理解复杂社会、文化、行为和政治因素的相互作用预估未来投资。

火炬技术公司获得导弹建模仿真合同 2018年5月17日，位于美国阿拉巴马州亨茨维尔市的火炬技术公司获得了约2.2亿美元的固定费用合同，用于增强与维护系统仿真及开发部门目前的导弹建模仿真、硬件半实物模型和原型开发。该项目通过互联网征集的投标，工作地点和资金额度将根据每个订单确定，预计完成日期为2023年5月16日。该公司将与阿拉巴马州红石兵工厂的美国陆军承包司签署合同（W31P4Q-18-D-0016）。

立方全球防务公司和4C战略公司合作下一代训练和战备能力 2018年5月18日，立方全球防务公司的全球防务事业部和4C战略公司形成合作伙伴关系，共同开发和交付下一代训练与战备能力。他们将为共享客户集成产品、服务和解决方案，并提供专注于客户成果的开放和可扩展的训练解决方案。两家公司预期改善在训练仿真应用中生成的定量数据之间的聚合性，如立方全球防务公司的 CATS Metrix 产生的定量数据，以及由观察员做出的定性评估，并存储在4C战略 EXONAUT® 软件套件中，这将推进基于绩效的训练。结合这些信息为数据分析提供了可能性，并能改进学习成果和提供更好的战备管理。CATS Metrix 的是一个演习控制（EXCON）软件，用于作战人员和指挥人员进行计划、指挥、控制、监控、记录、汇报和评估现场部队训练。4C战略公司是战备解决方案提供商，通过 EXONAUT 软件套件为军事训练、试验和作战提供日程安排、计划、交付和评估。

SEA公司领导的团队报告AIMS相关研究成果 2018年5月21日，系统工程与评估有限公司（SEA）领导的仿真架构、互操作性和管理（AIMS）团队向英国国防部提交了关于建模仿真未来的研究成果。AIMS项目旨在实现单一环境的交付，使用户可以从具有互操作性的建模仿真组件和服务中创建能力。AIMS 的一个主要成果是发展了建模仿真即服务（MSaaS）概念。MSaaS 概念提供了一种潜在的战略方法，通过建模仿真资产、数据和服务便捷的访问来交付安全、灵活的基于仿真的能力。使用 MSaaS 交付未来的仿真能力具有显着优势，包括更强大的仿真可访问性、增强的资产共享和重用性、快速组合和部署的仿真以及硬件的高效使用。AIMS 团队向英国国防部提供了 MSaaS 的实际演示，强调如何利用 MSaaS 支持未来的训练和联合部队演习活动。该团队演示了该概念的关键要素，包括仿真资产的注册和存储库、仿真组合工具以及使用云计算技术的快速部署和执行。

查尔斯河分析公司为美国空军构建网络防御工具 2018 年 5 月 23 日，查尔斯河分析公司使用网络对手建模仿真工具包 CyMod 构建了一个网络防御工具来为美国空军建模现实行为。另外，还使用概率编程语言 Figaro™ 来构建网络系统的关系模型，并分析对战略武器的影响。应用博弈论推理和漏洞分析（GRAVITY）工具，查尔斯河分析公司正在识别战略系统中的漏洞，并增强这些系统对网络攻击的弹性。GRAVITY 是一个基于博弈论的漏洞分析平台，它执行对手和防御者的行为模型，让分析人员识别、可视化并优先处理漏洞和防御策略。

MASS 集团主持两次军事演习 2018 年 5 月 23 日，MASS 集团领导了一个联合作战支援小组，在英国驻塞浦路斯司令部和英国康沃尔的英国皇家空军圣莫根基地进行了两次联合部队指挥训练活动。"联合展望 18"演习（JH18）和"联合冒险 18"演习（JV18）是同时运行的两个独立活动，在 10 个月前开始规划制定虚拟场景方案以满足两个总部的不同要求。这些场景涉及创建虚构的国家，其中包含所有地理、环境、人口细节和实际军事行动可能遇到的挑战。这使得训练小组可以在模拟的部署环境中进行联合计划和执行训练，以探索和测试与命令和控制相关的交互。MASS 集团提供了仿真支持，包括事件管理和现实生活管理支持，以复制演习中部署的部队。研究结果仍在分析中，但 MASS 集团表示，最初的反馈意见是为两个总部提供训练来帮助塑造与渗透对当前和未来的思考。

Engility 控股有限公司获得美国海军陆战队 4100 万美元任务订单 2018 年 5 月 25 日，Engility 控股有限公司获得了一份价值 4100 万美元的 SeaPort – e® 任务订单，为美国海军陆战队的核心指挥控制项目提供现场指挥控制专业知识、训练和综合后勤支持。大西洋海上作战系统中心授予 Engility 公司全球指挥控制系统战术作战行动/联合战术通用作战图像工作站维护支持合同。任务订单包括提供沉浸式训练环境（ITE），让美国海军陆战队可在线访问的模拟环境中进行虚拟系统训练，因此不需要大型训练设施或交通工具。它复制了海军陆战队在实际任务中使用的实时系统，为他们提供随需应变的实际操作训练。ITE 可以集成从课堂演示到个人远程学习系统的各种训练平台。

BISim 公司为美国海军开发增强和虚拟现实训练解决方案 2018 年 5 月 24 日，美国海军选择 BISim 公司开发新的增强和虚拟现实技术来训练机组人员。BISim 公司将通过 PMA – 205 和美国海军空战中心训练系统分部为海军航空训练主任提供增强现实视觉系统，让学员与物理的 T – 45 仿真器驾驶舱交互，同时沉浸在头戴显示器虚拟环境中。该公司还将开发两台 T – 45 虚拟现实部件任务训练器（VR – PTT），以补充现有的虚拟实况训练。两种解决方案都将采用 BISim VBS Blue IG 的图像生成技术。BISim 公司还将在 F/A – 18 开发基础上创建具有增强分辨率和改进用户界面的第二代 VR – PTT。VR – PTT 将使用虚拟现实技术复制 T – 45 教练机的驾驶位、航空电子设备和飞行动力学，以便在需要时提供训练。VR – PTT 将采用

SASimulation公司的 FLEX – air 飞机动力学和航空电子仿真解决方案,旨在支持基本飞行与驾驶舱熟悉、航空母舰作战活动和基本作战演习。

美国海军陆战队寻求以更好的方式进行实兵对抗战术射击训练　2018年6月5日,美国海军陆战队一直使用激光类型的设备进行模拟射击和实兵对抗战术作战,并发布信息请求要求商业界为其提供想法,这将使模拟射击更加符合实际的营级规模的部队,并改进现有系统。美国海军陆战队将利用美国陆军的实况训练作战组件软件。这是一个战术训练框架,模拟可以在相同的标准上进行,并与其他军种和潜在的外国合作伙伴共同协作。新的系统将改变部队和射击靶场的数量。第一代仪表战术作战仿真系统可容纳120名海军陆战队员和敌方部队,第二代扩展到1500人,通信半径为5~8千米。第三代试图追踪多达2500名海军陆战队员,使其能够在指挥官设想的营队演习中作战。

挪威皇家海军接收最新版 SEA DECKsim VR 训练器　2018年6月6日,挪威皇家海军确认接收了 Cohort 公司 SEA 提供的便携式 DECKsim 虚拟现实最新版本的训练器。新的便携式解决方案使他们能够在任何舰船或任何陆地设施上进行个人训练。DECKsim 系统复制飞行甲板(船舶和石油平台)和陆基机场环境,以训练飞机处理程序。该系统可以轻松配置特定的机身、平台和场景需求。

Tobii 科技公司推出虚拟现实环境中的眼动跟踪工具　2018年6月7日,Tobii 科技公司推出 Tobii Pro VR Analytics 分析工具,使研究人员能够在3D VR 环境中进行眼动跟踪研究。该工具嵌入到 Unity 环境中,并具有自动化功能,用于可视化和测量用户在模拟世界中看到的内容、交互和导航。眼动跟踪和 VR 相结合,可以揭示在假想场景中引起人们注意力的因素,帮助系统设计人员分析行为和决策的关键影响因素。该分析工具可以开展更有效、更有吸引力和更安全的个人训练，尤其是在复杂和高风险职业中，如工业、医疗和应急响应。

美国大学开发虚拟现实新系统让用户体验无限行走 2018年6月7日，纽约州立大学石溪分校、NVIDIA和Adobe的科学家们成立了一个研究小组，并合作开发了一个虚拟现实（VR）系统，让用户在有限的物理空间内体验无限行走的感觉，从而为用户带来沉浸式体验。在这个系统中，用户能够在VR中实现自由行走，且不会产生由于身体移动而导致的眩晕感或不适感。用户可以避免在VR中撞到物理空间中的物体。在测试中，用户甚至没有注意到此系统的存在。他们能够在感觉比现实世界的房间大得多的虚拟环境中漫步，避开墙壁、障碍物和其他人。研究团队撰写了一篇名为《迈向VR无限漫步：动态漫游重定向》的研究报告，于8月12日至16日在不列颠哥伦比亚省温哥华举行的SIGGRAPH 2018展会上展示他们的成果。

虚拟训练支持美国陆军、空军开展联合演习 2018年6月8日，美国空军项目经理和业界近期开展合作，为陆军游骑兵部队开发逼真的虚拟训练场景。在Langley空军基地空军作战部队分布式训练中心，诺斯罗普·格鲁曼公司向第2游骑兵营的作战人员提供为期3天的仿真训练。这次演习是该中心承办的首批重大联合演习之一，面向拥有联合终端空中管制员资格的游骑兵作战人员，并模拟了真实的作战场景。为了此次演习，诺斯罗普·格鲁曼公司与驻扎在Lewis McCord联合基地的第5空中支援作战中队进行合作，创建游骑兵所需的特定场景。通过分布式训练中心，诺斯罗普·格鲁曼公司将来自其他基地的战斗机和轰炸机部队通过模拟器接入虚拟训练网络，并让这些部队像在实战中那样接管空域。

美国应用研究协会获得美国陆军合成训练环境合同 2018年6月12日，美国应用研究协会赢得了美国陆军合成训练环境（STE）合同，以支持国防部士兵致命杀伤力倡议。STE 是美国陆军对未来士兵仿真训练的愿景，旨在使士兵仿真训练更具凝聚力、更高效和更具成本效益。美国应用研究协会作为研究和原型解决方案的 7 家公司之一，是唯一被选中用于可重构的虚拟集体训练器和 OWT 的研究机构，为 STE 提供初始组件。OWT 将成为 STE 的合成环境能力，生成基于真实世界的地形数据的 3D 环境。现有的合成环境技术通常是专有的、不兼容的，这限制了训练的创新和进步。OWT 将基于单一的开放格式。在最初的 OWT 合同下，美国应用研究协会正在将其政府拥有的、免许可证的 ASCEND 技术作为 OWT 解决方案。ASCEND 提供了地理信息系统数据管理系统和灵活的数据处理和存储管道，将原始未处理的数据转化为三维内容。OWT 将提供 STE 的第二组件——地形仿真软件（TSS），利用新兴游戏和下一代仿真功能 TSS 将成为 STE 的软件引擎。

Presagis 公司推出建模仿真软件 Suite 17　2018 年 6 月 13 日，Presagis 公司发布了最新版本的建模仿真（M&S）软件产品组合 M&S Suite 17，其中包括数百种新功能和对参数、选项与界面的增强功能，以改善用户体验，帮助用户以更大的灵活性、更合理地工作。M&S Suite 17 由 Creator、Terra Vista、STAGE、Vega Prime 和 Ondulus 等行业标准软件组成，提供开放式、模块化和基于标准的仿真开发框架，支持用于国防、安全和情报市场的跨空中、陆地与海上的全方位应用。该套件中的每款产品都提供了新功能，重点支持高逼真度视觉效果、传感器和仿真。还扩展了 4 个主要组件：Ondulus NVG（夜视镜）、Terra Vista 构建器、Ondulus Radar Pro、3D 模型库。

FAAC 公司赢得美国海军陆战队作战车队仿真器现代化合同　2018 年 6 月 13 日，作为 Arotech 训练和仿真分部子公司，FAAC 公司赢得了美国海军陆战队作战车队仿真器现代化改造合同。美国海军陆战队系统司令部项目经理训练的初始合同为 1770 万美元，附加选项使潜在合同价值达到 2890 万美元。作战车队仿真器（CCS）为护航行动提供了沉浸式训练环境。该系统用于训练指挥控制程序以及作战人员应对简易爆炸装置攻击、伏击攻击、不断演变的敌方战术和对策的反应。FAAC 公司将对位于 5 个地点的 7 个美国海军陆战队在役 CCS 的软硬件进行现代化改造。合同选项包括安装工作、承包商后勤支持、美国海军两套 CCS 系统的升级和直接成本。

新型训练系统为虚拟现实带来触觉 2018 年 6 月 14 日，总部位于法国里尔的创业公司 Go Touch VR 和纽约的 FlyInside Inc. 公司合作开发了一种使用触觉或触觉感知的反馈帮助飞行员更快地进行训练的系统。该系统在两年一度的欧洲空地防御会议上进行演示。增强后的仿真将使防务和安全航空人员以及民航飞行员能够更快地获得并保留关键的训练知识。该公司为训练课程提供了飞行仿真器、软件、场景和 3D 建模，而 Go VR Touch 公司则提供了触觉传感器组件。这项被称为 VRtouch 的技术，使用一种类似于在用户食指上读取血压的设备来跟踪用户的动作，并在虚拟环境中使用时重现触摸感。这允许用户在会话期间改进控制，提供更逼真的训练仿真，并且具有灵活性和可扩展性，可适应各种场景。

BAE 系统公司开发 CONTEXTS 下一代建模软件 2018 年 6 月 13 日，BAE 系统公司从美国空军研究实验室（AFRL）获得"复杂作战环境因果探索"项目价值 420 万美元的第一阶段合同，旨在开发能够模拟经常由于不同的政治、领土和经济导致紧张局势和冲突的技术，使军事规划人员能够调查冲突的原因，并评估潜在的解决方法。为了解决这一难题，该公司正在开发知识转移、探索和时间仿真的因果建模（CONTEXTS）软件工具，该工具由 DARPA 和 AFRL 赞助。BAE 系统公司表示将创建一个作战环境的交互式模型，允许规划人员探索冲突的原因并评估潜在的方法。为了建立仿真模型，BAE 公司的开发团队将使用主题专家、开源数据、学术理论和情报报告。一旦模型完成后，推理算法可以帮助设计团队理解潜在的根本原因或复杂的动态情况。

美国国防科学委员会将开展"博弈、演练、建模仿真"研究 2018年6月18日，根据负责研究和工程的国防部副部长迈克尔·格里芬所签署的备忘录要求，美国国防科学委员会将成立"博弈、演练、建模仿真"（GEMS）任务小组，研究国防部目前使用GEMS的实践情况并提出相关建议，确保以更快的速度和灵活性获得更好决策和选项。在处理复杂任务时，GEMS工具可以有效辅助人类思维。善于运用经验方法来解决问题，通过基于事先确定的"正确"基础和证据做出决定。越来越多的建模仿真及软硬件成为更广泛系统人员的一部分。这项研究将在签署本职权范围后的3个月内正式开展，研究时间为9~12个月。最终报告将在研究期结束后的3个月内完成。

美国将建造世界上最大的采用ARM处理器的超级计算机 2018年6月18日，美国惠普公司将与桑迪亚国家实验室和美国能源部合作建造世界上最大的基于ARM处理器的超级计算机。"Astra"超级计算机将具有2592个双核处理器，拥有14.5万个CAVIUM雷电X2内核，并提供理论峰值2.322×10^{15}次/秒运算能力的性能。这些节点将耗电1.2兆瓦，由惠普公司MCS-300冷却装置冷却。"Astra"超级计算机拥有一个创新的系统，将安装在桑迪亚国家实验室建筑物的扩建部分，该扩建部分最初用于安装"红色风暴"超级计算机。美国国家核军工管理局将使用这个基于ARM处理器的超级计算机来运行先进建模仿真工作。

罗克韦尔·柯林斯公司完成美国海军TCTS Inc. II项目评审 2018年6月19日，罗克韦尔·柯林斯公司成功地完成了美国海军战术作战训练系统增量II项目（TCTS Inc. II）的初始设计审查，并已获批开始详细设计工作。PDR 是由美国海军航空系统司令部海军航空训练系统（PMA-205）项目办公室执行，并由美国国防部成员参与。TCTS Inc. Ⅱ 项目将取代美国海军和海军陆战队的训练靶场基础设施，同时提高所有中队和舰队部队的训练效能。新系统支持各种任务和平台（包括传统飞机和先进飞机）的实时作战空战训练，将实况和合成元素融入到 LVC 训练中。具有多个独立安全级别的开放系统体系架构可保护正在使用的战术、技术和程序。TCTS Inc. Ⅱ 项目还提供了与四代机和五代机平台之间的联合和联盟训练的互操作性，同时使用行业软件标准，如 FACE™ 技术标准和软件通信体系结构。

4 家公司获得美国陆军 PCTE 初始原型合同 2018 年 6 月 20 日，美国陆军颁发了国防部持续性网络训练环境（PCTE）的首批初始原型，ManTech 公司、Simspace 公司、Metova 公司和 Circadence 公司 4 家公司已经获得该合同。在第一阶段的原型中，ManTech 公司将提供规划网络、调度工具和部署环境。其他 3 家公司将提供包括场景设计和实际执行训练在内的功能。目前，政府作为整合行业成员提供的各种不同功能的集成商角色。PCTE 的开发将是一个持续的、敏捷的构建和反馈过程，在 8 月份进行第一次系统训练，并在 9 月份提供反馈意见。目标是将在 2019 年 1 月进行更大规模的演习；同时，原型将会影响一些较大的演习。大型项目第一次征求建议书的时间表预计为 2019 财年，届时所有 5 项创新挑战都应该完成并分析。

8 家公司赢得价值 24 亿美元的美国陆军训练合同竞争权 2018 年 6 月 21 日，8 家公司赢得了由美国陆军承包司令部与美国陆军的仿真、训练和仪器项目执行办公室发布的价值 24 亿美元的企业训练服务协议的单个订单竞争权。这些订单将提供和管理应急行动中军事与文职人员相关科目的训练及训练援助；为陆军、联合和安全合作演习提供规划和支持；并执行辅助训练、设备和靶场的执行作战和维修维护功能。这 8 家公司包括应用训练解决方案的 Lukos – VATC 公司（视觉感知技术和咨询公司）、JV III LLC 合资企业、卡尔霍恩国际公司，以及国家安全解决方案的工程与计算机仿真公司、Trideum 公司、Pulau 公司、雷声公司和 PAE 公司。雷声公司将争夺高达 1.61 亿美元的任务支持服务项目并提供训练服务，为美国陆军及其安全协作任务提供保障，包括单兵、部队、乘员以及从排级到联合特遣部队级别的集体训练。

AVT 仿真公司赢得 CCTT PDSS 合同 2018 年 6 月 21 日，AVT Simulation 公司（应用视觉技术公司）赢得了美国陆军承包司令部到 2023 年的近距离作战战术训练器（CCTT）后期部署、软件支持（PDSS）的合同。CCTT PDSS 合同支持为"阿伯姆斯"主战坦克、"布拉德利"战车、高机动性多轮战车（HMMWV）及其各自的、变体的世界上最大的地面作战仿真训练平台。CCTT 是一款计算机驱动的载人模块仿真器，用于复制近距离作战部队的车辆内部。美国陆军在世界各地的训练设施中使用它，让士兵在 3D 虚拟环境中练习护航、补给和反 IED（简易爆炸装置）演习，所有这些都不需要使用真正的燃料、实弹或昂贵的装备。

美国空军通过增强现实技术实现飞机维护 2018 年 6 月 21 日，美国空军研究实验室（AFRL）在联邦商机网发布《应用于飞机维护的虚拟、增强和混合（VAM）现实技术》信息征询书，向工业界寻求如何利用虚拟、增强和混合现实技术改进飞机维护的相关信息。飞机维护涉及飞行线维护、重大维护（维修点）以及请求、备货、存储和检索维护所需物品等供应链功能。AFRL 希望了解 VAM 如何提高维护人员的熟练程度，增强其能力，并可靠地获取维护和维修等数据，进行数据可视化。在开发相关技术之前，AFRL 寻求 4 个具体领域的相关信息：内容开发、内容审批和管理、开放的模块化企业解决方案、VAM 商业案例。

军用建模仿真领域发展报告

4C 策略公司推出 Exonaut 仿真扩展 2018 年 6 月 22 日,4C 策略公司推出了 Exonaut 仿真扩展(ESE)®,可支持 Exonaut 演习管理工具控制连接的仿真器和 C2 系统,从而改变演习管理并减少演习控制(EXCON)组织所需的人力资源。Exonaut ® 软件套件用于构建、验证、跟踪和支持组织准备情况。该套件的可扩展和可配置模块可以单独使用或集成使用(取决于客户需求),提供战备状态和客观数据的透明视图,以做出决策并提供清晰的、可视化的当前状态。Exonaut 软件已被几个国家的武装部队用于对训练和演习进行编程、设计、交付和评估,并提供最新的训练准备情况。ESE 为仿真环境提供了一个可配置的接口,允许插件适配器支持不同类型的仿真器,从连接的仿真器和 C2 系统可视化地面实况,并将 Exonaut 训练数据发布到仿真联盟。它根据训练场景提供数据有效载荷,在任何连接到同一联盟的仿真器或 C2 系统中触发动作和报告,并允许来自仿真器或 C2 系统的操作和报告自动触发特定的 Exonaut 场景注入,以通知演习控制和响应单元触发适当的响应。瑞典军队在 2018 年 2 月和 3 月对 ESE 进行了评估,并于 4 月第一次在"海盗 18"(Viking 18)演习中首次成功部署。

挪威军方开始训练联合火力高级训练系统 2018 年 6 月 25 日,挪威国防材料局的挪威空地作战学校(AGOS)开始为其联合终端攻击控制器(JTAC)和联合火力观察员(JFO)训练计划提供富达科技有限公司的联合火力高级训练系统(JFATS)仿真器,这使挪威 AGOS 成为北欧技术最先进的联合火力卓越中心。JFATS 仿真器使用 FidelityFires™ 软件应用程序设计,以满足挪威陆军的技术要求。其 7 米穹顶显示系统让 4 人战术空中控制组在一个沉浸式环境中同时训练,该环境由 16 个边缘混合、几何校正通道组成。每个通道由富达公司的 FIDViewEX™ 渲染引擎驱动,并通过 Barco FS35 IR WQXGA 投影机投影到穹顶表面的指定区域,由此产生的对比度、亮度和像素密度（与完整的美国国家漏洞数据库相结合）便于在任何模拟时间或天气条件下进行训练。

2018年军事虚拟训练和仿真峰会召开　2018年6月26日至27日，2018年军事虚拟训练和仿真峰会召开。会议议题为：在需要的时候支持作战环境，以讨论整个军事服务中虚拟训练与仿真技术的当前和未来方向及应用。本次峰会将侧重于力求通过务实和具有成本效益的特性在整个军事领域推广M&S技术。2018年峰会讨论的议题有：通过先进的仿真和训练功能支持决定性作战行动；利用M&S和LVC解决方案提高士兵的战备和准备水平；开发虚拟、构造和游戏副本以支持作战环境；确定通用架构要求和标准，以促进跨军种的M&S使用的互操作性；解决仿真训练系统中人为因素的局限性；整合M&S解决方案以降低传统训练方式的成本；利用M&S技术更好地支持测试和评估作战；利用创新的M&S技术来补充军事医学训练。

宙斯盾技术公司赢得合成环境核心项目合同　2018年6月26日，宙斯盾技术公司作为Leidos分包商，赢得了美国陆军的合成环境核心（SE Core）项目合同。这个为期5年、价值2.1亿美元的项目为仿真和训练计划提供了可互操作的合成环境（SE）。SE Core项目重点专注于交付软件，为作战人员提供通用的相关合成环境，进行全频谱作战训练。该项目地形和模型开发提供了非专有的、开放格式和与图像生成器无关的合成环境，与交付的地形数据库、模型和仿真体系架构连接，以满足作战人员的作战训练要求。该项目将当前和未来的训练装置与仿真相结合，使陆军能够在复杂的地形上执行联合武器和联合训练，以及执行任务规划和演练。AEgis 3D建模团队独家开发SE Core的通用移动模型。AEgis也是3D数据库模型的主要开发者，并提供SE Core3D建模团队的全面管理。

军用建模仿真领域发展报告

美国空军研究实验室联合 MacB 公司深入研究传感器及电子战技术
2018 年 6 月 25 日，美国空军研究实验室（AFRL）频谱战争系统工程分部利用 MacB 公司提供的有效传感器技术评估及使能方法（ESTEEM）计划任务流程，以快速评估先进传感器和电子战技术。根据合同，MacB 公司将通过 AFRL 传感器部门的综合演示与应用实验室（IDAL）进行实时战地模拟，对先进传感器和电子战技术进行评估与评定（定性及定量）。其目的是利用协作数据使得频谱战综合技术/观念成熟化，并于科学技术研究的全阶段开发先进的方法学。IDAL 是一个先进的电子战仿真设备，它结合半实物仿真和人工介入建模仿真，使得下一代系统掌握在作战人员手中。MacB 公司的初始合同价值 960 万美元，为期 5 年。

DARPA 在"电子复兴"计划年度峰会中专题研讨硬件仿真 2018 年 6 月 26 日，DARPA 首次公布"电子复兴"计划，该计划是一个多年期、总投入超过 15 亿美元的重大创新性计划，旨在凝聚全美电子业力量，解决电子业发展未来将要面对的一系列长期挑战。DARPA 于 7 月 23 日至 25 日在旧金山举办第一届"电子复兴"计划年度峰会，以正式拉开计划实施阶段的大幕。在该年度峰会中增办 4 个未来技术头脑风暴研讨会，内容指向下一代、专用硬件，主要涉及人工智能、硬件安全、硬件仿真和集成光子学技术四大技术领域。商业领域使用的新兴系统仿真方案显示出开发新型硬件仿真设备的潜力，有望使大型系统的设计时间呈指数级减少。然而，这些系统仿真方案需要进一步的创新才能实现广泛应用。硬件仿真研讨会由 DARPA 项目经理主持，将以论坛的形式讨论全系统仿真的新方法，使下一代国防部系统的验证和快速设计成为可能。此次会议还包含多个演示内容，突出显示当前系统级的仿真方法、面临的挑战以及未来商业领域和国防部系统的需求。

附录

美国海军与默贝克公司签订增强/虚拟现实研发协议 2018年7月2日，美国海军水面战中心怀尼米港分部与默贝克公司合作签订技术研发合同，研究评估增强/虚拟现实（AR/VR）技术在舰队训练舰船维护全寿期工程和产品支持中的应用情况，以支持舰队训练和舰船维护工作。未来的技术集成旨在为舰载技术和作战系统提供远程支持，同时改进舰队的训练工作。该合同是"海军创新科学和工程219AR技术研究项目"的一部分。

KeyW公司为美国陆军情报训练系统提供全球支持 2018年7月5日，KeyW公司赢得了一份为期6年、价值数百万美元的任务合同，该合同分包了由洛克希德·马丁公司与美国陆军仿真、训练和仪器项目执行办公室签订的美国陆军训练辅助设备、装置、仿真器或仿真维护项目合同。KeyW公司需要支持陆军的"士兵系统构造情报系统陆军训练辅助器"项目，提供设备、仿真器与仿真建模服务以辅助军队情报训练系统，包括战场指挥仿真设备、情报与电子战战术训练装置、LVC集成架构、安全可靠可移动抗干扰的战术终端、军事战略战术中继、联合监视目标攻击雷达系统和陆军分布式通用地面系统。

诺斯罗普·格鲁曼公司赢得美国陆军1.28亿美元训练合同 2018年7月10日，诺斯罗普·格鲁曼公司赢得了1.28亿美元的美国陆军合同，继续为美国陆军的任务指挥训练中心（MCTC）提供支持。MCTC的新项目——美国陆军任务训练复杂能力支持项目（MTCCS – Ⅲ Corps），将为作战环境中的一系列统一陆地作战提供任务指挥训练。通过该合同，诺斯罗普·格鲁曼公司继续为美军提供LVC仿真驱动演习、基于游戏的训练、任务人员训练和技术支持。

"下一步飞行员训练"试验取得积极进展 2018年7月12日，美国空军战略发展规划和实验办公室的项目经理在国防系统会议上表示，"下一步飞行员训练"(PTN)的一些概念已开始渗透到飞行员训练中，并将随着时间的推移而逐渐成熟。PTN 正在审核一组由 5 名现役成员和 15 名军官组成的团队，以了解他们如何利用虚拟和增强现实、生物识别、人工智能和数据分析来学习，以此定制和加速他们的训练。该项目旨在创建一个新的飞行员选拔模型，该模型定义成功的飞行员的素质、习惯和思维模式，并可能影响获准飞行的飞行员标准。这一举措通过使用更便宜的技术来节省空军资金。随着美国空军教育和训练司令部获得第一批 PTN 数据，第二组 20 名士兵和军官将在 2019 年冬季开始接受训练。

罗克韦尔·柯林斯公司和 DRS 公司合作 JSAS2018 年 7 月 13 日，罗克韦尔·柯林斯公司和莱昂纳多 DRS 公司宣布携手合作，作为最先进的联合安全空战训练系统（JSAS）的主承包商团队，为英国国防部作战空中支援训练（ASDOT）项目和未来空战机动指导系统（FACMIS）项目需求提供竞标。JSAS 是下一代空战机动设备（ACMI）解决方案，可提供验证安全先进的网络和 LVC 功能。通过这种协作，JSAS 可以与 P5 波形进行互操作，实现 JSAS、F-35 和现有 P5 训练舱之间的通信以及 LVC 混合训练。凭借卓越的网络特性，JSAS 为未来与英国国防部作战训练能力（空中）项目互联奠定基础，帮助英国国防部实现现场和合成训练的平衡。罗克韦尔·柯林斯公司和 DRS 公司此前成功完成了 TCTS Inc. Ⅱ 项目初步设计评审，其中包括与英国国防部 ASDOT 和 FAC-MIS 项目类似的需求。

意大利空军参加"斯巴达联盟"的虚拟训练演习 2018 年 7 月 18 日至 20 日，意大利空军与美国空军、北约合作开展一场名为"斯巴达联盟"的虚拟飞行训练演习。该演习将多个意大利空军基地的仿真器与位于德国拉姆斯坦美国空军战备中心的德国空军仿真器连接起来，通过连接两个不同国家建立的 22 个仿真器，实现了这些仿真器在虚拟冲突中的并行飞行。这次仿真演习是意大利参与的最复杂的一次演习。意大利国防公司莱昂纳多在演习中使用了 12 个意大利仿真器。作为与意大利空军进行高级训练和仿真工作的一部分，该公司通过提供高逼真度智能代理计算机环境（RIACE）系统支持此次演习。RIACE 是一种分布式训练解决方案，可在集体训练人工环境中生成复杂的、逼真的作战任务场景，允许地理位置独立的基地中飞行员在虚拟场景中进行训练。在演习中，该系统将许多不同地点的资产汇集到一个集成的合成环境中。

Plexsys 公司支持 NADTC 2.0 项目 2018 年 7 月 20 日，Plexsys Interface Products 公司获得美国海军航空分布式训练中心（NADTC）2.0 项目的航空仿真（ASI）分包合同。它将用于美国海军 LVC 分布式训练中心的训练，支持航空舰队综合训练（FST-A）任务演习。根据该合同要求在美国海军航空试验站（NAS）交付至多 3 个 NADTC 作战中心，备选方案是加利福尼亚州 NAS 北岛和日本岩国海军陆战队航空站（MCAS）。PLEXYS 公司将与 ASI 公司和 BGI LLC 合作开展此项工作。NADTC 将能够举办安全的分布式任务前简报活动；执行多任务虚拟和构建训练活动；记录训练事件并对海军航空打击和海事界的任务进行记录回放。NADTC 工作人员将使用美国海军持续训练环境节点和安全分布式网络系统，同时连接全球的打击和海上虚拟训练中心，并将使用 Sonomarc 系统与联合半自动兵力系统和下一代威胁系统合成环境发生器。

FAAC 公司继续支持台湾训练靶场 2018 年 7 月 27 日，Arotech 训练和仿真子公司 FAAC 股份有限公司获得一份为期 3 年价值 190 万美元的合同，继续为台湾地区训练靶场提供软件支持和改进工作。FAAC 公司将提供 SimBuilder™ 仿真软件增强功能、新武器模型、现场训练以及现场支持服务和软件维护。SimBuilder 软件是一个可出口的武器系统和综合防空系统建模解决方案，FAAC 公司在 2000 年初向台湾地区交付的具有空战测试和训练环境（FACETT®）。根据该合同，FAAC 公司将提高其构造建模能力，并在教练汇报和回放模式中提供更大的灵活性。SimBuilder 软件提供了台湾地区训练靶场能力软件基础设施。该系统为 LVC 训练环境提供数据驱动武器系统和对策仿真：实况空战训练系统、虚拟飞行仿真器和合成战场空间，展示了空空、地空、地地和空地制导武器系统的通用仿真模块。

SIMULTECH 2018 会议召开 2018 年 7 月 29 日至 31 日，第 8 届仿真与建模方法、技术与应用国际会议（SIMULTECH 2018）召开。本次会议重点关注主题包括概念建模、基于代理的建模仿真、互操作性、本体论、基于知识的决策支持、Petri 网、业务流程建模仿真等。SIMULTECH 专注于通过形式化方法连接现实世界的应用，提倡利用仿真和建模方法与技术解决业务问题，并鼓励描述先进的原型、系统、工具和技术以及调查文件，表明未来发展方向。会议涉及 4 个领域：仿真工具和平台、形式方法、复杂系统建模仿真以及应用领域。

美军发布《网络安全桌面推演（CTT）指南》 2018 年 7 月，美国国防部发布《网络安全桌面推演（CTT）指南》1.0 版，描述了网络漏洞早期识别和分类方法，以及识别相关的关键任务和系统功能。网络安全桌面推演（CTT）是一个最佳实践，包括智力游戏（如演习）、仿真结果分析，用来探索网络攻击行动对美国网络任务执行能力的影响。这是一场实战演习，侧重于两个具有相反任务的团队：一方是负责执行作战任务部队，另一方是反方网络任务部队。CTT 为系统工程师、项目经理、信息系统安全管理人员、信息系统安全工程师、测试员和其他具有可操作信息的分析员提供任务执行的网络威胁信息。

美国陆军研究实验室开发新模型模拟大气湍流行为 2018年8月6日，美国陆军研究实验室开发一种计算机模型，可更有效地模拟复杂环境中大气湍流行为，包括城市、森林、沙漠和山区。通过该方法，士兵可以使用手边的计算机提前预测天气模式，以更准确地评估战场上飞行器飞行条件。这项研究有助于改善军用无人机系统的性能。基于格状尔兹曼方法的大气边界层环境模型（ABLE-LBM）为大气边界层流动预测提供了一种高度通用的方法。除了提供更快的操作速度和更简单的复杂边界实现之外，这种方法本质上是并行的，因此与现代并行体系架构兼容，使其成为美军战术计算平台潜在可行的建模方法。

查尔斯河分析公司赢得美国导弹防御局行为建模工具合同 2018年8月8日，智能系统解决方案开发商查尔斯河分析公司与美国导弹防御局（MDA）签订了一份为期两年价值100万美元的合同，通过人在回路仿真中的作战人员推理与性能建模（MORPHIC）来构建行为建模能力。MDA将使用MORPHIC创建用于人类行为仿真的模型，以了解在多种情况下人类行为如何影响系统性能。查尔斯河分析公司将使用Hap体系架构来构建MORPHIC人类行为建模特征。Hap定义了一种用于描述代理行为的语言，并提供了运行这些代理的执行引擎。Hap已应用于模拟网络对手、生理参数和开发智能教学算法。

美国空军创新举措提高飞行员学员的学习能力 2018年8月13日，根据美国空军声明，PTN通过使用虚拟和增强现实、先进生物识别技术、人工智能和数据分析等现有和新兴技术，将学习和以数据为中心的各方面结合起来。该项目试图将飞行员训练从1年多时间压缩至不到6个月。PTN使用了3台仿真器，更多地依靠仿真让学员加速完成所需训练。美国空军正在评估数据和经验教训，并在2019年1月再开设一门PTN课程。美国空军利用仿真及新兴技术来节省飞行员训练的时间和成本，但要复制现实世界的飞行体验是很困难的。为此，美国空军将权衡 PTN 利弊，并应用于未来飞行员训练中。

美国陆军将为火力中心支持授予多项合同 2018 年 8 月 13 日，美国陆军寻求承包商为其火力卓越中心（FCoE）提供从概念、能力到实验和作战对抗推演的一切支持。FCoE 中心为野战炮兵、防空炮兵制定训练和装备要求，目前正在为末段高层区域防御系统和未来的一体化空中与导弹防御作战指挥系统提供训练。美国陆军计划授予 5 份固定价格、多次授予、无限期交付、无限期数量的合同，每份合同价值 1500 万美元，为期 5 年，以支持 FCoE 的使命。美国陆军于 8 月 1 日发布了提案征求意见稿。除其他任务外，承包商将支持实况、构建和虚拟作战对抗推演；开展解决陆军火力能力差距的研究；修订现有学说并发展新学说；审查部队结构要求以支持全军分析；参加实战演习并制定未来火力支援系统的训练要求；执行基于能力评估的分析；监控情报以寻找火力项目潜在威胁。

洛克希德·马丁公司针对多域作战兵棋推演应用新技术 2018 年 8 月 15 日起，洛克希德·马丁公司举行了为期 4 周的一系列多域指挥控制（MDC2）桌面演习活动，即第四次兵棋推演。此次推演中，空、天、网络各界专家组成综合团队，代表"太平洋"国家利益，将进行任务规划，并产生动能和非动能效果。这是与 2017 年推演的最大区别。此次推演将验证以下系统：通用任务软件基线、网络攻击仿真器、iSpace 指挥控制系统、多域同步效果工具、空中任务命令管理系统。另外，还在其演习中使用了美国空军研究实验室的网络量化框架。

美国陆军测试验证一体化防空反导作战指挥系统的有效性 2018 年 8 月 16 日，美国陆军宣布其已经开展了为期 5 周的测试，利用一体化防空反导作战指挥系统（IBCS）将分散在各处的雷达、防空连和多种类型的导弹发射器连接到一起。本次测试采用了真实和模拟的战斗机、巡航导弹和弹道导弹目标，IBCS 利用卫星中继、光纤和视距无线通信等连接分布在 3 个陆军基地 20 个站点的陆军雷达、防空连和多种类型的导弹发射器，覆盖范围超过 1200 英里。IBCS 从短程"哨兵"雷达和远程"爱国者"雷达获取目标数据，然后将这些数据传输给 PAC-2、PAC-3 和 PAC-3 MSE 等三种类型的"爱国者"导弹。

美国评估分析作战对抗推演（Wargaming）优势 2018 年 8 月 19 日，美国联合参谋部研究、分析和博弈部门（SAGD）的两位领导人评估了两年来增加、改进和提高分析作战对抗推演的影响力。3 年前，美国国防部领导人发起了一项旨在重振美国军方分析作战对抗推演的努力，设立一项作战对抗推演奖励基金，其已经开发了几十个战争博弈游戏并揭示了关键的差距，提出了解决方案。至关重要的是，这项努力还改善了作战对抗推演玩家之间的协调，并增加了推演对决策者的效用。美国运输司令部（TRANSCOM）在 2017 年和 2018 年表示，这些推演"推动了我们计划减员、网络、动员、访问和指挥与控制方式的改变"，并"促使我们规划拒止情况下的我们自身的战略节点，以及那些在国外的战略节点。"这些作战对抗推演涉及美国战略司令部主导的全球哨兵、战争博弈专题研讨会和下一代战争博弈游戏以及美国空军太空司令部的"施里弗"作战对抗推演等。作战对抗推演在促进明智决策方面具有独特的优势地位，特别是高级别决策层。

美国海军选择竞争未来训练系统合同 4 任务订单的公司 2018 年 8 月 20 日，美国海军最近选择了 23 家公司，作为训练系统合同 4（TSC 4）项目的一部分，以争取竞争未来训练设备和训练系统任务订单。随着仿真技术的迅速发展，美国海军寻求利用和降低训练成本。这些合同将为美国海军老化平台进行现代化或技术更新，以提供训练设备和训练系统的设计、开发、生产、测试与评估、交付、改良和支持。所有合同的最高限额估计为9.8亿美元。

立方全球防务公司赢得加拿大政府城市作战训练合同 2018年8月20日，CGD公司获得了一项2700万美元的任务授权，为加拿大武器效应仿真（CWES）环境提供城市作战训练能力。立方全球防务公司将为加拿大部队基地（CFB）Gagetown和加拿大演习训练中心（CMTC）Wainwright的城市作战场地提供装备，以满足加拿大陆军兵力对抗训练能力需求。加拿大城市作战训练系统（UOTS）将跟踪作战行动，收集和处理UOTS训练演习数据并控制其城市作战训练设备。它还将使演习控制人员能够根据客观的战斗任务标准评估CWES演习结果，并为学员提供针对城市环境的及时的后续行动审查。立方全球防务公司预计将于2019年10月在CFB Gagetown和2020年9月在CMTC Wainwright全面接受UOTS能力，在2021年支持Maple Resolve演习。

PLI公司获得CBCSE任务订单 2018年8月23日，PLI公司从美国陆军承包司令部获得了价值1940万美元的通用作战指挥仿真装备（CBCSE）任务订单。PLI公司提供CBCSE硬件配置和软件许可证的采办和部署，以支持美国陆军仿真、训练和仪器项目执行办公室及其一体化训练环境项目经理联合陆军组件构造训练能力（JLCCTC）项目。PLI公司将负责：提供美国政府所需的规范的系统和网络工程分析；CBCSE软硬件采办；对美国40个JLCCTC站点的CBCSE产品进行硬件安装和配置管理。

Kratos公司赢得9.8亿美元训练系统合同 2018年8月28日，Kratos防务和安全解决方案公司赢得了一项为期9年、价值9.8亿美元的美国海军空战中心训练系统分部多项奖励训练系统合同 IV（TSC IV）。Kratos 公司将为美国海军航空系统司令部提供新的训练系统，对现有训练系统进行修改与升级、辅助教学系统开发（ISD）和辅助训练系统支持。该公司将整合最新的虚拟现实、增强现实和混合现实技术与仿真系统和教学设计方法，以满足 TSC IV 中的军事训练学科要求。该公司将通过 STE 技术为战士提供支持，这些技术能够降低成本、提供快速开发并提供高逼真度性能。

美国陆军使用建模仿真工具来降低 JMR TD 的成本　2018 年 9 月 5 日，据简氏国际防务评论报道，美国陆军使用高逼真度建模仿真功能，以降低联合多任务技术演示验证机（JMR TD）旋翼机项目成本，并节省时间。由于计算能力的进步和更低的成本，美国陆军一直在 JMR TD 中使用 Helios 软件进行陆军下一代高逼真度计算流体动力学和计算结构动力学旋翼飞行器仿真代码编辑。美国陆军已在贝尔 V-280 Valor 倾转旋翼机当前飞行配置和在开发的 Sikorsky-BoeingSB>1 挑衅性（Defiant）配置中使用 Helios 软件。美国陆军使用混合商业现货和定制硬件的方式进行仿真。美国陆军正在为未来垂直升降机的开发数字孪生建模仿真概念，该项目将从 JMR TD 中产生。这将使陆军能够加速创新，同时在设计周期的早期执行更多分析。

美国空军 2020 财年训练投资预算持续增长　2018 年 9 月 14 日，美国空战司令部本周表示，2020 财年预算将为关键训练能力提供额外资金，以支持战备状态。该军种还将继续为 LVC 技术演示提供资金。美国空军研究实验室正在进行一项安全实况虚拟和构造先进训练环境（SLATE）演示，旨在提高空军第四代和第五代机训练质量。三阶段演习于 6 月中旬开始，并将持续到 9 月中旬。SLATE 演示工作是 LVC 技术工作的一个例子，它已经成为过去预算不足的牺牲品。SLATE 不仅有潜力创造一个更真实的训练环境，而且该技术允许记录飞行员的表现，从而提供更多关于熟练程度的反馈。

美国太平洋空军建设面向对抗环境的分布式任务作战行动训练环境 2018年9月26日，美国空军夏威夷州珍珠港－希卡姆联合基地第766专业合同中队已授予位于俄克拉荷马州俄克拉荷马城的特拉华资源集团一份总金额1268万美元的固定价格类合同（FA5215-18-C-8010），建设"太平洋空军分布式任务作战行动/实况、合成和混合作战训练"环境。该环境将使机组人员能够联系基本的紧急的规程，并能体验高级的武器系统能力和磨练各项复杂的技能，这些技能是在对抗的和降级的作战环境中所需要的。合同规定的工作将在美国大陆及美国海外空军基地进行，预计在2024年9月24日之前完成。本项合同授予是竞争性采办的结果，美国空军共收到了5份标书。在授出合同时，美国空军从2018财年使用与维护经费中拨付了278万美元。

美国空军科学咨询委员会2019财年将开展三项研究课题 2018年9月27日，根据美国空军部长《美国空军科学咨询委员会（SAB）2019财年研究》职权范围备忘录内容，SAB将在2019财年开展以下三项研究：①面向21世纪的训练和教育技术，将利用AR、VR技术改进空军教育和训练，提高熟练程度并降低成本；②美国空军将探究如何表征和提高建模仿真与分析（MS&A）的保真度以及可信度，以更好理解空军投资决策；③用于目标定位和识别的多源数据融合，通过利用先进的机器学习和数据分析技术在数据融合、对象识别与决策辅助技术方面实现了大量多源数据的融合。但空军任务对数据质量、延迟、稳健性、可靠性和安全性有特点要求，这将影响对特定融合架构可行性的决策。美国空军将更好地理解强大的数据融合架构的选项和潜在益处，以最大化发挥多源非传统传感的效用。

洛克希德·马丁公司赢得美国陆军战术车辆现代化合同 2018年10月1日，洛克希德·马丁公司赢得了美国陆军近战战术训练系统（CCTT）载人模块现代化（M3）合同，为美国陆军升级近 500 台仿真器。这项价值 3.56 亿美元的合同将使训练现代化并提高可持续性，以支持新兴的陆军训练需求和系统，是对重要仿真设施的广泛而全面的升级。该 CCTT M3 系统通过基于计算机的仿真集成了作战车辆操作的各个方面，使士兵沉浸在现实世界的作战场景中。该系统由计算机驱动的载人模块仿真器组成，可以复制近战部队中车辆的搜寻。洛克希德·马丁公司将与 AVT 仿真公司与识别技术公司就该合同的开发、生产和部署需求进行合作。该合同支持"艾布拉姆斯"（Abrams）和"布拉德利"（Bradley）车辆的可重构车辆仿真器升级，以确保仿真器与现场车辆保持同步，并对联合轻型战术车辆、装甲多用途车辆和其他新兴陆军地面车辆平台的现代化与技术支持。

SLATE 演示突出飞行员训练 LVC 环境 2018 年 10 月 10 日，美国空军研究实验室第 711 人绩效联队的 SLATE 结束了在内华达州内利斯空军基地为期 40 个月的第三阶段顶点演示工作。这是 2018 年 6 月开始的 3 次为期两周的演示之一，展示了：美国空军 F-15E 和美国海军 F/A-18/F 飞机的实况连接；虚拟 F-16 和 F/A-18 仿真器；在高度安全的虚拟环境中构建计算机生成兵力。这种训练能力将使飞行员能够在混合合成世界和现实世界的安全、高逼真度的训练环境中，以对抗现实威胁的方式进行空战训练。这种先进的技术演示于 2015 年 3 月建立，其具体方向是评估 LVC 训练系统体系和架构所需的关键使能技术。

NMSG2018 年会召开 2018 年 10 月 11 日至 12 日，北约建模仿真小组与北约建模仿真协调办公室在加拿大渥太华举办 2018 年年度研讨会。2018 年的研讨会讨论"跨国互操作性：军事训练和作战应用的敏捷性、企业级联盟和建模仿真技术开发的创新"。本次研讨会有助于扩展北约建模仿真能力，并提供具有成本效益和有效的仿真工具。重点是了解在企业层面（工业/科学/政府)组建联盟的挑战和成就,该联盟的重点是为国防应用提供建模仿真。主题包括:真实世界建模;建模仿真即服务;可组合仿真;C2与仿真互操作性;互操作性验证测试;以及降低仿真事件配置、验证和执行成本的技术。

美国国防部的虚拟训练应加强网络安全 2018年10月15日,思科系统公司的国防产业战略家乔·贝尔发文表示,随着军方继续探索LVC训练和仿真的使用,并将真实设备和人员与虚拟资源相结合,LVC训练结构中存在与商业现货技术与网络安全的主要威胁和风险。因此,需要考虑的网络安全策略是减少攻击面、建立信任以降低风险、快速识别并降低风险、管理云的合规性、使用有效的网络安全体系架构。通过将LVC与正确的网络安全策略相结合,美国国防部可以安全地在成本和效率方面实现显著收益,同时降低现有系统的压力,减少作战系统的损失,并减少使用传统的现场演习可能导致的意外事故概率。在健全的IT架构上构建LVC功能,可最大限度地降低网络安全风险并确保完成任务。

BISim公司赢得美国陆军合成训练环境扩展项目合同 2018年10月16日,BISim公司赢得了美国陆军的STE扩展项目合同,以演示一种支持云计算的虚拟世界训练能力的技术,满足美国陆军STE项目要求。STE的目标是将虚拟、构造和游戏训练环境融合到一个统一的体系架构中。该项目将允许全军范围的仿真系统使用持久的虚拟世界来满足任何训练需求,包括支持结合网络和空间的多领域操作。BISim公司STE产品由4种核心技术组成,能够满足未来军事仿真需求(包括美国陆军需求):一种特定的军用全球游戏引擎(VBS Blue)、确定性人工智能(VBS Control)、地理空间地形服务器STE全球服务器(STEWS)和基于组件的开发技术(GEARS)。

附录

自主系统建模仿真（MESAS）2018会议召开 2018年10月17日至19日，由北约建模仿真卓越中心（NATO M&S COE）组织的自主系统建模仿真2018会议在捷克共和国布拉格举办，致力于推动建模仿真支持自主系统、机器人、操作要求、训练（HMI）、互操作性和未来挑战。北约建模仿真卓越中心通过北约各国政府、学术界、工业界、作战和训练实体的参与，改进北约和成员国建模仿真系统的有效利用，成为转型的催化剂。卓越中心通过分享建模仿真信息和发展，并作为相关领域转型的国际专业知识来源，促进与协助国家和组织之间的合作。MESAS主要议题：蜂群——研发与应用；先进建模仿真技术的未来挑战；智能系统的建模仿真——人工智能、研发与应用；在未来战争和安全环境背景下的AxS（概念、应用、训练、互操作性等）。

加拿大皇家空军增加现场多引擎飞行训练时间 2018年10月18日，据简氏防务周刊报道，作为其飞行员训练计划的一部分，加拿大皇家空军可能增加第三阶段多引擎飞行员训练的现场飞行时数，但代价是牺牲仿真器时间。完成第三阶段的多引擎项目后，加拿大皇家空军飞行员候选人将接收其飞行员资格并继续操作训练单位转换和战术训练等。加拿大皇家空军提议增加"空中国王"的飞行时数，这将是一个有趣的发展，因为随着技术和逼真度的快速提高，总体趋势正转向增加仿真时数。加拿大皇家空军没有说明通过减少仿真器训练和增加现场飞行活动来获得什么。

MASS公司仿真项目支持"格里芬猎鹰18"演习 2018年10月22日，MASS公司开展了基于仿真的训练项目，以支持英国联合部队空中组成总部（JFAC HQ）"格里芬猎鹰（GRIFFIN FALCON，Ex GF）18"演习。Ex GF18于2018年9月6日至12日举行，其目的是训练英国JFAC总部常设核心并增加空中指挥与控制人员，以更好地满足不断变化的国防领域形势的需求。演习交付的关键是 MASS／JWST 提供的仿真系统，该系统包含参与演习的联合部队单位的细节，以提供联合作战、逼真的、可扩展的泛组件表示。通过创新先进的训练和仿真，英国空军可以确保他们能够应对新的和更加苛刻的威胁。

PLEXSYS 公司赢得美国空军 CRC 作战空间仿真合同 2018 年 10 月 23 日，PLEXSYS 公司从美国空军赢得了增强型控制和报告中心（CRC）合同，向廷克空军基地提供硬件、软件和技术支持服务，使美国空军现有的作战 C2 系统能够进行战场空间仿真。PLEXSYS 公司还将提供其产品的安装、测试和训练，首次将其与美国空军的 CRC TYQ–23A 战术空中作战模块集成。PLEXSYS 将其先进仿真作战训练系统（ASCOT）、直接链路接口（DLI）和 sonomarc 产品与第 752 作战支援中队现有的作战空间指挥控制中心训练系统集成，该训练系由 7 个作战人员工作站组成，最终目标是通过提供与美国空军 C2 平台在空中和地面相同的、逼真的、沉浸式的全任务人员训练，提高 CRC 社区训练效率。

美国陆军完成 PCTE 首次用户评估 2018 年 10 月 25 日，美国陆军披露近期完成对持续性网络训练环境（PCTE）项目的首次用户评估。美国陆军已经决定在敏捷软件开发中采用业界最佳实践，将 PCTE 项目分解为一系列创新挑战和原型，这些挑战和原型将有助于提供最终的解决方案。第一次原型挑战在 7 月底举行，随后，美国陆军的仿真、训练和仪器项目执行办公室于 8 月提供对第一个原型的概述，9 月第一周将它作为第一次受限用户评估的第一原型。第二个原型机具有分布式功能，于 2019 年 1 月推出并作为第二次受限用户评估原型。

波音公司首次实现虚拟仿真技术在新工厂规划中的应用 2018 年 10 月 26 日，谢菲尔德大学先进制造研究中心（AMRC）智能制造团队采用虚拟现实建模技术对波音公司在欧洲建立的首家工厂进行布局规划和离散事件仿真（DES），以确定新工厂的潜力并验证生产力目标。新工厂将主要生产波音737/767飞机的传动系统零部件。DES是一种"工业4.0"技术，主要是在虚拟世界中将一个系统建模为一系列离散的定时事件，并对其进行仿真。仿真结果表明，波音公司新工厂未来生产量可提高50%。此外，将虚拟仿真模型与波音公司的实时生产数据联系起来将为波音公司带来持续效益。本项目是AMRC与波音公司合作开展的最大的建模仿真项目，也是该航空巨头首次采用此技术进行全新工厂的规划，已成为波音公司进行工厂规划和监控的重要工具。波音公司也打算将这项技术推广到全球范围内已建或未来新建工厂。AMRC还继续开展离散事件仿真技术与人工智能技术相结合的研究，以便在更短时间内解决更复杂的现实问题。AMRC开发的技术适用于航空航天、汽车、国防、医疗等多个行业。

美国陆军获得近战致命任务小组优先顺序资金支持　2018年10月29日，在美国国会批准了大部分美国国防部的综合重编规划请求后，美国国防部长的近战致命任务小组陆军关键项目将获得更多的资金。增强型夜视双目护目镜（ENVG-B）、STE和士兵携带传感器（SBS）获得了更多资金支持。ENVG-B将增加1.04亿美元，总额达到2.87亿美元。用于训练士兵的虚拟现实仿真器STE将额外获得2850万美元，超过1790万美元将用于"满足训练士兵和小队的迫切需求"。另外，1060万美元用于开发和改进STE的各个部分的关键需求，如支持航空与地面部队的体系架构、训练管理工具和训练仿真服务。这些要求将通过在2018财年中进行的测试和原型设计来实现，因此该项目可以在2020财年过渡到记录程序。SBS获得了额外2100万美元的资金支持。

萨博公司和洛克希德·马丁公司合作更新 VTESS 代码 2018年10月31日，洛克希德·马丁公司与萨博公司共同获得了1770万美元的升级订单，为最初于2017年7月颁发的美国陆军车辆战术作战仿真系统（VTESS）合同提供现代化的 VTESS 代码。VTESS 代码现代化工作是集成单向和弹道仿真，并提供集成到一个通用的光通信体系架构中。洛克希德·马丁公司与萨博公司将更新现有仪表化的多用途集成激光作战训练系统（IMILES）VTESS 硬件和软件，使其与 SISO 激光接口标准兼容。这将使美军能够与北约和其他盟国同时进行训练，并通过现有的多用途集成激光作战系统（MILES）与现代化系统进行互操作。

LEXIOS 在美国空军多次"红旗"演习中应用情况 2018年初，美国空军 F-16 战斗机参加了阿拉斯加"红旗"演习，首次使用诺斯罗普·格鲁曼公司的实况虚拟构造实验集成和作战套件（LEXIOS）。来自日本三泽空军基地的美国空军机组人员在三泽任务训练中心的虚拟驾驶舱参加了两场阿拉斯加"红旗"演习，分别是8月11日至24日和10月8日至19日的演习。诺斯罗普·格鲁曼公司在2018年4次"红旗"演习中提供了 LVC 专业支持。LEXIOS 是一系列硬件、软件和服务的集合，它将实时环境与合成环境集成在一起，以执行高级 LVC 操作。在大多数情况下，虚拟元素实际上是美国空军机组人员从本地站仿真器以最高安全级别模拟飞行操作的。诺斯罗普·格鲁曼公司表示，LEXIOS 是 LVC 中唯一一个能使作战人员在全安全级别上连接其仿真器的套件，并参加了多场实弹训练演习。

美国陆军合成训练环境预计 2021 年达到初始作战能力 2018年11月5日，根据 STE 跨职能小组发言人表示，美国陆军 STE 将在接下来的两个月内完成，预计在2021年达到初始作战能力。最终确定的 STE 所需必要组件是空地可重构的虚拟集体训练系统、OWT、训练仿真软件、训练管理工具和士兵/小队虚拟训练系统（S/SVT）。其中，最大的突破是 S/SVT 经过两年的原型开发，有望在 2020 年就绪，这一举措可能已经缩短了 10 年的开发时间。作为更直接的训练能力，班组高级射击教练系统应该在 2019 年 1 月至 3 月期间准备就绪。STE 项目在 2018 年 2 月份签订的 7 份合同到 6 月份时合同数量已降至 4 份。BISim 公司和 Calytrix 技术公司将继续开发地形仿真系统，而 Bugeye 技术公司和洛克希德·马丁公司将分别开发空中和地面虚拟集体训练系统。STE 预计在 2025—2030 年之间完成开发。训练项目的第二次用户评估计划于 2019 年 3 月进行。

美国空军与科技游戏公司合作改进太空仿真器 2018 年 11 月 9 日，美国空军太空司令部计划与游戏公司合作，提高其仿真器的威胁能力，官方称这是该司令部最大的训练基础设施差距缺口之一。美国空军称，当前仿真器是为了对系统进行验证而建立的，而不考虑威胁，也不考虑有争议、退化、作战受限的环境。基本上只是看看如何发射卫星，如何完成特定系统的主要任务。太空作战人员需要的是具有改进的威胁仿真功能的仿真器，以支持高级训练及连接训练器的能力，以及允许全体作战人员在该环境中进行通信的能力。太空与导弹系统中心已经开始与科技和游戏公司合作，以解决与更好的虚拟现实和威胁仿真开发相关的技术问题。

美国空军研究实验室完成了关键的 LVC 训练演示 2018 年 11 月 16 日，美国空军研究实验室（AFRL）结束为期 40 个月 LVC 技术开发和演示，这些技术可以使训练更加逼真和安全。2018 年 6 月至 9 月中旬，为期 4 个月 SLATE 先进技术演示活动圆满结束。该活动旨在展示将构造训练元素应用到实况训练场景中的能力（允许飞行员在驾驶舱中进行实况训练），以查看虚拟空间中正在发生的情况，并在这两个环境之间安全无缝地传输数据。该演示的重点是数据传输和系统集成，演示包括 8 架 F–15 战斗机和 8 架海军 F/A-18 战斗机。AFRL 是 SLATE 的主要集成商，与波音公司合作开发用于演示的改进型作战飞行程序，并与立方环球防务公司将各种技术（包括波形和数据加密器）集成安装到飞机外部的吊舱中，同时确保系统的技术与现有的仿真器体系架构（称为分布式任务作战网络）兼容。

美国陆军采取新方法开发训练工具 2018 年 11 月 19 日，美国陆军正在通过其训练和战备技术加速器与视频游戏开发商 Matrix Games 公司合作，开发一种新的类似视频游戏的"雅典娜"（Athena）训练系统，为该项目授予了另外两项交易协议。Matrix 公司正在开发一种基于陆战的军事仿真电脑游戏。原型游戏将使用公开可用的数据尽可能逼真地模拟战斗。美国陆军计划拨款 40 万美元对目前可用技术进行第一阶段评估，并可将其扩展至最高 400 万美元用于原型设计。大西洋理事会和 Big Parser 公司也正在开发一个数字"全频段顾问助理"（类似于亚马逊的 Alexa，可用于访问信息并回答有关非机密战术术语和任务的问题。该游戏将使用来自潜在对手的真实预算数据。

DARPA 接近完成 CODE 项目 2018 年 11 月 19 日，DARPA 在拒止环境协同作战（CODE）项目演示验证了配备 CODE 的无人机系统，能够适应和应对"反介入/区域拒止"环境中的意外威胁。在 LVC 环境下进行为期 3 周的地面和飞行测试系列，由 6 架实况无人机和 24 架虚拟无人机担任代理打击方，从一名人类任务指挥官接收任务目标。然后，这些系统在通信和 GPS 被拒止的作战想定中自主协作进行导航、搜寻和定位目标，并与其交战，模拟一体化防空系统（IADS）保护的预先计划目标和弹出目标。无人机系统有效地共享信息、协同规划和分配任务目标，制定协调的战术决策，并以最少的沟通协同应对动态、高威胁的环境。目前的成果包括：将第三方自主算法集成至当前的软件；为 CODE 算法建立政府软件资源库和实验室试验环境；成功地演示验证了约翰·霍普金斯大学应用物理实验室的白方网络能力以提供在 LVC 测试环境中构造威胁和效应。DARPA 将推进 CODE 进一步开发、集成和试验的基础设施发展，直至 2019 年春项目结束。此后，DARPA 将把 CODE 软件存储库完全移交海军航空系统司令部。

Trideum 公司赢得多项合同 2018 年 11 月 21 日，Trideum 公司获得 4 份美国陆军合同，在不到一年的时间其综合盈利潜力超过 36 亿美元。自 2017 年 11 月起，Trideum 公司先后成为企业训练服务同（ETSC）、空中目标系统 II（ATS-2）、任务训练复杂能力支持项目（MTCCS）和快速原型材料采办（RAMP）合同的主要承包商。根据价值高达 24 亿美元的 ETSC 合同，Trideum 公司将为美国陆军、联合和安全合作演习、训练行动提供规划与支持，以及用于训练辅助设备、装置、仿真、仿真器和靶场的维护与维持功能，以支持全球应急行动。9.75 亿美元的 MTCCS 合同除了对各种任务训练设施的技术、演习、仿真和行政支持外，还需要个人、领导者、小组、作战人员和基于仿真驱动的任务指挥训练。根据价值 1.92 亿美元 RAMP 合同，Trideum 公司提供材料和服务，用于研发、原型设计制造、评估与部署专门的传感器和设备，以支持美国陆军装备司令部通信电子研究、开发与工程中心、美国陆军夜视与电子传感器局及特殊产品和原型设计部门。

美国陆军加速推进合成训练环境项目 2018 年 11 月 21 日，美国陆军正在缩短交付新合成训练技术的时间表，这将有助于作战人员做好战备。STE 是增强战备能力的下一代范例，美国陆军计划结合使用游戏、云计算、人工智能、虚拟现实和增强现实技术以及其他技术，更好地帮助士兵提高技能。2019 年，美国陆军计划对约 300 个集成视觉增强系统原型进行用户评估。美国陆军希望用高度便携的、利用虚拟现实技术的替代方案来取代大型仿真器。BISim 公司近期获得一份为期 6 个月的开发合同来建造 OWT 原型，预计于 2019 年 5 月交付。

TerraSim 公司发布 STEWS　2018 年 11 月 24 日，虚拟地形和数据库专家 TerraSim 公司推出了新的地形服务器技术，旨在支持美国陆军 STE 项目。STE 全球服务器存储和分发地理空间数据以呈现不同的图像生成器应用程序。这些不同的地形数据层可以在运行时使用开放标准流式传输到任何 STE 连接的客户端应用程序中。美国陆军的采办支持中心表示，STE "旨在为作战、体制机构和自我发展训练领域提供认知、集体、多级训练和任务演练能力"。它将虚拟、构造和游戏训练环境整合到一个单一的 STE 中，为陆军现役、预备役部队和民用服务。它将为地面、车载和空中平台以及需要的指挥所提供训练服务。

2018I/ITSEC 北约演示作战联盟战士　在 2018 年 11 月 26 日至 29 日跨军种/工业界训练、仿真与教育会议（I/ITSEC）上，北约建模仿真小组任务组在北约联合展位上进行现场合作技术演示。2018 年北约展示主题包括 MSaaS、建模仿真互操作性、C2–SIM 互操作性、人类行为建模及模型、仿真和数据的校核与验证。2018 年年度亮点是作战联盟战士（OCW）。OCW 是美国和北约及其合作伙伴合作演示的联合仿真概念，因此北约与美国国防部指导的先进分布式学习（ADL）项目共享展位。OCW 围绕联盟学习需求进行主题讨论，并举行一系列的原型演示，演示基于 4 个主要主题：高级分布式学习演习；轻量级联合作战训练解决方案；演习、仿真和管理；联盟训练教育企业的创新。

美国国防部公开介绍持续性网络训练环境项目　2018 年 11 月 26 日，美国国防部在 I/ITSEC2018 年会议上简要介绍了其开发持续性网络训练环境（PCTE）项目计划。PCTE 是一个基于云的训练平台，支持网络任务部队利用当前网络工具套件在模拟的网络环境中进行训练。正式的网络训练系统征询方案预计将在 2019 年发布，其潜在价值高达 7.5 亿美元。PCTE 将通过提高训练质量和吞吐量，为网络任务部队提供一个标准化的平台，该平台具有"能够同时形成多个环境的生态系统，具备快速执行和重用场景能力"。PCTE 将连接到 6 个地理上分散的网络工作地点，允许各个单位访问能力并参与分布式训练。2018 年 7 月，PCTE 网络创新挑战赛 2（CIC 2）原型项目授予波士顿的 SimSpace 公司。

BAE 公司为英国皇家海军推出增强现实套件 2018 年 11 月 27 日，BAE 系统公司推出未来舰载作战系统先进技术方案。BAE 系统公司已投入 2000 万英镑（2561.8 万美元）为未来关键系统应用研发增强现实与人工智能技术，提高海军舰艇作战能力，希望 2019 年开始对英国皇家海军军舰上的增强现实系统进行作战试验。其中，部分经费将用于将增强现实技术整合到综合舰桥上。这将增强海军官兵在未来战场空间的决策能力，使他们快速响应不断变化的威胁。这些创新将采用特殊设计，简化舰载作战系统的升级。升级后的系统将帮助舰艇在数年内维持作战效能，并降低全寿命周期成本。BAE 公司正在使用新型 Striker Ⅱ 飞行员头盔的技术来帮助开发英国皇家海军的系统。BAE 公司正在开发一种价格实惠、重量轻、更适合军事环境的眼镜，希望将这些眼镜带到海上进行作战测试。

洛克希德·马丁公司降低 F-35 仿真器的成本 2018 年 11 月 27 日，洛克希德·马丁公司在 I/ITSEC 上宣布，正在利用增材制造等技术降低 F-35 联合攻击战斗机全任务训练仿真器的价格，在小批量试生产的 11 批次合同中，每套仿真器的成本与项目启动初期相比减少了 300 万美元。通过实施增材制造等改进的生产技术，该公司 2018 年已实现训练模拟器成本降低25%。模拟器驾驶舱的3D打印将驾驶舱所需部件从800个减少到5个，预计未来5年内将节省1100万美元。该公司还将投入3000万美元研究降低模拟器维护成本的方法，并将利用基于新兴威胁的新虚拟训练环境对模拟器进行升级。洛克希德·马丁公司计划到2020年在全球范围内提供约100台训练模拟器，实现在全球范围内对旧F-35模拟器进行升级。还将在2019年增加新功能，包括初始分布式任务训练（DMT）、功能和软件模块4训练系统升级。DMT将允许军方在模拟环境中将F-35与F-22或其他第四代战斗机联系起来，有助于开展联合作战训练。

美国海军航空母舰飞行甲板机组人员在虚拟现实中模拟训练 2018年12月5日，在机组人员试图引导飞机飞行员安全着陆的过程中，受到飞行甲板混乱状态的影响（强风、危险设备、引擎和螺旋桨）。美国海军研究局表示，通过飞行甲板机组人员更新训练扩展包（TEP）接受计算机仿真训练，使个人、团队能够在基于游戏的沉浸式3D技术的可扩展框架内训练和演练飞行甲板操作。该系统由美国海军空战中心训练系统分部和美国海军研究局全球和技术解决方案项目开发。

美国成立V4协会促进建模仿真技术在新产品设计制造中的应用 2018年12月10日，美国国家国防制造和加工中心宣布创建V4协会（V4I），旨在通过虚拟验证、确认和可视化为产品开发和制造提供保障。该协会将为产品和工艺的研发（R&D）提供价值驱动的计算建模仿真解决方案，以推动跨行业创新，并支持美国制造创新网络（包括数字线程）的发展。V4协会的目标是将严谨的研究、工程原理以及科学和数据融合在一起，以显著增加当前物理测试的影响，甚至减少物理测试的必要性，满足验证需求。通过科学利用虚拟测试，提高其可靠性和可信性来降低产品成本，缩短上市时间。

Riptide 软件公司赢得 OneSAF 合同　2018 年 12 月 11 日，Riptide 软件公司已被选为美国陆军新一代计算机生成兵力仿真系统（OneSAF）的主要承包商。该合同的合作伙伴包括科尔工程公司、可信信息技术公司、英飞达公司和凤凰物流公司。该混合合同为期 6 年，价值 1.03 亿美元。OneSAF 仿真产品系列能够为火力团队到连级别的所有部队行为进行建模。提供智能的、理论上正确的行为和 LVC – G 用户界面，以增加工作站操作员的控制范围。生产和支持工作包括概念建模、体系结构工程和软件开发支持，这些都是增强产品线、降低生命周期维护和开发成本所必需的。Riptide 软件公司将立即开始在 OneSAF 上工作，预计完成日期为 2024 年 12 月。

美国海军陆战队利用大数据、人工智能来规划大型作战对抗推演

2018 年 12 月 18 日，美国海军陆战队正在寻求利用大数据分析，并可能使用类似 IBM Watson 机器或软件来帮助进行复杂的作战对抗推演，并为沉浸式环境中的未来战斗做好规划。最近的一项计划公告旨在"将高级分析、可视化、模型和仿真结合起来，创造一个能够让高层领导做出一系列决定的环境"，包括建模仿真、作战对抗推演设计、数据服务和可视化。所寻求的仿真将提供"对未来作战环境的精确表达，模拟敌我能力"，并对游戏衍生数据或见解进行"快速、深入的分析"。美国海军陆战队正在审查 1 月、2 月、3 月和 7 月从工业界提交的白皮书，目标是为 10 月份开始测试做准备。这些措施包括未来部队的能力和测试行动计划的方法、制定行动构想以及帮助提供信息以优化资源。

美国陆军任务指挥核心软件集成新的决策支持工具　2018 年 12 月 18 日，美国陆军指挥所计算机环境的任务指挥核心软件——"SitaWare 总部"C2 软件集成了美国科尔工程服务公司行动方案分析决策支持工具"聚焦作战的仿真"（OpSim）。SitaWare 总部指挥控制软件为指挥官提供创建与管理高级战略计划、指令和报告的工具，从而支持军事决策制定流程。OpSim 支持最佳行动方案的生成、评估、比较和选择，帮助形成作战计划。科尔公司表示，OpSim 旨在构建一个对用户透明的仿真环境，并与任务指挥系统集成。OpSim 工具与 SitaWare 软件集成，可跟随 SitaWare 共同部署，用户无需与仿真环境进行互动，直接获取仿真结果。该软件可抓取作战人员创建的计划并执行，作战人员可快速了解这些计划在多种应用下的表现。

美国陆军希望通过智能自动化改进训练仿真 2018 年 12 月 20 日，美国陆军研究实验室（ARL）正在寻求使用智能自动化来减少设计和运行大规模基于仿真的训练活动所需的人员。在一份白皮书的呼吁中，ARL 表示希望为 STE 提供更好的系统集成、智能自动化和改进的用户界面。合成训练环境能够将人工智能、数据分析、机器学习、增强现实和分布式计算用于进行仿真训练。ARL 表示，尽管 STE 包括用于计划、战备、执行和评估活动的训练管理工具，但举办活动仍然是劳动密集型的。项目负责人必须制定训练目标、创建情景、监督和控制演习、观察和评估受训人员的表现，并提供分析和事后审查。ARL 表示，它有兴趣使用人工智能、机器学习和数据科学来加速训练场景的创建，并为涉及步兵、装甲、航空和任务指挥的基于集体仿真训练提供自适应指导、自动化绩效评估、诊断和反馈。白皮书提交截止日期为 2019 年 1 月 18 日。

诺斯罗普·格鲁曼公司为美国空军提供先进的电子战仿真和训练能力 2018 年 12 月 20 日，诺斯罗普·格鲁曼公司获得一份价值 4.5 亿美元不定交付时间、不定交付数量的合同，为美国空军提供联合威胁发射器（JTE）系统。JTE 提供逼真的作战人员训练，并提供现代化的、响应性的作战空间环境，训练军事人员识别、对抗敌人的导弹和火炮威胁。JTE 增强交付计划合同由美国空军全生命周期管理中心授予，包括威胁发射器单元、移动和固定指挥控制单元，以及备件、支持设备、测试和训练。诺斯罗普·格鲁曼公司表示，JTE 使机组人员能够在符合实战情况的环境中进行训练，到目前为止已经在国内外部署了 28 个系统，这些训练系统在帮助军队成员应对威胁方面至关重要。